地理信息系统理论与应用丛书

空间分析建模与原理

朱长青　史文中　著

解放军信息工程大学测绘学院出版基金资助

科学出版社
北京

内 容 简 介

空间分析是地理信息系统(GIS)的重要功能之一,也是评价一个 GIS 功能的主要指标之一。建立有效的空间分析模型,为 GIS 提供更多更强大的功能,已成为当前 GIS 研究和应用中十分重要的任务。

本书是作者在从事空间分析基本理论、模型和方法的研究和教学基础上撰写完成的。书中对空间分析建模和原理进行了讨论,内容包括空间分析基本概念、数学基础、空间叠置分析模型、缓冲区分析模型、统计分析模型、网络分析模型、数字高程模型建模及其精度分析模型、三维地形分析模型、小波分析应用模型等。在模型论述中,特别着重建模的思想、原理的阐述,方法的推导,同时充分应用了数学的思想和观点去建立空间分析的模型和方法。

本书可作为 GIS 相关专业的本科生和研究生的教材,也可作为 GIS 领域科研、教学、研发人员的参考书。

图书在版编目(CIP)数据

空间分析建模与原理/朱长青,史文中著. —北京:科学出版社,2006
(地理信息系统理论与应用丛书)
ISBN 978-7-03-016886-3

Ⅰ. 空… Ⅱ. ①朱…②史… Ⅲ. 地理信息系统-系统建模 Ⅳ. P208

中国版本图书馆 CIP 数据核字(2006)第 010130 号

责任编辑:朱海燕 韩 鹏 李久进/责任校对:刘小梅
责任印制:徐晓晨/封面设计:王 浩

科 学 出 版 社 出版
北京东黄城根北街 16 号
邮政编码:100717
http://www.sciencep.com
北京建宏印刷有限公司 印刷
科学出版社发行 各地新华书店经销
*
2006 年 5 月第 一 版 开本:787×1092 1/16
2020 年 5 月第九次印刷 印张:14 1/4
字数:308 000

定价:**89.00** 元

序

地理信息系统(GIS)的出现虽然至今只有40余年,然而它的发展十分迅速,已逐步成为一门理论和应用都比较完善的学科。在众多领域,如农业、林业、城市、矿山、环境、交通、规划、军事等,GIS都被广泛地应用。目前,GIS正向集成化、产业化和社会化发展,人们对GIS的应用不断提出新的要求,特别是空间数据的分析。空间分析已成为GIS的主要功能特征,也是评价一个GIS功能的主要指标之一。

空间分析包含空间数据的空间特征分析和非空间特征分析,其目的在于获取和传输空间信息。空间分析研究和应用的关键在于空间分析模型的建立。目前,空间分析的研究,特别是空间分析模型的研究,已适应不了GIS日益广泛的应用,建立有效的空间分析模型,为GIS提供更多更强大的功能,已成为当前GIS研究和应用中十分重要的任务。

目前,国内外出版了许多有关GIS方面的著作,但对于空间分析的论述较少,而专门论述空间分析的著作也不多。基于空间分析在GIS中的重要地位,有必要对空间分析进行多角度的阐述。

朱长青、史文中两位教授根据GIS中空间分析的需求,结合多年来对空间分析的教学和研究体会,从空间分析的模型建立、方法原理的角度完成了这部著作。该书不仅对于空间分析中常用的空间叠置分析模型、缓冲区分析模型、统计分析模型和网络分析模型进行了讨论,而且还对目前重要的数字高程模型建模及其精度分析模型、三维空间分析模型进行了论述,特别探讨了基于小波分析的空间分析模型。在模型论述中,特别着重对建模思想、原理的阐述,方法的推导,同时充分应用数学的思想和观点去建立空间分析的模型和方法。

该书重点突出,体系完整,内容新颖,应用广泛,特别是将数学理论与GIS建模有机结合,具有很高的学术、理论和应用价值。

该书不仅可以作为GIS相关专业的本科生和研究生的公共教材,也可作为GIS产业研发人员的工具书,同时对于GIS领域的教学、科研人员也是一本很好的参考书。该书的出版,必将对我国GIS的研究、教育和发展起到重要的作用。希望能有更多更好的GIS方面的著作问世,以促进我国GIS的更快发展。

中国工程院院士

王家耀

2005年8月于郑州

前　言

空间分析是地理信息系统的重要功能之一。早期的 GIS 由于空间分析的功能比较弱，常常引起与计算机辅助制图(CAC)和计算机辅助设计(CAD)之间的混淆。但是 GIS 的目的，不仅是自动制图，更主要的是分析空间数据，提供空间决策信息，进行空间分析。空间分析是 GIS 区别于其他类型系统的一个最主要的功能特征。

空间分析是基于地理对象的位置形态特征的空间数据分析，其基础是空间分析模型的建立。空间分析模型是基于空间数据的分析模型，能够用来解决数据间的描述、关系、表达、预测、分析等。只有建立有效的空间分析模型，才能更好地对空间数据进行分析，从而更好地实现 GIS 的功能。

随着 GIS 的迅速发展，对空间分析的要求也越来越高。而空间分析研究的不足特别是空间分析模型研究的不足，极大地限制了 GIS 的发展和应用。探讨空间分析模型的建立及其原理，对于 GIS 空间分析的研究、提高 GIS 空间分析功能，进而扩大 GIS 的研究和应用水平，具有重要意义。

本书对于空间分析中的主要模型和原理进行了讨论，主要致力于对空间分析模型的基本思想、模型建立、算法分析等进行深入而详细的探讨，特别是对一些模型进行了完整的推导，并从数学角度进行分析，从而为进一步的空间分析建模和 GIS 应用提供理论和方法基础。

本书主要内容包括空间分析基本概念、数学基础、空间叠置分析模型、缓冲区分析模型、统计分析模型、网络分析模型、DEM 表面建模及精度分析模型、三维地形分析模型、小波分析应用模型等。

本书是作者在多年讲授“地理信息系统”、“空间分析建模与应用”、“高级 GIS 原理”等课程基础上，结合作者和其他学者的研究成果完成的，目的是让相关专业的学生、研究人员能够较系统地了解和掌握空间分析的基本建模方法和原理。

本书的编写得到了多方面的大力支持。王家耀院士一直关注“空间分析”课程的建设，积极鼓励作者编写本书，并为本书撰写了序。解放军信息工程大学测绘学院训练部对本书写作给予了大力支持。特向他们表示衷心的感谢。

本书参考了许多作者的研究成果，在此也表示衷心的感谢。有些引用的地方未能一一标明出处，敬请谅解。

由于作者水平和知识面所限，书中一定还有缺点和不妥之处，恳请读者批评指正。

作　者

2005 年 8 月

目　录

Contents

第1章 概　　论

1.1 引　　言

地理信息系统 (Geographic Information System,GIS)是融合计算机图形和数据库于一体,用来存储和处理空间信息的技术,它把地理位置相关属性有机地结合起来,根据用户的需要将空间信息及其属性信息准确真实、图文并茂地输出给用户,以满足城市建设、企业管理、居民生活对空间信息的要求,同时借助其独有的空间分析功能和可视化表达功能,进行各种辅助决策。

目前,GIS 正向集成化、产业化和社会化发展。人们对 GIS 的应用不断提出新的要求,特别是空间数据的分析,已成为 GIS 的主要功能特征,也是评价一个 GIS 功能的主要指标之一。早期的 GIS 由于空间分析的功能比较弱,常常引起与计算机辅助制图(CAC)和计算机辅助设计(CAD)之间的混淆。但是 GIS 的目的,不仅是自动制图,更主要的是分析空间数据,提供空间决策信息,进行空间分析。空间分析是 GIS 区别于其他类型系统的一个最主要的功能特征。

空间分析(spatial analysis)是基于地理对象的位置形态特征的空间数据分析、建模的理论和方法,其目的是利用各种空间分析模型及空间操作对 GIS 地理数据库中的空间数据进行深加工,提取和发现隐含的空间信息或规律,从而产生新的知识,是空间数据挖掘的基本方法之一,是地学研究领域一个十分重要的研究内容,是各类综合性地学分析模型的基础。

空间分析为人们建立复杂的空间应用模型提供了基本工具,已成为 GIS 的一项十分重要的任务和最具特色的功能。空间分析不是简单地通过"检索"、"查询"或"统计"从地理数据库中提取时空信息,而是利用各种空间分析模型及空间操作对地理数据库中的空间数据进行深加工,进而产生新的知识。空间分析是空间数据的空间特征与非空间特征的联合分析,亦即拓扑与属性数据的联合分析。

空间分析是基本的、解决一般问题的理论和方法;而实际在 GIS 中,经常涉及一些非常复杂的分析过程,很多过程尚不能完全用数学和算法来描述,即便是能用数学模型描述,也将是一个复合型的模型,空间分析只能为这些复杂的应用模型提供基本的分析工具。

空间分析起源于 20 世纪 60 年代地理和区域科学的计算革命,用定量的(主要是统计的)过程与技术分析地图上或由地理坐标定义的二维或三维空间上的点、线和面的结构模式。后来,空间分析注重于分析地理空间的固有特征、空间选择过程及其对复杂空间系统时空演化的影响方面。实际上自有地图以来,人们就始终在自觉或不自觉地进行着各种类型的空间分析。如在地图上量测地理要素之间的距离、方位、面积,乃至利用地图进行战术研究和战略决策等,都是人们利用地图进行空间分析的实例,而后者实质上已属较高层次上的空间分析。

空间分析具有重要和广泛的应用领域和价值。在全球协作的商业时代，很多企业决策数据与空间位置相关，例如，客户的分布、市场的地域分布、原料运输、跨国生产、跨国销售等。对于包罗万象的信息，传统方法局限于枯燥无味的数据处理和表现，缺乏直观性和决策可视化，而 GIS 能够帮助人们将电子表格和数据库中无法看到的数据之间的模式和发展趋势以图形的形式清晰直观地表现出来，进行空间可视化分析，实现数据可视化、地理分析与主流商业应用的有机集成，从而满足企业决策多维性的需求。GIS 可以将晦涩抽象的数据表格变为清晰简明的彩色地图，帮助企业进行商业选址，确定潜在市场的分布、销售服务范围；寻找商业地域分布规律、时空变化的趋势和轨迹；此外，还可以优化运输线路，进行资源调度和资产管理。这些都是空间分析的功能在起着重要的作用。

1.2 空间数据

空间数据（spatial data）是空间分析的对象，它是描述地理空间一定范围内空间实体及其相互关系的数据。GIS 提供了大量的空间数据，如何有效地认识、分析和使用空间数据，成为 GIS 研究中的重要问题。

1.2.1 地理实体的特征

地理实体具有三个基本特征：

1. 属性特征

属性特征用来描述事物或现象的特性。例如，事物或现象的类别、等级、数量、名称等。

2. 空间特征

空间特征用来描述事物或现象的地理位置以及空间相互关系，又称为几何特征或拓扑特征。例如，北京的经纬度，中国和朝鲜接壤。

3. 时间特征

时间特征用来描述事物或现象随时间的变化情况。例如，国民生产总值的逐年变化情况。

在 GIS 中，主要研究的是属性特征和空间特征，时间特征研究的较少。但随着 GIS 的发展，时间特征的研究也在不断增加。

1.2.2 空间数据的类型

根据地理实体的基本特征，空间数据可以分为三类：

1. 属性数据

属性数据是描述空间实体的属性特征的数据。例如,类型、等级、名称、状态等,其中也包括描述空间特征的数据。

2. 几何数据

几何数据是描述空间实体的空间特征的数据,也称为位置数据、定位数据。例如,点的坐标。

3. 关系数据

关系数据是描述空间实体之间关系的数据,例如,空间实体的邻接、关联、包含等,主要指拓扑关系。拓扑关系是一种对空间关系进行明确定义的数学方法。

作为空间分析的研究对象,空间数据在空间分析中占有基础性地位。空间分析模型的建立取决于空间数据的特性和表示形式。

1.2.3 空间数据的特性

空间数据除具有数据的一般特性(选择性、可靠性、时间性、完备性、详细性)外,还具备自身的一些特性,如抽样性、概括性、多态性和空间性等(郭仁忠,2001)。

空间数据的抽样性:空间物体以连续的模拟方式存在于地理空间,为了能以数字的方式对其进行描述,必须将其离散化,即以有限的抽样数据(样本数据)描述无限的连续物体。空间物体的抽样不是对空间物体的随机抽取,而是对物体形态特征点的有目的选取,其抽样方法随物体的形态特征而异,基本准则是能够力求准确的描述物体的全局和局部的形态特征。空间分析中的各种运算的处理都是基于抽样数据进行的,因此,抽样方法直接影响到空间分析结果的有效性。

空间数据的概括性:概括是空间数据处理的一种手段,是对空间物体的综合,即对空间物体的形态的化简以便对空间物体进行取舍。在一个空间数据库中,由于主题和应用的不同,可能在抽样的基础上对空间数据作进一步的综合处理,使其适应应用环境任务的要求。当然,空间数据的概括性程度对空间分析的可靠性是有影响的,不过以满足应用和任务的要求为原则。

空间数据的多态性有两层含义:一是同一地物在不同情况下的形态差异,例如,城市居民地在地理空间中占据的地域随着空间数据库比例尺的变小,由面状地物转换为点状地物,这种多态性构成了空间分析的一个重要内容,如面状地物中心点和中心轴线的计算;二是不同地物(现象)占据相同的空间位置,大多数表现为社会、经济、人文数据与自然环境数据在空间位置的重叠,如长江是水系要素,但同时在不同地段,长江由于省界、县界相重叠,这种多态性对空间数据的组织和管理提出特殊的要求。

空间数据的空间性:这是空间数据最广泛的特性,它是指空间物体的位置、形态及由此产生的一系列特性。空间分析之所以有着广泛的研究内容,就在于空间物体的空间性。如果是非空间数据,两个城市之间的关系可以用一般的数值和逻辑关系来描述,如人口的多少、经济发达程度等。空间性不但导致空间物体的位置和形态的分析处理，同时也导致空间相互关系的分析处理，二者是更为复杂的一类分析处理。特别要指出的是，空间性大大增加了空间数据的组织与管理的难度。

1.2.4 空间数据的表示模型

空间数据表示模型主要有三种：栅格数据模型、矢量数据模型和栅格矢量一体化数据模型。空间分析模型与数据模型密切相关。只有根据不同的数据模型，采取合适的建模方法，才可能得到好的空间分析模型。

1. 栅格数据模型

栅格数据模型中，地理空间作为一个整体被划分为规则的格网，空间位置由格网的行、列所表示。格网的大小反映了数据的分辨率。

栅格数据网络主要有三角形格网、正方形格网及六边形格网等。图 1.1 分别表示了一个正方形格网和一个三角形格网的栅格数据模型。最常用的是正方形格网，其坐标记录与计算十分方便。

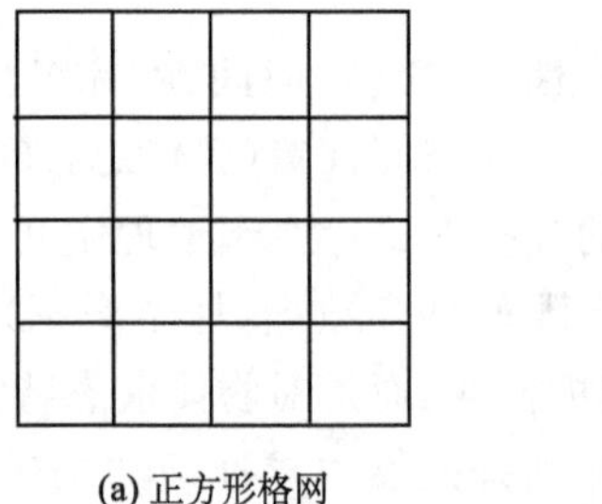

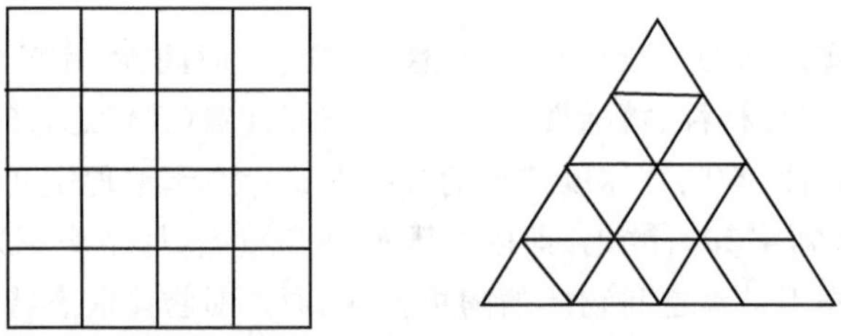

(a) 正方形格网

(b) 三角形格网

图 1.1 栅格数据模型示例

栅格数据模型的缺点在于一个栅格只能赋予一个特定的值，因而难以表示不同要素占据不同位置的情况，不利于多要素内容的表达。

2. 矢量数据模型

矢量数据模型中，地理空间作为一个空域，地理要素根据其空间形态特征分为点、线、面等。点用一空间坐标对表示，线由一串坐标对组成，面是由线形成的闭合多边形。图 1.2 表示了一个矢量数据模型。

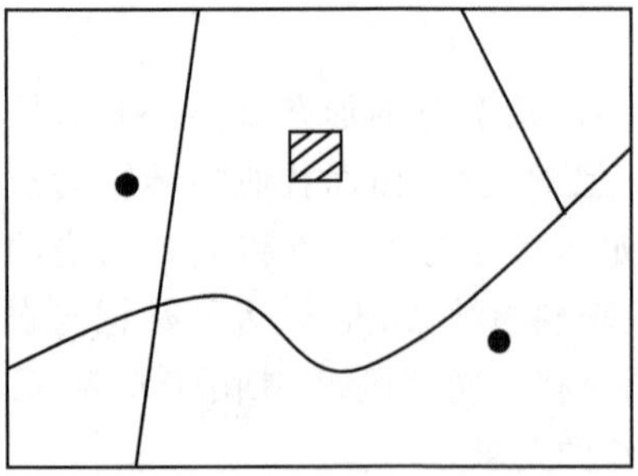

图 1.2 矢量数据模型示例

矢量数据模型是面向实体的表示方式，形式直观，分析方便，信息冗余量小。但矢量数据模型结构较为复杂。

3. 栅格矢量一体化数据模型

栅格矢量一体化数据模型是结合栅格和矢量数据模型的优点提出的一种数据模型。

在栅格矢量一体化数据模型中，面状数据用矢量边界的表示方式，同时也用栅格方式表示。线状数据一般用矢量方式表示，如果将矢量方式表示的线状对象也用像元空间填充表达，则能够将矢量和栅格的概念统一起来，形成栅格矢量一体化的数据模型。

栅格矢量一体化数据模型本质上是以栅格为基础的数据模型。

1.3 空间分析的定义与内容

随着GIS应用的迅速发展，对空间分析的要求越来越高，也越来越迫切。空间分析已得到广泛的重视和深入的研究。但目前已有一些相关于空间分析的著作，例如，《社会与环境科学中的空间数据分析》(Haining，1990)、《GIS环境下的空间分析》(Goodchild，1994)、《空间分析入门》(Unwin，1981)、《空间统计学》(Ripley，1981)、《空间分析》(郭仁忠，2001)、《GIS空间分析理论与方法》(张成才等，2004)等。除上述著作外，一般的地理信息系统论著中，都有有关空间分析方面的内容，但侧重点有所不同。

1.3.1 空间分析的定义

空间分析的定义有两种表现形式，分为空间数据的分析和数据的空间分析。前者是着重空间物体和现象的非空间特性分析，如城市经济发展类型的聚类分析、战略打击目标的评估等。它并不将空间位置作为限制因素加以考虑，从这个意义上说，它与一般的统计分析并无本质的区别，但对空间数据的分析依托于空间位置进行，对空间数据分析结果的表示和解释通常用地图的形式加以表示。后者直接从空间物体的空间位置、联系等方面去研究空间事物，对空间事物做出定量的描述和分析，它需要复杂的数学工具，如计算方法、数理统计学、图论、分形、拓扑学等，主要任务是空间构成的描述和分析。

对于空间分析的定义，目前还没有统一的说法。一般的地理信息系统论著中，由于空间分析只是其中一章、一部分，因此，对空间分析并没给出过多的分析论述，只给出描述性的定义。

Haining(1990)定义：空间分析是基于地理对象布局的地理数据分析技术。

黄杏元等《地理信息系统概论》定义：空间分析是基于空间数据的分析技术，它是以地学原理为依托，通过分析算法，从空间数据中获得有关地理对象的空间位置、空间分布、空间形态、空间形成、空间演变等信息。

邬伦等《地理信息系统——原理、方法和应用》定义：空间分析是对分析空间数据有关技术的总称。根据作用的数据性质不同，空间分析可以分为：①基于空间图形数据的分析运算；②基于非空间属性的数据运算；③空间数据与非空间数据的联合运算。空间分析赖以进行的基础是地理空间数据库，其运算的手段包括各种几何的逻辑运算、数理统计分析，代数运算等数学手段，最终目的是解决人们所涉及到地理空间的实际问题，提取和传输地理空间信息，特别是隐含信息，以辅助决策。

郭仁忠《空间分析》作为空间分析的专著，对空间分析的发展、内容、定义进行认真的分析，给出了如下的定义：空间分析是基于地理对象的位置形态特征的空间数据分析技术，其目的在于提取和传输空间信息。

王家耀在《空间信息系统原理》中同意郭仁忠对空间分析的定义。

由郭仁忠的定义或其他定义可知，空间分析的根本目的在于提取和传输空间信息。空间分析更主要的是具有挖掘知识的功能，它不是简单地从GIS的地理数据库中通过“检索”和查询提取空间信息，而是利用各种空间分析模型及空间操作对GIS地理数据库中的空间数据进行深加工，从而产生新的知识。

空间分析的核心是根据空间数据，利用数学方法，建立空间分析模型。

1.3.2 空间分析的内容

尽管许多软件、著作和论文都对空间分析进行研究和阐述，内容各有取舍，但主要内容基本上是一致的，主要包括叠置分析、缓冲区分析、网络分析、统计分析、地形分析等。

叠置分析：是指在同一空间参照系下，将同一地区的地理对象的图层进行叠合，以产生空间区域的多重属性特征，或建立地理对象之间的空间对应关系。其中主要包括点与多边形的叠置、线与多边形的叠置、多边形与多边形的叠置。

缓冲区分析：即根据分析对象的点、线、面实体，自动建立它们周围一定距离的带状区，用以识别这些实体或主体对邻近对象的辐射范围或影响度，以便为某项分析或决策提供依据。其中包括点缓冲区、线缓冲区、面缓冲区等。而随着三维GIS研究的深入，体缓冲区的研究也不断深入。

网络分析：即对地理网络和城市基础设施网络等网状事物以及它们的相互关系和内在联系进行地理分析和模型化。其中包括路径分析、资源分配、流分析等。

统计分析：主要对数据进行分类和综合评价。其中包括统计图表分析、描述统计分析、主成分分析、层次分析法、系统聚类法、判别分析等。

地形分析：是指对于地形及其特征进行分析。包括地形表面模型建立、地形内插、精度分析、地形因子、可视化分析、剖面分析等。

此外，空间分析还包括：空间查询与量算、趋势面分析、三维空间分析、空间插值方法、集合分析及其他应用分析模型如小波分析应用模型等。随着对空间分析研究的不断深入，必定会增加更多的空间分析内容。

空间分析的研究和应用中，关键是空间分析模型的建立。

1.4 空间模型与数学模型

1.4.1 空 间 模 型

模型是用来表现客观事物的一个对象或概念，是按比例缩减并转变为能够理解的事物本体。目的是为了描述、解释、预测或者设计该物体。空间模型是一种研究物体空间位置及其属性、特征的模型。空间/时间模型是一种研究物体的空间位置和时间属性特征的模型。

空间模型依其形式可分为三类：比例、概念和数学模型。比例模型是现实世界自然物质特征的表示法，如数字地形模型(DTM)或水文地理系统的网络模型。概念模型用自然语言或流程图概述所研究的系统的组件来显示它们之间的关联，是基于个人的经验与知识在大脑中形成的关于状况或对象的模型。数学模型使用数学结构表示组件和相互作用的概念模型，可用比例模型组织它的数据。

空间模型的另外一个重要的分类是按照它们怎样解决不确定的现实世界现象，确定模型产生可检验的解决方法，它是基于确定关系的评价，也就是不允许存在随机变量。概率模型是基于分析独立事件的可能分类并产生的非确定的解决方案。随机模型是考虑到在连续的时间和空间的条件下的概率分布。

空间模型也可按它们在空间、时间、属性、微观和宏观的解决方法分类。空间维数可描述为零维(点)、一维(线)、二维(面)或三维(体)。对象的大小由几米到几千米。同理，时间维也可被划分为零维(事件)、一维(过程)。分辨率可以在几秒到几百年范围内。属性范围可以是单性或者多性。解析范围可以是从个别的以一套属性描述的物体(分子、中子、旅客)到以平均属性描述的大集体(气体、物种、民族、经济)，此过程包括全部阶段。单个物体的模拟模型叫做微型模拟模型，微型模拟模型不需要模拟调查系统的全部对象，而可以与足够大的调查样本一起工作。

1.4.2 空间分析模型

GIS空间分析模型是在GIS空间数据基础上建立起来的空间模型，是分析型和辅助决策型GIS区别于管理型GIS的一个重要特征，是空间数据综合分析和应用的主要实现手段，是联系GIS应用系统与专业领域的纽带。空间分析模型与一般的空间模型既有区别，又有联系。其表现特征在于(胡鹏等，2001)：

(1) 空间定位是空间分析模型特有的特性，构成空间分析模型的空间目标(点、弧段、网络、复杂地物等)的多样性决定了空间分析模型建立的复杂性。

(2) 空间关系也是空间分析模型的一个重要特征，空间层次关系、相邻关系及空间目标的拓扑关系也决定了空间分析模型的特殊性。

(3) 包括笛卡儿坐标、高程、属性以及时序特征的空间数据极其庞大，大量的数据构成的空间分析模型也具有了可视化的图形特征。

(4) 空间分析模型不是一个独立的模型实体，它与广义模型中的抽象模型的定义是交叉的。GIS要求完全精确地表达地理环境间复杂的空间关系，因而常用数学模型。

1.4.3 数学模型

数学模型是用数学的语言、方法去近似地刻画实际，是由数字、字母或其他数学符号组成的，描述现实对象数量规律的数学公式、图形或算法。

数学模型有各种不同的分类方式：

1. 按照模型的应用领域(或所属学科)分类

如人口模型、生物模型、生态模型、交通模型、作战模型等。

2. 按照建立模型的数学方法(或所属数学分支)分类

如初等模型、微分方程模型、网络模型、运筹模型、随机模型等。

3. 按照模型的表现特征分类

静态模型和动态模型:取决于是否考虑时间因素引起的变化。

解析模型和数值模型:取决于是用数学理论和定律去推导和演绎数学模型的解还是用数值法求解。

离散模型和连续模型:取决于变量是离散的还是连续的。

确定性模型和随机性模型:取决于变量是确定的还是随机的。

4. 按照建模的目的分类

如描述模型、分析模型、预测模型、决策模型、控制模型等。

数学模型具有如下的优点:

(1) 是理解现实世界和发现自然规律的工具;

(2) 提供了考虑所有可能性、评价选择性和排除不可能性的机会;

(3) 帮助在其他领域推广或应用解决问题的结果;

(4) 帮助明了思路,集中精力关注问题重要之处;

(5) 使得问题的主要方面能够被更好地观察,同时确保交流,减少模糊,并提供关于问题一致性看法的机会。

数学模型具有如下的评价标准:

(1) 正确性——模型的输出是正确的或非常接近正确的;

(2) 现实性——基于正确的假设;

(3) 准确性——模型的预测是确定的数字、函数或几何图表;

(4) 可靠性——对输入数据的错误具有相对免疫力;

(5) 通用性——适用于大多数情况;

(6) 成效性——结论有用,并可启发或指导其他模型。

数学建模就是应用数学模型来解决各种实际问题的方法。即通过对实际问题的抽象、简化,确定变量和参数,并应用某些“规律”建立起变量、参数间的确定的数学问题,解释、验证所得到的解,从而确定能否用于解决实际问题的多次循环、不断深化的过程。数学建模的最重要的特点是接受实践的检验、多次修改模型,渐趋完善的过程。

数学建模的主要步骤:明确问题、合理假设、模型构成、模型求解、模型解的分析和检验。

1.5 空间分析与 GIS

随着 GIS 应用领域的扩大和深入,必然越来越多地涉及到专业应用模型与 GIS 的集成问题。在不同的发展阶段的技术条件下,GIS 与空间模型结合的层次有所不同。GIS 与空间模型的结合可分为 4 个层次。

1. 空间分析模型与 GIS 相互独立

GIS 与空间分析程序在不同的硬件环境中运行。不同模型中的数据转换，通过 ASCII 文件实现的，文件转换是使用者来实现的。其编写程序费用低，但是结合的效率还是很有限的。

2. 空间分析模型与 GIS 的松散结合

应用模型与 GIS 没有程序语言上的直接连接，它的运行基本上是独立的，模型所需的数据从 GIS 数据库中获取，模型的输出结果可放回 GIS 的数据库。空间查询、显示由 GIS 的基本功能完成。这种结合方式开发费用低，风险小，容易实现，同时保持了空间分析模型的原有专业特色，为分析理解模拟结果带来很大方便，但系统效率低，增加了非专业人员掌握利用的难度。

3. 空间分析模型软件与 GIS 的紧密结合

以一系统为主，加入另一系统的功能，两者具有共同的用户界面，通过共享文件和存储空间实现无缝连接。这种结合有两种方式，一种是将空间分析模型嵌入 GIS 中，另一种是对空间分析模型进行功能扩充，使其具有基本的 GIS 功能。

这种结合方式利用界面程序或语言使从属系统能直接运行于主系统之中，变成主系统的特有功能之一，且具备用户界面友好、系统稳定的特点。

4. 空间分析过程与 GIS 完全一体化

某一专业应用模型的理论研究与实践应用逐渐成熟，逐渐发展成为广为接受的空间分析工具，通过 GIS 基础平台技术的发展和完善，有能力将其纳入 GIS 基础平台，作为基本的空间分析工具，实现完全一体化，这是最高层次的结合。

虽然 GIS 的应用领域正在不断扩展，GIS 与空间分析的结合不断紧密。但其空间分析功能却相对较弱。究其原因是：

(1) 空间分析理论本身还不成熟，还处于不断发展变化中，空间分析方法多样，空间分析软件本身也不完善，缺乏权威的、全面的空间分析软件包；

(2) 空间分析过于专业化的算法阻碍了软件的开发；

(3) 数学理论的应用还不够深入，许多新的数学思想和方法没有很好地应用；

(4) GIS 开发者和空间分析人员缺乏协作，对 GIS 空间分析功能的需求认识不一。

针对空间分析功能薄弱的情况，未来 GIS 技术的发展将在很大程度上依赖于其与功能强大的空间分析模型的结合。这一问题已得到 GIS 界人士的普遍认同。未来 GIS 与空间分析模型的结合方面的研究应侧重于以下几方面：

(1) 加强空间分析的理论研究，发展新的、相对通用的空间分析模型；

(2) 将通用空间分析模块和专业模型以不同层次与 GIS 结合，通用模块采用紧密结合方式，专业模型则可采用松散的结合方式，以满足不同层次用户的需求；

(3) 数学理论的深入应用，建立更有效的空间分析模型和算法；

(4) 加强 GIS 开发人员与分析人员的交流与协作，以开发具有更强空间分析功能的 GIS 系统。

总之,开发空间分析功能强大的 GIS 系统,本质上是建立功能强大的空间分析模型。

1.6 空间分析与数学基础

空间分析内容总的来讲就是对空间数据进行分析,其主要工具就是各种数学方法,利用数学工具建立各种模型。

空间分析涉及点、线、面、体及互相之间的关系。因此,空间分析涉及众多基础数学与应用数学学科,例如,数值计算方法、图论、分形、小波分析、概率论与数理统计、拓扑学、集合论等。

1.6.1 数值计算方法

数值计算方法是研究各种数学问题的近似数值解法的一门数学理论,在空间分析中具有广泛的应用,特别在曲线、曲面的插值和逼近、数值微分、数值积分等方面。

曲线、曲面的插值和逼近,即对通过曲线、曲面上的已知点,构造适当的函数进行表示。插值逼近函数主要有多项式、样条函数等。多项式形式简单、计算容易、光滑性好,但高次多项式稳定性较差。而次数较低的分段多项式光滑性又较差。但是,样条函数稳定性好,也具有一定的光滑性,因此样条函数得到广泛的应用。在曲面的逼近中,二元函数的插值与逼近起重要作用,特别是在数字高程模型(DEM)的研究中,涉及许多二元函数的插值与逼近。关于二元函数的插值与逼近,通常的计算方法书中介绍较少,本书对此作了稍详细的介绍。

数值计算方法应用于:DEM 建模与内插,空间坐标变换,点群的分布轴线,趋势面分析,曲线长度、表面积、体积等。

1.6.2 图　论

图论是研究事物及其相互关系的学科,任何一个能用二元关系描述的系统,都可以用图提供数学模型。图论中的主要基本概念有:结点、边、路径、路、连通性、最短路径、最小生成树等。

图论是空间分析中的网络分析的基本工具。网络分析的理论和方法基本上都是基于图论的理论和方法进行的。

1.6.3 分　形

分形是当代科学中最具影响感召力的数学分支之一,它研究的是自然界中常见的、变化莫测的、不稳定的、非常不规则的现象。用数学的语言来讲,它是研究自然界中没有特征长度而又具有自相似性的形状和现象。例如,海岸线的形状、地形的起伏、河网水系、城市噪声、地质构造、星系分布、股票波动等都具有分形结构。分数维是分形的基本概念,自相似性是分形的本质特征。

分形在GIS领域取得了许多应用，在空间分析中，分形可用于表达曲线长度，曲线、曲面维数，地形因子等。

1.6.4 小波分析

小波分析是20世纪80年代中期发展起来的新兴数学分支，它具有良好的时频局部化特征、方向性特征、尺度变化特征。小波分析作为傅里叶(Fourier)分析的新发展，既保留了傅里叶分析的优点，又弥补了傅里叶分析的不足。由于小波分析在数学的完美性和应用的广泛性，使得其在理论上得到不断完善，在应用上得到迅速发展，众多学科领域都把小波分析作为解决自身困难的有力工具并取得了丰硕的成果，同时小波分析自身也得到了重要的发展。

在GIS领域，由于小波分析的尺度变化特征与GIS的多尺度表达有天然的联系，小波分析在GIS领域也得到了广泛的应用，例如，矢量地图数据压缩、DEM数据简化等。

1.7 本书内容安排

本书致力于空间分析模型研究，将对空间分析模型的基本思想、模型建立、算法分析、应用等进行深入而详细的探讨，为进一步的空间分析建模和GIS应用提供理论和模型基础。

第1章，对于空间分析相关的基本内容和思想进行概述，以期使读者对空间分析的内容有基本的了解。

第2章，将对空间分析涉及的数学理论进行简要的总结，主要包括数值计算方法，特别是一些计算方法著作较少涉及的二元函数插值逼近。另外还包括图论、分形、小波分析等，在小波分析中，特别阐述了多进制小波的基本思想和方法。

从第3章起，开始论述主要的空间分析模型的建立。

第3章，研究空间叠置模型的建立，主要讨论栅格数据和矢量模型的叠置分析模型，同时对叠置模型中的裁剪算法进行了讨论。

第4章，研究缓冲区分析模型的建立，详细推导了一些相关缓冲区生成算法的公式。另外，对体缓冲区模型的建立进行了初步讨论。

第5章，研究了统计分析模型，较详细推证了经常使用的各种统计分析思想、模型、算法及步骤。

第6章，研究了网络分析模型的建立，探讨了常用的网络分析模型和算法，包括最短路径分析、资源分配、连通分析、流分析等。

第7章，对数字高程模型及其精度分析模型进行了研究，特别对精度分析进行了深入的研究，推证了一系列精度模型和算法。

第8章，对三维地形分析模型进行研究。包括一些常用的地形因子、可视化分析、剖面分析等，推证了一些相关模型。

第9章，对小波分析应用模型进行了探讨，其中包括基于小波分析的矢量地图数据压缩模型、DEM简化模型、图形图像放大模型等。

第2章 数学基础

空间分析的主要内容就是对空间数据进行分析，其主要工具就是各种数学方法，利用数学工具建立各种模型。空间分析涉及众多基础数学与应用数学学科，本章对于空间分析常用的数学方法进行简要论述，主要有数值计算方法特别是二元函数的插值与逼近、图论、分形等。

2.1 一元函数插值与逼近

本节对于一元函数的插值与逼近作一简要的论述，其中包括代数多项式插值、样条函数插值、分段插值、最小二乘逼近等。

2.1.1 引　　言

在实际中，经常用函数 $y=f(x)$ 来表示某种内在规律的变化关系。但通常理论上知道函数 $y=f(x)$ 在某个区间 $[a,b]$ 上是存在连续，例如，地图上的等高线，但是有时很难找到它的解析表达式，而往往只能通过实验或测量等手段得到 $y=f(x)$ 在 $[a,b]$ 上的有限个不同的点 $x_0,x_1,\cdots,x_n$ 上的值 $y_0,y_1,\cdots,y_n$。显然，通过这有限个点来分析 $y=f(x)$ 的形态，研究 $y=f(x)$ 的变化规律，求出 $y=f(x)$ 在其他点的值都是困难的。因此，希望根据给定的函数值找出 $f(x)$。若不行，则构造一个函数 $y=P(x)$ 近似代替 $y=f(x)$。自然地，希望 $P(x)$ 既能反映 $f(x)$ 的特性，又便于计算，且利用 $P(x)$ 代替 $f(x)$ 的误差能尽量小。寻找这样的 $P(x)$ 就是数值计算方法中所要研究的主要问题。

为了满足上面所希望的要求，通常要求 $P(x)$ 在点 $x_0,x_1,\cdots,x_n$ 上满足要求

$$P(x_i) = y_i, \qquad i = 0,1,\cdots,n \tag{2.1}$$

寻找满足上述条件的 $P(x)$ 的问题称为插值问题。条件(2.1)称为插值条件；$f(x)$ 称为被插值函数；$P(x)$ 称为插值函数；$x_0,x_1,\cdots,x_n$ 称为插值结点；除非特别声明，总设结点是互不相同的；$[a,b]$ 称为插值区间；$f(x)-P(x)$ 称为插值余项，记为 $R(x)$，即

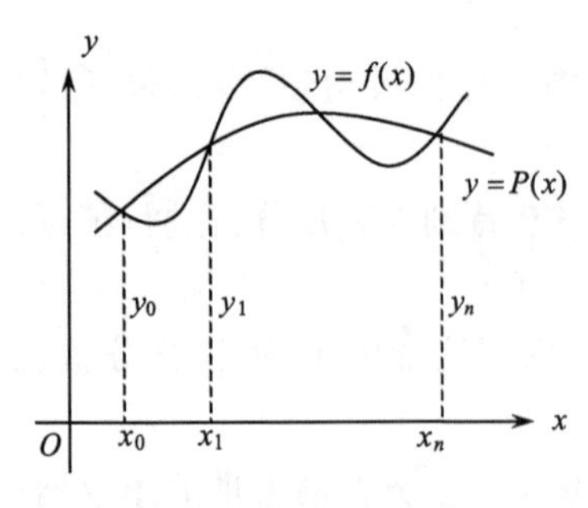

图 2.1　函数插值示例

$$R(x) = f(x) - P(x)$$

从几何上看，插值问题就是通过曲线 $y=f(x)$ 上的 $n+1$ 个互不相同的点 $(x_i,y_i)(i=0,1,\cdots,n)$，作曲线 $y=P(x)$ 来近似代替曲线 $y=f(x)$。如图 2.1 所示。

寻找插值函数的方法称为插值法。插值法的首要工作是插值函数的选取，这常取决于使用上的需要及计

算上的方便。常用的插值函数有代数多项式、三角多项式、有理函数、样条函数等。

2.1.2 n 次代数插值多项式

若插值结点 $x_0, x_1, \cdots, x_n$ 互不相同，由插值条件(2.1)，可以构造唯一的一个次数不超过 n 的代数多项式

$$P_n(x) = a_0 + a_1 x + \cdots + a_n x^n \tag{2.2}$$

要满足插值条件(2.1)的 n 次代数插值多项式 $P_n(x)$，实际上只要解一个 $n+1$ 个方程组成的 $n+1$ 元方程组即可。但在实际计算中，当 n 较大时，解 $n+1$ 元线性方程组较为困难。实际上，有基于拉格朗日基多项式的简便的 n 次插值多项式。

拉格朗日插值基多项式是

$$l_k(x) = \frac{(x-x_0)(x-x_1)\cdots(x-x_{k-1})(x-x_{k-1})\cdots(x-x_n)}{(x_k-x_0)(x_k-x_1)\cdots(x_k-x_{k-1})(x_k-x_{k+1})\cdots(x_k-x_n)} = \prod_{\substack{i=0\\ i\neq k}}^{n} \frac{x-x_i}{x_k-x_i} \tag{2.3}$$

由拉格朗日插值基多项式，可得满足插值条件(2.1)的 n 次代数插值多项式：

$$L_n(x) = y_0 l_0(x) + y_1 l_1(x) + \cdots + y_n l_n(x) = \sum_{k=0}^{n} y_k l_k(x) \tag{2.4}$$

$L_n(x)$称为拉格朗日插值多项式。拉格朗日插值多项式由于结构简单，是常用的插值多项式。

在式(2.4)中取 $n=1$，则拉格朗日插值公式为

$$L_1(x) = y_0 l_0 + y_1 l_0(x)$$

即

$$L_1(x) = y_0 \frac{x-x_1}{x_0-x_1} + y_1 \frac{x-x_0}{x_1-x_0} \tag{2.5}$$

这是一个线性函数。用 $L_1(x)$ 近似代替 $f(x)$ 称为线性插值，公式(2.5)称为线性公式。在几何上，线性插值就是用通过两点 $A(x_0, y_0)$ 和 $B(x_1, y_1)$ 的直线近似代替 $y=f(x)$。如图 2.2 所示。

在式(2.4)中取 $n=2$，则拉格朗日插值公式为

$$L_2(x) = y_0 l_0 + y_1 l_1(x) + y_2 l_2(x)$$

即

$$L_2(x) = y_0 \frac{(x-x_1)(x-x_2)}{(x_0-x_1)(x_0-x_2)} + y_1 \frac{(x-x_0)(x-x_2)}{(x_1-x_0)(x_1-x_2)} + y_2 \frac{(x-x_0)(x-x_1)}{(x_2-x_0)(x_2-x_1)} \tag{2.6}$$

这是一个二次函数，用 $L_2(x)$ 近似代替 $f(x)$，在几何上就是利用通过三点 $A(x_0, y_0)$，$B(x_1, y_1)$ 和 $C(x_2, y_2)$ 的抛物线 $y=L_2(x)$ 近似代替 $y=f(x)$。如图 2.3 所示。相应的插值问题称为抛物插值，公式(2.6)称为抛物插值公式。

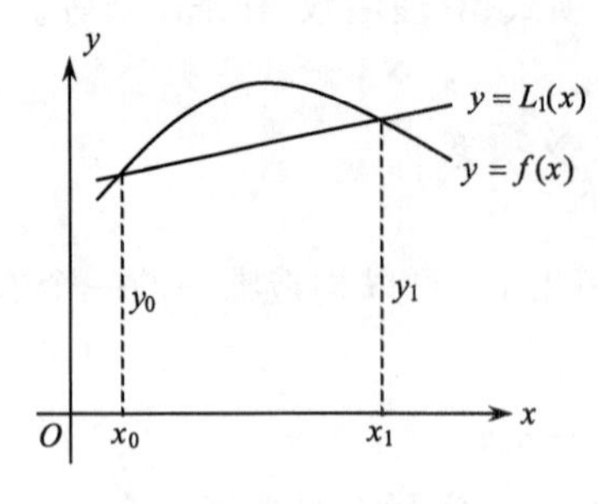

图 2.2　线性插值

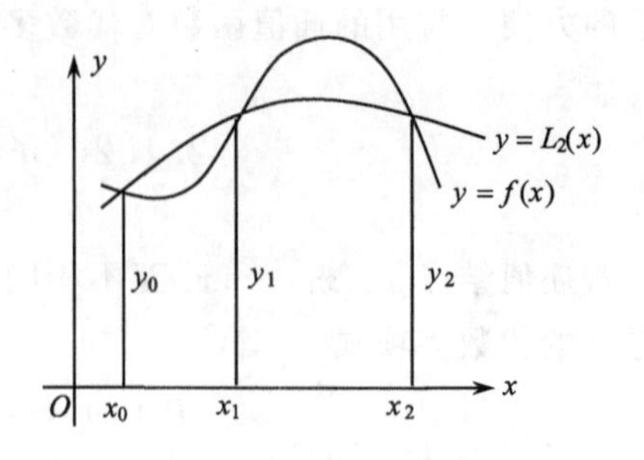

图 2.3　抛物插值公式

2.1.3　埃尔米特插值多项式

埃尔米特(Hermite)插值要求插值函数与 $f(x)$在各结点处的函数值相等,而且还要求插值函数与 $f(x)$在各个结点处的导数值相等。即已知函数 $f(x)$在 $n+1$ 个互不相同的点

$$x_0, x_1, \cdots, x_n$$

上的相应的函数值 $y_i=f(x_i)(i=0,1,\cdots,n)$及导数值 $y'_i=f'(x_i)(i=0,1,\cdots,n)$,要求寻找次数不超过 $2n+1$ 的代数多项式

$$\begin{aligned} H_{2n+1}(x_i) &= y_i, \qquad i=0,1,\cdots,n \\ H'_{2n+1}(x_i) &= y'_i, \qquad i=0,1,\cdots,n \end{aligned} \tag{2.7}$$

利用上面的插值条件,可以构造如下的埃尔米特插值多项式

$$\begin{aligned} H_{2n+1}(x) &= \sum_{k=0}^{n} y_k h_k(x) + \sum_{k=0}^{n} y'_k \tilde{h}_k(x) \\ &= \sum_{k=0}^{n} y_k[1-2l'_k(x_k)(x-x_k)]l_k^2(x) + \sum_{k=0}^{n} y'_k(x-x_k)l_k^2(x) \end{aligned} \tag{2.8}$$

满足插值条件(2.7)的次数不超过 $2n+1$ 的插值多项式存在且唯一,并有表达式(2.8)。

特别地,取 $n=1$,则 $H_3(x)$满足

$$\begin{aligned} H_3(x_0) &= y_0, \qquad H_3(x_1) = y_1 \\ H'_3(x_0) &= y'_0, \qquad H'_3(x_1) = y'_1 \end{aligned}$$

这时得到三次埃尔米特插值多项式为

$$\begin{aligned} H_3(x) = &\left(1-2\frac{x-x_0}{x_0-x_1}\right)\left(\frac{x-x_1}{x_0-x_1}\right)^2 y_0 + \left(1-2\frac{x-x_1}{x_1-x_0}\right)\left(\frac{x-x_0}{x_1-x_0}\right)^2 y_1 \\ &+(x-x_0)\left(\frac{x-x_1}{x_0-x_1}\right)^2 y'_0 + (x-x_1)\left(\frac{x-x_0}{x_1-x_0}\right)^2 y'_1 \end{aligned} \tag{2.9}$$

2.1.4　分段低次插值

对于区间$[a,b]$上给定的插值结点可以构造拉格朗日插值多项式 $L_n(x)$,并用它来逼

近 $f(x)$。通常为了保证精度，结点间距离较小，因而结点就较多，从而插值多项式的次数 n 就比较高。一般总认为插值多项式的次数越高，则插值多项式的精度就越高。事实上并非如此，这是因为对于任意的插值结点，当 $n\to\infty$ 时，$L_n(x)$ 不一定收敛于 $f(x)$，有时会产生震荡现象或称为"龙格"现象。因此在选用插值多项式时，通常不用高次插值多项式，而用低次插值多项式，以避免"龙格"现象。具体即是将插值区间分成若干个小区间，然后在每个小区间上进行低次插值，这时在每个小区间上的插值取为次数较低的多项式，这样的插值方法称为分段低次插值。

1. 分段线性插值

设有区间 $[a,b]$，将 $[a,b]$ 分划为

$$a = x_0 < x_1 < \cdots < x_n = b$$

已知函数 $f(x)$ 在 $n+1$ 个点 $x_0<x_1<\cdots<x_n$ 上的函数值 $y_0, y_1, \cdots, y_n$。现在要计算 $f(x)$ 在 $[a,b]$ 上的近似值。这里，我们用如下的计算方法，即对任一小区间 $[x_{j-1}, x_j]$，在该小区间上作线性插值，即得

$$f(x) \approx L_1(x) = y_{j-1}\frac{x - x_j}{x_{j-1} - x_j} + y_j\frac{x - x_{j-1}}{x_j - x_{j-1}}$$

$$x \in [x_{j-1}, x_j], \qquad j = 1, 2, \cdots, n$$

这样，在每一小区间上得到一个插值公式，从而在整个区间 $[a,b]$ 上就得到 $f(x)$ 的近似表达式。这种在每个小区间上作线性插值的方法就称为分段线性插值。在几何上就是用折线代替曲线，如图 2.4 所示。故分段线性插值又叫折线插值。

显然，分段线性插值所得的曲线，是在整个插值区间 $[a,b]$ 上连续的，但在 $[a,b]$ 上一阶导数不连续。用折线来逼近 $f(x)$ 的精度在极大程度上取决于取样点的密度，取样点越密，逼近的精度就越高，且内插曲线的外观越显光滑。插值点的分布可以是不规则的，可根据 $f(x)$ 的变化而调整。

2. 分段三次多项式插值

分段线性插值计算简单，但光滑性、精度方面稍差。要想取得比线性插值更光滑、更精确的逼近，可用分段三次多项式进行插值。

同前面一样，将 $[a,b]$ 分划为

$$a = x_0 < x_1 < \cdots < x_n = b$$

众所周知，要严格拟合一条三次多项式曲线，需要 4 个点上的函数值以确定多项式系数。设这 4 个点为 $x_{i-1}, x_i, x_{i+1}, x_{i+2}$，这样，我们在 $[x_{i-1}, x_{i+1}]$ 上得到一条三次多项式曲线。但是，并不用它在区间 $[x_{i-1}, x_{i+1}]$ 上代替 $f(x)$，而只是用它中间区间 $[x_i, x_{i+1}]$ 的函数值，因为多项式插值的中间部分要好一些。这样，就可得到 $[x_1, x_{n-1}]$ 上的插值函数的值。如图 2.5 所示。

对于两个端点区间上的插值，可用线性插值代之，或将相邻间隔上的内插曲线延伸过去。

分段三次多项式插值在大区间 $[a,b]$ 上连续，但不能保证插值函数的一阶导数在插值点的连续性，即曲线的光滑性。

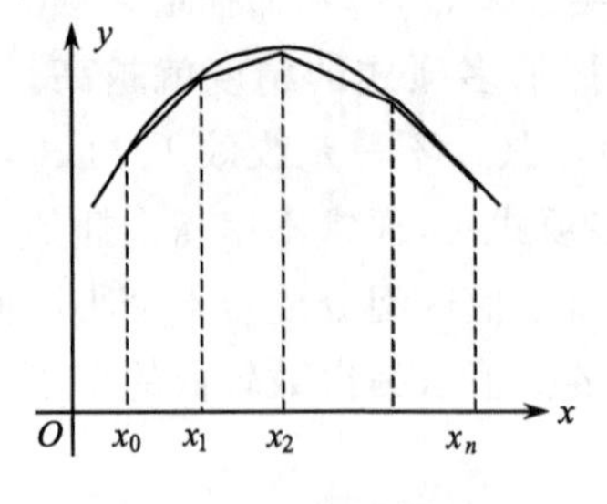

图 2.4　分段线性插值

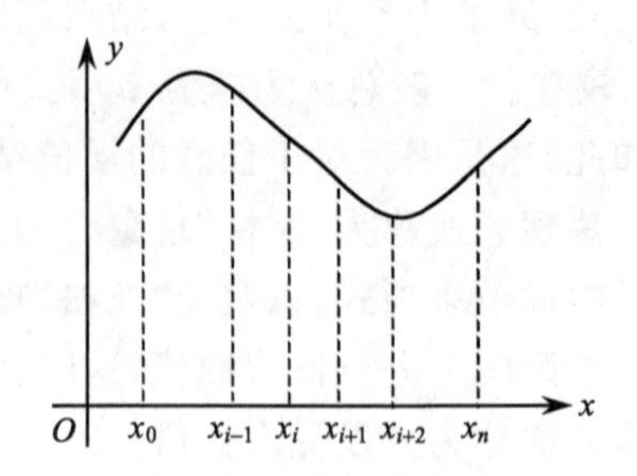

图 2.5　分段三次多项式插值

与分段线性插值相比，分段三次多项式插值光滑性及精度要好些，但在数据处理方面，分段三次多项式比分段线性插值要复杂些，因而效率也低。但是，若插值结点是等距分布，则处理的效率就会高很多。

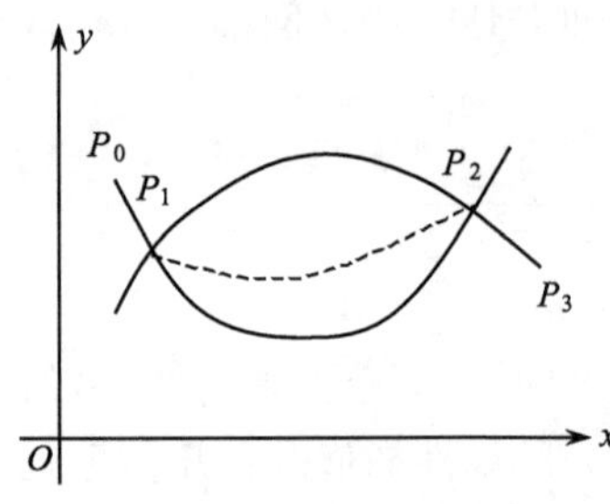

图 2.6　加权平均的抛物线拟合法

3. 加权平均的抛物线拟合法

设已知函数 $y=f(x)$ 上点 $x_0,x_1,\cdots,x_n$ 对应的函数值 $y_0,y_1,\cdots,y_n,(x_i,y_i)$ 对应于 P_i 点 $(i=0,1,\cdots,n)$。该方法的基本思想是按数据点 $P_0,P_1,\cdots,P_n$ 的顺序，每过相邻三点作一条二次曲线，而在每相邻两点之间前后两曲线的重叠部分，用平均加权曲线作为最终的插值曲线，如图 2.6 所示。

设过 P_0,P_1,P_2 的二次曲线方程为

$$y_L(x)=L_2(x)=\sum_{k=0}^{2}y_k l_k(x)$$

再设过 P_1,P_2,P_3 的二次曲线方程为

$$y_R(x)=\tilde{L}_2(x)=\sum_{k=0}^{3}y_k\tilde{l}_k(x)$$

在 P_1,P_2 两点之间的最终曲线上采用左右加权的曲线

$$y_{1,2}(x)=W_L(x)y_L(x)+W_R(x)y_R(x) \tag{2.10}$$

且为了保证曲线的光滑性，式(2.10)必须满足如下条件

$$y_{1,2}(x_1)=y_L(x_1)$$
$$y_{1,2}(x_2)=y_R(x_2)$$
$$y'_{1,2}(x_1)=y'_L(x_1)$$
$$y'_{1,2}(x_2)=y'_R(x_2)$$

这表明权函数必须满足下列条件

$$W_L(x)+W_R(x)=1$$
$$W_L(x_1)=W_R(x_2)=1$$
$$W_L(x_2)=W_R(x_1)=0$$

$$\left.\frac{\mathrm{d}W_L(x)}{\mathrm{d}x}\right|_{x=x_1} = \left.\frac{\mathrm{d}W_L(x)}{\mathrm{d}x}\right|_{x=x_2} = 0$$

$$\left.\frac{\mathrm{d}W_R(x)}{\mathrm{d}x}\right|_{x=x_1} = \left.\frac{\mathrm{d}W_R(x)}{\mathrm{d}x}\right|_{x=x_2} = 0$$

满足于上述条件方程式的权函数可取为

$$W_L(x) = \frac{(x-x_2)^2[2(x-x_2)+3(x_2-x_1)]}{(x_2-x_1)^3}$$

$$W_R(x) = \frac{(x-x_1)^2[2(x-x_1)+3(x_2-x_1)]}{(x_1-x_2)^3}$$

这样即可得到 P_1 和 P_2 两点之间的最后拟合抛物线上的任何点。

继续进行下去，即可得到最终的拟合曲线。只是在 P_0 和 P_1 之间、P_{n-1} 和 P_n 之间，没有中数可取，只能以原来的一次抛物线代之。

4. 分段埃尔米特插值

设有区间$[a,b]$，将$[a,b]$分划为

$$a = x_0 < x_1 < \cdots < x_n = b$$

已知函数 $f(x)$在 $n+1$ 个点 $x_0<x_1<\cdots<x_n$ 上的函数值 $y_0,y_1,\cdots,y_n$。分段埃尔米特插值即在每个小区间$[x_{j-1},x_j]$上用埃尔米特插值多项式。由式(2.9)有

$$\begin{aligned} H_{3,j-1}(x) = &\left(1-2\frac{x-x_{j-1}}{x_{j-1}-x_j}\right)\left(\frac{x-x_j}{x_{j-1}-x_j}\right)^2 y_{j-1} + \left(1-2\frac{x-x_j}{x_j-x_{j-1}}\right)\left(\frac{x-x_{j-1}}{x_j-x_{j-1}}\right)^2 y_j \\ &+ (x-x_{j-1})\left(\frac{x-x_j}{x_{j-1}-x_j}\right)^2 y'_{j-1} + (x-x_j)\left(\frac{x-x_{j-1}}{x_j-x_{j-1}}\right)^2 y'_j \end{aligned} \tag{2.11}$$

这里，区间端点的导数值可由数值微分得到。例如

$$y'_j = \frac{y_{j+1}-y_j}{x_{j+1}-x_j}$$

分段埃尔米特插值在大区间$[a,b]$上连续，且插值函数的一阶导数在插值点也连续，因此，分段埃尔米特插值在整个区间上能保证一阶导数连续，具有好的光滑性。

分段低次插值局部性好，在局部以低次多项式逼近被插值函数，尽管能保证曲线的连续性，但光滑性较差。如果既想使插值多项式的次数不高，又要有一定的光滑度，就需要后面介绍的样条函数，即整体具有一定光滑度的分段多项式。

2.1.5 样条函数插值

样条函数不仅是现代函数逼近论的一个分支，而且也是现代数值计算中的一个十分重要的工具。

设给定区间$[a,b]$上的一个分划

$$\Delta: a = x_0 < x_1 < \cdots < x_{n-1} < x_n = b$$

若函数 $S(x)$满足条件

(1) $S(x)$在每个小区间$[x_{i-1},x_{i+1}]$$(i=1,2,\cdots,n)$上是 m 次多项式；

(2) $S(x)$及直到 $m-1$ 阶导数在$[a,b]$上连续；则称 $S(x)$是关于分划 Δ 的 m 次样条函数，记为 $S(x)$或 $S_m(x)$。$x_0,x_1,\cdots,x_{n-1},x_n$ 称为样条结点。

满足上述两个条件的 m 次样条函数的全体组成的集合记为 $S(m,\Delta)$，可以证明 $S(m,\Delta)$是 $n+m$ 维的线性空间。

在实际应用中，由于三次样条函数在计算及使用上都比较简单，因此，常用三次样条函数去解决各类问题。

三次样条函数的一般形式是

$$S_3(x)=\begin{cases}P_3(x) & x\in[x_0,x_1]\\ P_3(x)+C_1(x-x_1)^3 & x\in[x_1,x_2]\\ \cdots & \\ P_3(x)+C_1(x-x_1)^3+\cdots+C_{n-1}(x-x_{n-1})^3 & x\in[x_{n-1},b]\end{cases} \tag{2.12}$$

为了把(2.2)写成一个统一的表达式，引进截断幂函数

$$x_+^3=\begin{cases}x^3, & x>0\\ 0, & x\leqslant 0\end{cases}$$

则式(2.12)可以写成

$$S_3(x)=P_3(x)+\sum_{i=1}^{n-1}C_i(x-x_i)_+^3 \tag{2.13}$$

这称为三次样条插值函数的一般形式。

为求解样条函数，通常需要插值条件和边界条件。插值条件和边界条件共有 $n+3$ 个，和三次样条插值函数系数个数一致。由这些条件，即得含有 $n+3$ 个未知数的 $n+3$ 个方程的线性方程组，可以证明这个方程组存在唯一解。从理论上讲，这 $n+3$ 个未知数的方程组可解，但在实际中，当 n 较大时，方程组通常都是病态的，所以上述求解方法在实际计算中很少用。

常用的构造 $S_3(x)$的方法有两种，一种是由各个小区间的代表性的表达式的集合所组成的主基型样条函数，由此主基型样条函数来构造测绘中常用的张力样条函数。另外一种是由基本样条函数的线性组合所组成的等距 B 样条函数。详细论述可见《数值计算方法及其应用》(朱长青，2006)。下面简单介绍等距 B 样条函数。

2.1.6 等距 B 样条函数插值

1. 基本样条函数

二次基本样条函数是

$$\Omega_2(x)=\frac{1}{2!}\left[\left(x+\frac{3}{2}\right)_+^2-3\left(x+\frac{1}{2}\right)_+^2+3\left(x-\frac{1}{2}\right)_+^2-\left(x-\frac{3}{2}\right)_+^2\right]$$

$$=\begin{cases}0, & |x|>\dfrac{3}{2}\\ -x^2+\dfrac{3}{4}, & |x|<\dfrac{1}{2}\\ \dfrac{1}{2}x^2-\dfrac{3}{2}|x|+\dfrac{9}{8}, & \dfrac{1}{2}\leqslant|x|\leqslant\dfrac{3}{2}\end{cases} \tag{2.14}$$

其中，$\Omega_2(x)$为个分段光滑的函数，其一阶导数连续。其图形如图 2.7 所示。

三次基本样条函数是

$$\Omega_3(x) = \frac{1}{3!}[(x+2)_+^3 - 4(x+1)_+^3 + 6x_+^3 - 4(x-1)_+^3 + (x-2)_+^3]$$

$$= \begin{cases} 0, & |x| \geqslant 2 \\ \frac{1}{2}|x|^3 - x^2 + \frac{2}{3}, & |x| \leqslant 1 \\ -\frac{1}{6}|x|^3 + x^2 - 2|x| + \frac{3}{4}, & 1 < |x| < 2 \end{cases} \tag{2.15}$$

$\Omega_3(x)$的图形如图 2.8 所示。

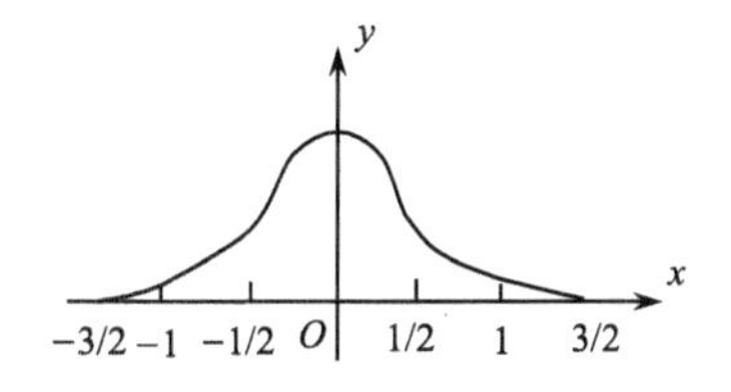

图 2.7 二次基本样条函数

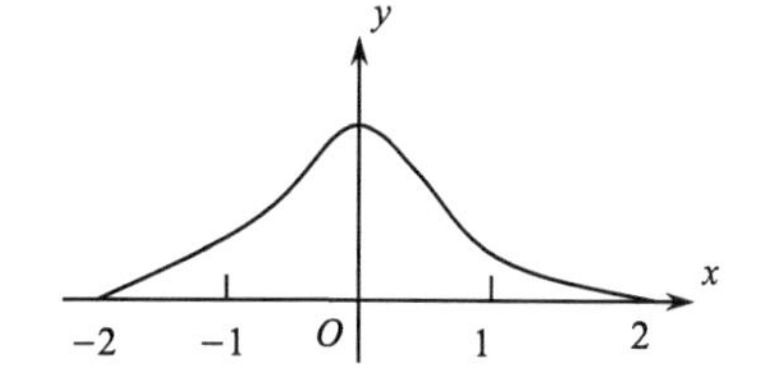

图 2.8 三次基本样条函数

2. 三次等距 *B* 样条函数

在区间$[a,b]$上作等距分划

$$\Delta: a = x_0 < x_1 < \cdots < x_{n-1} < x_n = b$$

其中

$$x_j = x_0 + jh, \quad j = 0,1,\cdots,n$$

$$h = \frac{b-a}{n}$$

对此情形，有下面一组三次等距基本样条函数

$$\Omega_3\left(\frac{x-x_j}{h}\right) = \Omega_3\left(\frac{x-x_0}{h} - j\right), \quad j = 0,1,\cdots,n \tag{2.16}$$

它们的非零区间分别为(x_{j-2}, x_{j+2})，在$[a,b]$上都不为零。另外，当$j=-1,n+1$[其中$x_{-1}=x_0-h, x_{n+1}=x_0+(n+1)h$]时，式(2.16)所表示的三次基本样条函数在$[a,b]$上也不为零，而其余的$j(x_j=x_0+jh)$所对应的三次基本样条函数在$[a,b]$都为零，如图 2.9 所示，其中$\Omega_3(j)$表示$\Omega_3\left(\frac{x-x_j}{h}\right)$。

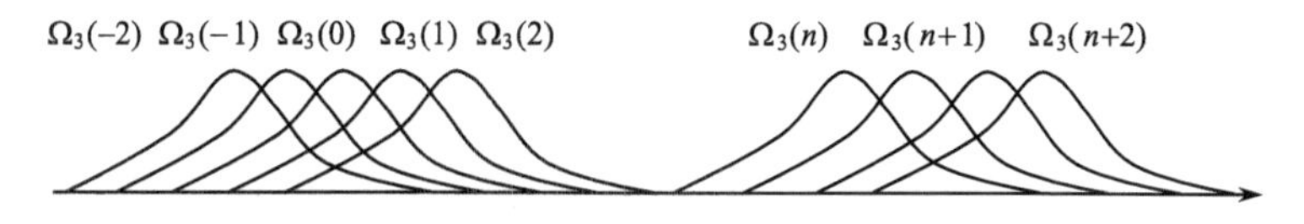

图 2.9 $[a,b]$上的三次基本样条函数

因此，在$[a,b]$上不为零的形如式(2.16)的三次等距基本样条函数只有$n+3$个，而研究$f(x)$的插值逼近是在区间$[a,b]$上的，又三次样条函数的插值条件数与边界条件数的和也是$n+3$个，于是，可以考虑如下的线性组合作插值逼近函数，即

$$S_3(x)=\sum_{j=-1}^{n+1}C_j\Omega_3\left(\frac{x-x_j}{h}\right)=\sum_{j=-1}^{n+1}C_j\Omega_3\left(\frac{x-x_0}{h}-j\right) \tag{2.17}$$

$S_3(x)$称为三次等距B样条函数。

当$x=x_j(j=0,1,\cdots,n)$时

$$S_3(x_j)=\sum_{j=-1}^{n+1}C_j\Omega_3\left(\frac{x_i-x_j}{h}\right)=\sum_{j=-1}^{n+1}C_j\Omega_3(i-j) \tag{2.18}$$

由于$\Omega_3(x)$当$|x|\geqslant 2$时为零，故上面$n+3$项$\Omega_3(i-j)$中，只有三项不为零，它们分别是$j=i-1,i,i+1$。于是，有

$$S_3(x_j)=\sum_{j=-1}^{n+1}C_j\Omega_3(i-j)=C_{i-1}\Omega_3(1)+C_i\Omega_3(0)+C_{i+1}\Omega_3(-1) \tag{2.19}$$

这就大大简化了$S_3(x_i)$的结构。从$\Omega_3(x)$的局部非零性或从图2.9可见，在每个小区间$[x_{j-1},x_j](j=1,2,\cdots,n)$上的函数$S_3(x)$只由不多于4条而不是$n+3$条基本函数叠加而成。

3. 三次等距B样条插值函数

对于区间$[a,b]$上的等距分划Δ，得到了形如式(2.18)的三次等距B样条函数，它有$n+3$个待定系数$C_i(i=-1,0,1,\cdots,n+1)$。下面利用插值条件来确定这些待定常数，从而得到三次等距B样条插值函数

设在等距结点$x_i(i=0,1,\cdots,n)$上，$S_3(x)$满足插值条件

$$S_3(x_i)=y_i,\qquad i=0,1,\cdots,n \tag{2.20}$$

则由式(2.19)，有

$$C_{i-1}\Omega_3(1)+C_i\Omega_3(0)+C_{i+1}\Omega_3(-1)=y_i,\qquad i=0,1,\cdots,n \tag{2.21}$$

由$\Omega_3(x)$的表达式(2.15)，即有

$$C_{i-1}+4C_i+C_{i+1}=6y_i,\qquad i=0,1,\cdots,n \tag{2.22}$$

这样，得到了关于$C_i(i=-1,0,1,\cdots,n+1)$的$n+1$个线性方程。由于C_i有$n+3$个，因此根据边界条件再确定两个关于C_i的方程，所得的方程具有三对角形式，容易解得C_i。从而，即得满足插值条件(2.20)和边界条件的三次等距B样条函数$S_3(x)$。

2.1.7 曲线拟合的最小二乘法

1. 最小二乘法的概念

设有一个数组$(x_i,y_i)(i=1,2,\cdots,m)$，从这个数组出发来构造变量$x$和$y$之间的函数关系式$y=f(x)$。当然，可以用插值方法构造插值多项式$P(x)$作为近似值去逼近$f(x)$。而在实际中，有时并不要求逼近函数在$x_i$处等于$y_i$，而要求在这些点上偏差不大但在整体上逼近效果较好，这样的问题即是最小二乘问题。最小二乘法的基本提法是：对

于给定的数组$(x_i,y_i)(i=1,2,\cdots,m)$及权系数$\omega_i(i=1,2,\cdots,m)$，要求在给定的函数类$\Phi=\{\varphi_0(x),\varphi_1(x),\cdots,\varphi_n(x)\}(n<m)$中寻找一个函数

$$\varphi^*(x)=a_0^*\varphi_0(x)+a_1^*\varphi_1(x)+\cdots+a_n^*\varphi_n(x) \tag{2.23}$$

使$\varphi^*(x)$满足

$$\sum_{i=1}^{m}\omega_i[\varphi^*(x_i)-y_i]^2=\min_{\varphi(x)\in\Phi}\sum_{i=1}^{m}\omega_i[\varphi(x_i)-y_i]^2 \tag{2.24}$$

这里$\varphi(x)=a_0\varphi_0(x)+a_1\varphi_1(x)+\cdots+a_n\varphi_n(x)$是函数类$\Phi$中的任意函数。上述寻求逼近函数$\varphi^*(x)$的方法就称为曲线拟合的最小二乘法，满足关系式(2.24)的函数$\varphi^*(x)$称为上述最小二乘问题的最小二乘解。

由上可知，用最小二乘解解决实际问题包括两个方面：

(1) 根据给定的数据点的变化趋势和问题的实际背景确定函数类Φ，即确定$\varphi(x)$所具有的形式。在数学上，常将数据点(x_i,y_i)先显示出来，然后根据这些点的分布规律选择适当的函数类；

(2) 按最小二乘原则式(2.24)求最小二乘解$\varphi^*(x)$，即确定系数

$$a_k^*,\qquad k=0,1,\cdots,n$$

2. 最小二乘解的求法

根据最小二乘解

$$\varphi^*(x)=a_0^*\varphi_0(x)+a_1^*\varphi_1(x)+\cdots+a_n^*\varphi_n(x)$$

应满足条件(2.24)，求最小二乘解即求系数$a_0^*,a_1^*,\cdots,a_n^*$，实际上即求多元函数

$$S(a_0,a_1,\cdots,a_n)=\sum_{i=1}^{m}\omega_i\Big[\sum_{k=0}^{n}a_k\varphi_k(x_i)-f(x_i)\Big]^2 \tag{2.25}$$

的极小值点$(a_1^*,a_1^*,\cdots,a_n^*)$。由多元函数求极小值的必要条件，有

$$\frac{\partial S}{\partial a_j}=2\sum_{i=1}^{m}\omega_i\Big[\sum_{k=0}^{n}a_k\varphi_k(x_i)-f(x_i)\Big]\varphi_j(x_i)=0 \tag{2.26}$$

即

$$\sum_{k=0}^{n}a_k\sum_{i=1}^{m}\omega_i\varphi_k(x_i)\varphi_j(x_i)=\sum_{i=1}^{m}\omega_i f(x_i)\varphi_j(x_i)$$

利用离散点集的内积符号，上式可写成

$$\sum_{k=0}^{n}(\varphi_k,\varphi_j)a_k=(f,\varphi_j),\qquad j=0,1,\cdots,n$$

写成矩阵形式即为

$$\begin{bmatrix}(\varphi_0,\varphi_0) & (\varphi_0,\varphi_1) & \cdots & (\varphi_0,\varphi_n)\\ (\varphi_1,\varphi_0) & (\varphi_1,\varphi_1) & \cdots & (\varphi_1,\varphi_n)\\ \cdots & \cdots & \cdots & \cdots\\ (\varphi_n,\varphi_0) & (\varphi_n,\varphi_1) & \cdots & (\varphi_n,\varphi_n)\end{bmatrix}\begin{bmatrix}a_0\\ a_1\\ \vdots\\ a_n\end{bmatrix}=\begin{bmatrix}(f,\varphi_0)\\ (f,\varphi_1)\\ \vdots\\ (f,\varphi_n)\end{bmatrix} \tag{2.27}$$

这个方程组称为法方程组。当$\varphi_0(x),\varphi_1(x),\cdots,\varphi_n(x)$线性无关时,法方程组(2.27)的系数矩阵不为零,因此存在唯一解

$$a_0^*,a_1^*,\cdots,a_n^*$$

由此可知,若函数$f(x)$的最小二乘解存在,即为

$$\varphi^*(x)=a_0^*\varphi_0(x)+a_1^*\varphi_1(x)+\cdots+a_n^*\varphi_n(x) \tag{2.28}$$

可以证明,上述解得的$\varphi^*(x)$确为所求的最小二乘解,即它满足式(2.24)。

实际计算中,通常选用的函数类是代数多项式类或指数函数类。

2.2 二元函数插值与逼近

在实际应用中,例如地形表示中,经常涉及到曲面表示。从数学上,曲面表示即是二元函数的表示。本节将对二元函数的插值与逼近进行讨论,特别对正方形格网和三角形格网上的插值与逼近进行研究。

2.2.1 引　　言

二元函数逼近的一般提法是:给定了被逼近曲面或函数$u(x,y)$,或者给定了$u(x,y)$的一组离散近似值$u_{ij}=u(x_i,y_j)$,要构造一个比较简单的函数$U(x,y)$去逼近$u(x,y)$或离散值u_{ij}。若要求$U(x_i,y_j)=u(x_i,y_j)$或u_{ij},则称相应的逼近问题为插值逼近问题或简称插值。通常由于u_{ij}总有误差,因此并不要求$U(x_i,y_j)=u_{ij}$,只要近似满足就行,近似通过给定点的曲面逼近法,称为曲面拟合法。

逼近二元函数的最简单的函数类,一般是如下形式的二元多项式

$$\sum_{i=0}^{n}\sum_{j=0}^{m}a_{ij}x^iy^j \tag{2.29}$$

但是,在实际问题中往往给定的点(x_i,y_j)很多,如果用一个二元多项式逼近,则必然使得多项式次数过高,而高次多项式容易产生“龙格”现象,因此效果并不一定好。因此,经常采用类似于一元函数逼近的方法,采用分片二元多项式逼近,即将区域分成若干个小矩阵或小三角形区域,然后在每一个小区域上寻求次数较低的逼近多项式,通常这些多项式在小区域边界上能连接起来,但并不一定能保证有好的光滑性,而利用二元样条函数插值,则能有好的光滑性。

在研究二元插值函数的具体构造时,通常模仿一元函数的插值函数构造法。例如,对N个互异结点的二元插值函数$u(x,y)$,要求构造如式(2.29)的插值函数。那么,只要找到N个形如式(2.29)的函数$\varphi_i(x,y)$,使得满足

$$\varphi_i(x_j,y_j)=\delta_{ij}=\begin{cases}0, & i\neq j\\1, & i=j\end{cases}$$

$$i,j=1,2,\cdots,N$$

则函数

$$U(x,y)=\sum_{i=1}^{N}u(x_i,y_i)\varphi_i(x,y)$$

就是满足插值条件

$$U(x_i,y_i)=u(x_i,y_i),\qquad i=1,2,\cdots,N$$

的插值函数,这是模仿一元函数拉格朗日插值的方法。

对某些插值问题,可以先固定 x(或 y),将 $u(x,y)$看为 y 的函数,用一元插值的方法得到插值函数,记为 $P_yu(x,y)$,然后将 $P_yu(x,y)$对 x 进行插值,得到的插值函数记为 $P_xP_yu(x,y)$。对于某些特定的问题,$P_xP_uu(x,y)$就是满足插值条件的插值函数,这种方法称为乘积型插值法。

待定系数法是寻找一元函数插值法的重要方法,在构造二元函数插值时也常用这种方法。

另外,在矩形区域,还可以用基本 B 样条函数的线性组合作为插值函数。

2.2.2 矩形区域上的代数插值逼近

1. 矩形区域上的插值

设有矩形区域 $R=\{(x,y):a\leqslant x\leqslant b,c\leqslant y\leqslant d\}$,给定区间$[a,b]$上的分划

$$\pi_x:a=x_0<x_1<\cdots<x_n=b$$

给定区间$[c,d]$上的分划

$$\pi_y:c=y_0<y_1<\cdots<y_m=d$$

则 $\pi=\{(x_i,y_j):0\leqslant i\leqslant n,0\leqslant j\leqslant m\}$构成矩形区域 R 上的一个矩形分划点集,如图 2.10 所示。

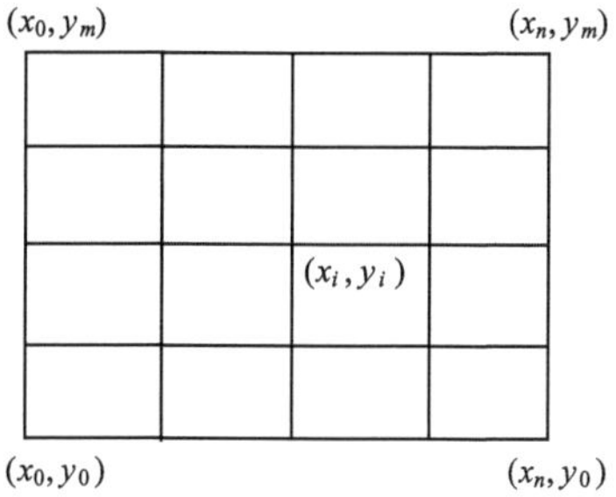

图 2.10 矩形分划

现在寻找关于 x 为 n 次、y 为 m 次的多项式 $U(x,y)$,使得满足插值条件

$$U(x_i,y_j)=u(x_i,y_j),\qquad 0\leqslant i\leqslant n,0\leqslant j\leqslant m \tag{2.30}$$

仿照构造拉格朗日插值多项式的方法,只要寻找到关于 x 为 n 次、y 为 m 次的多项式 $l_{ij}(x,y)$,使得

$$l_{ij}(x_k,y_u)=\delta_{ik}\delta_{ju}=\begin{cases}1, & i=k,j=u\\0, & i\neq k \text{ 或 } j\neq u\end{cases} \tag{2.31}$$

则

$$U(x,y)=\sum_{i=0}^{n}\sum_{j=0}^{m}u(x_i,y_j)l_{ij}(x,y) \tag{2.32}$$

就是满足插值条件(2.30)的 x 为 n 次、y 为 m 次的插值多项式。

实际上,关于分划 π_x 的拉格朗日基多项式 $l_i(x)$满足

$$l_i(x_k)=\delta_{ik}$$

关于分划 π_y 的拉格朗日基多项式 $\tilde{l}_j(x)$满足

$$\tilde{l}_j(y_u) = \delta_{ju}$$

于是取

$$l_{ij}(x,y) = l_i(x)\tilde{l}_j(y) \tag{2.33}$$

则 $l_{ij}(x,y)$满足式(2.30)。于是即得满足插值条件(2.30)的 x 为 n 次、y 为 m 次的插值多项式。

可以证明,满足插值条件(2.30)的形如式(2.32)的插值多项式是唯一的。

显然,随着 n、m 的增大,插值多项式的次数增大,这不仅在计算上较为困难,而且还容易产生不稳定的现象,所以实际使用中一般不采用整个矩形区域上的插值逼近,而将区域分成若干个小矩形,在每个小矩形上寻求次数较低的插值多项式,这即称为分片插值逼近。

2. 分片双线性插值多项式

现将平面区域剖分成若干个小矩形,设其中的一个代表性小矩形域顶点为

$$A_{ij} = \{(x_i, y_j): 0 \leqslant i \leqslant 1, 0 \leqslant j \leqslant 1\}$$

如图 2.11 所示。

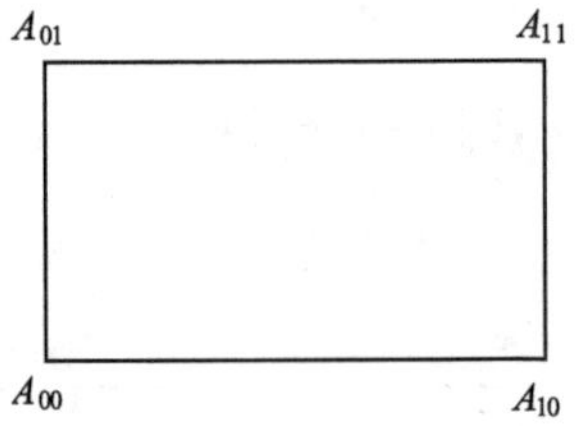

A_{01} A_{11} A_{00} A_{10}

图 2.11 矩形表示

在 A_{ij} 上相应有函数值 $u_{ij} = u(x_i, y_j)$。现在寻求二元插值多项式 $U(x,y)$,使得

$$U(x_i, y_j) = u_{ij}$$

$$0 \leqslant i \leqslant 1, \quad 0 \leqslant j \leqslant 1$$

由前面的讨论知,只要在式(2.31)中取 $m=n=1$,即得所求的满足上述插值条件的插值多项式

$$U(x,y) = \sum_{i=0}^{1}\sum_{j=0}^{1} u(x_i, y_j) l_{ij}(x,y) \tag{2.34}$$

其中

$$l_{ij}(x,y) = l_i(x)\tilde{l}_j(y)$$

$$l_i(x) = \frac{(x-x_0)(x-x_1)}{(x-x_i)(2x_i-x_0-x_1)}, \qquad 0 \leqslant i \leqslant 1$$

$$\tilde{l}_j(y) = \frac{(y-y_0)(y-y_1)}{(y-y_j)(2y_j-y_0-y_1)}, \qquad 0 \leqslant j \leqslant 1$$

这里 $U(x,y)$关于 x、y 都是线性的,因此称为双线性四点插值多项式。

这里用分片双一次曲面作为逼近曲面,它们在矩形区域边界上(x 固定或 y 固定)是条直线,相邻矩形域的两条边界直线都有两个公共点,因此两直线重合,这保证了各分片间连接处连续。

3. 分片不完全的双二次插值

设给定矩形区域上 4 个顶点上的函数值 $u(A_i)(i=1,2,3,4)$及 4 个边上的中点的函数值 $u(B_i)(i=1,2,3,4)$,要求构造插值多项式。由于条件有 8 个,故选择函数类

$$U(x,y) = a_1 + a_2x + a_3y + a_4xy + a_5x^2 + a_6y^2 + a_7x^2y + a_8xy^2 \tag{2.35}$$

作为插值函数，对于二元双二次式来讲，式(2.35)缺少x^2y^2项，故称式(2.35)为不完全的双二次插值。

为方便起见，不妨设矩形，如图2.12所示。

坐标$A_i(x_i, y_j)$、$B_i(\tilde{x}_i, \tilde{y}_i)$分别为

$$A_1(-1, -1), A_2(1, -1), A_3(1,1), A_4(-1,1)$$

$$B_1(0, -1), B_2(1,0), B_3(0,1), B_4(-1,0)$$

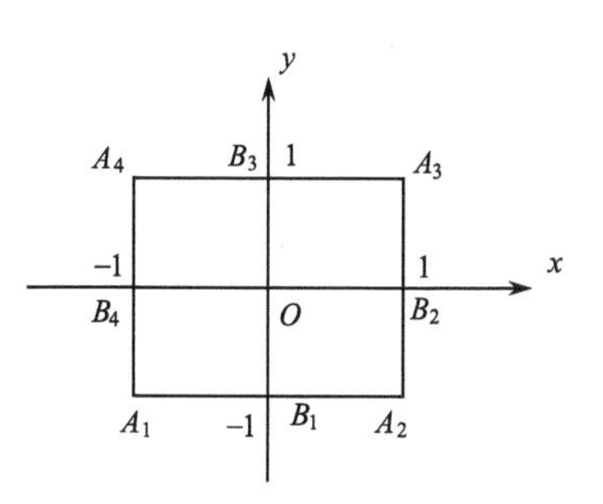

图2.12 矩形表示

下面来构造在上述点插值的不完全双二次插值多项式，运用构造拉格朗日多项式的方法来构造。令

$$U(x,y) = \sum_{i=1}^{4} u(A_i)\varphi_i(x,y) + \sum_{i=1}^{4} u(B_i)\psi_i(x,y) \tag{2.36}$$

这里φ_i、ψ_i是形如式(2.35)的不完全双二次式，且满足

$$\left.\begin{aligned} \varphi_i(A_j) &= \delta_{ij} \\ \varphi_i(B_j) &= 0 \end{aligned}\right\} \tag{2.37}$$

$$i,j = 1,2,3,4$$

$$\left.\begin{aligned} \psi_i(A_j) &= 0 \\ \psi_i(B_j) &= \delta_{ij} \end{aligned}\right\} \tag{2.38}$$

$$i,j = 1,2,3,4$$

为了求出φ_i、ψ_i，先写出矩形四边及相邻两边中点连线方程

$$A_1A_2: y+1=0, \qquad A_2A_3: x-1=0$$

$$A_3A_4: y-1=0, \qquad A_4A_1: x+1=0$$

$$B_1B_2: 1-x+y=0, \qquad B_2B_3: 1-x-y=0$$

$$B_3B_4: 1+x-y=0, \qquad B_4B_1: 1+x+y=0$$

先求$\varphi_1(x,y)$。由于A_2、A_3、A_4、B_2及B_3在线段A_2A_3、A_3A_4上，B_1及B_4在线段B_1B_4上，由式(2.37)及A_2A_3、A_3A_4、B_1B_4方程，可知$\varphi_1(x,y)$应包含因子$(1-x)(1-y)(1+x+y)$，且使

$$\varphi_1(x_1, y_1) = 1$$

这只要取

$$\varphi_1(x,y) = \frac{(1-x)(1-y)(1+x+y)}{(1-x_1)(1-y_1)(1+x_1+y_1)} = -\frac{(1-x)(1-y)(1+x+y)}{4}$$

类似分析可得φ_2、φ_3、φ_4，它们可以统一写为

$$\varphi_i(x,y) = -\frac{(1+x_ix)(1+y_iy)(1-x_ix-y_iy)}{4} \quad i=1,2,3,4 \tag{2.39}$$

同样，可得

$$\psi_i(x,y) = \frac{(1-y_ix)(1+\tilde{y}_ix)(1+x_iy)(1-\tilde{x}_ix)}{4} \quad i=1,2,3,4 \tag{2.40}$$

将式(2.39)、式(2.40)代入式(2.36)，即得所求的分片不完全的双二次插值多项式。

用分片不完全的双二次插值多项式作为逼近曲面，它们在矩形区域边界上退化为抛

物线，相邻两矩形区域的边界为过三个插值结点的两条抛物线，它们相重合。所以用不完全的双二次插值多项式作为逼近曲面，各分片之间仍能保证连续性。

4. 分片双三次埃尔米特插值

前面讨论的是不带导数要求的二元插值多项式，下面讨论带有导数插值条件的矩阵域上的插值多项式。和前面一样，将矩形域分片，考虑每个小矩形上的插值多项式。

设小矩形的顶点为

$$A_{ij} = (x_i, y_j), \qquad 0 \leqslant i,j \leqslant 1$$

顶点图形如图 2.11 所示。

现在寻求插值多项式 $H(x,y)$，使得满足下列插值条件

$$\left.\begin{aligned} &H(x_i,y_j) = u(x_i,y_j) \\ &\frac{\partial H(x_i,y_j)}{\partial x} = u_x(x_i,y_j) \\ &\frac{\partial H(x_i,y_j)}{\partial y} = u_y(x_i,y_j) \\ &\frac{\partial H^2(x_i,y_j)}{\partial x \partial y} = u_{xy}(x_i,y_j) \\ &0 \leqslant i,j \leqslant 1 \end{aligned}\right\} \tag{2.41}$$

下面利用乘积型插值方法来构造 $H(x,y)$。首先对 y 方向进行埃尔米特插值，记为 $H_y u(x,y)$，然后再将 $H_y u(x,y)$ 对 x 方面进行埃尔米特插值，记为 $H_x H_y u(x,y)$。

由三次埃尔米特插值公式，可得关于 y 的埃尔米特插值多项式为

$$H_y u(x,y) = \sum_{j=0}^{1} u(x,y_j) h_j(y) + \sum_{j=0}^{1} u_y(x,y_j) \tilde{h}_j(y)$$

这里 $h_j(y)$ 和 $\tilde{h}_j(y)$ 分别为三次埃尔米特插值多项式的基多项式，

$$\begin{aligned} h_j(y) &= [1 - 2l'_j(y_j)(y - y_j)] l_j^2(y) \\ \tilde{h}_j(y) &= (y - y_j) l_j^2(y) \end{aligned} \tag{2.42}$$

而

$$l_0(y) = \frac{y - y_1}{y_0 - y_1}, \qquad l_1(y) = \frac{y - y_0}{y_1 - y_0}$$

然后对 $H_y u(x,y)$ 进行 x 方向的埃尔米特插值，则有

$$\begin{aligned} H_x H_y u(x,y) &= H_x\Big[\sum_{j=0}^{1} u(x,y_j) h_j(y)\Big] + H_x\Big[\sum_{j=0}^{1} u_y(x,y_j) \tilde{h}_j(y)\Big] \\ &= \sum_{j=0}^{1} H_x u(x,y_j) h_j(y) + \sum_{j=0}^{1} H_x u_y(x,y_j) \tilde{h}_j(y) \\ &= \sum_{j=0}^{1} h_j(y)\Big[\sum_{j=0}^{1} u(x_i,y_j) h_i(x) + \sum_{i=0}^{1} u_x(x_i,y_j) \tilde{h}_i(x)\Big] \\ &\quad + \sum_{j=0}^{1} \tilde{h}_j(y)\Big[\sum_{i=0}^{1} u_y(x_i,y_j) h_i(x) + \sum_{j=0}^{1} u_{xy}(x_i,y_j) \tilde{h}_i(x)\Big] \end{aligned}$$

$$
\begin{aligned}
&= \sum_{i=0}^{1}\sum_{j=0}^{1}u(x_i,y_j)h_i(x)h_j(y) + \sum_{i=0}^{1}\sum_{j=0}^{1}u_x(x_i,y_j)\tilde{h}_i(x)h_j(y) \\
&\quad + \sum_{i=0}^{1}\sum_{j=0}^{1}u_y(x_i,y_j)h_i(x)\tilde{h}_j(y) + \sum_{i=0}^{1}\sum_{j=0}^{1}u_{xy}(x_i,y_j)\tilde{h}_i(x)\tilde{h}_j(y)
\end{aligned}
\tag{2.43}
$$

可以证明形如式(2.43)的 $H_xH_yu(x,y)$ 是满足插值条件(2.41)的唯一插值多项式。

分片双三次埃尔米特插值多项式 $H_xH_yu(x,y)$ 可以保证在整个区域所有方向一阶导数连续,因此 $H_xH_yu(x,y)\in C^1[R]$。但是一般来说,$H_xH_yu(x,y)\in C^2[R]$ 是不成立的,因为在越过各个子矩形的共同边界时法向二阶导数都要发生跳跃。这里 $C^k[R]$ 表示在 R 上 k 阶偏导数(包括混合偏导数)连续的所有函数构成的集合,在 R 上连续的所有函数 $f(x)$ 构成的集合表示为 $C[R]=C^0[R]$。

2.2.3 矩形区域上的样条插值逼近

对于矩形区域,利用二元多项式可以得到相应的代数插值逼近多项式,但矩形区域内的分划不能太细,否则会产生高次多项式,从而容易产生震荡不稳定现象。而利用分片小区域插值逼近,虽然次数降低了,且保证整体连续,但光滑性较差。由于样条函数具有次数低、光滑性好的优点,因此,可以构造二元样条函数作为矩形区域上的插值逼近函数。

1. 矩形区域上的等距分划和基样条函数

设有矩形区域 $R=\{(x,y):a\leqslant x\leqslant b,c\leqslant y\leqslant d\}$,给定区间 $[a,b]$ 上的等距分划

$$\pi_x: a = x_0 < x_1 < \cdots < x_n = b$$

其中,$x_i=x_0+ih_x$;$h_x=\dfrac{b-a}{n}$。

给定区间 $[c,d]$ 上的等距分划

$$\pi_y: c = y_0 < y_1 < \cdots < y_m = d$$

其中,$y_j=y_0+jh_y$;$h_y=\dfrac{d-c}{m}$。

于是,$\pi=\{(x_i,y_j):0\leqslant i\leqslant n,0\leqslant j\leqslant m\}$ 构成矩形区域 R 上的分划点集,其中沿 x、y 方向是分别等距的。

利用 $[a,b]$ 上的等距分划 π_x,可以得到 $[a,b]$ 上的三次等距基本样条函数

$$\Omega_3\left(\frac{x-x_i}{h_x}\right),\qquad i=-1,0,\cdots,n+1 \tag{2.44}$$

其中,$x_{-1}=x_0-h_x$;$x_{n+1}=x_n+h_x$。

同样,$[c,d]$ 上也有相应的三次等距基本样条函数

$$\Omega_3\left(\frac{y-y_j}{h_y}\right),\qquad j=-1,0,\cdots,m+1 \tag{2.45}$$

其中,$y_{-1}=y_0-h_y$;$y_{m+1}=y_m+h_y$。

利用上述两组基函数,即可构造基于等距三次 B 样条函数的二元函数插值逼近

问题。

2. 二元三次样条函数插值逼近

若已知插值条件为

$$
\begin{gathered}
U(x_i, y_j) = u_{ij} = u(x_i, y_j) \\
i = 0,1,\cdots,n; j = 0,1,\cdots,m
\end{gathered}
\tag{2.46}
$$

则取二元样条插值函数

$$
U(x,y) = \sum_{i=0}^{n}\sum_{j=0}^{m} C_{ij}\,\Omega_3\left(\frac{x-x_i}{h_x}\right)\Omega_3\left(\frac{y-y_j}{h_y}\right) \tag{2.47}
$$

作为逼近函数，于是

$$
\begin{aligned}
U(x_s, y_t) &= \sum_{i=0}^{n}\sum_{j=0}^{m} C_{ij}\,\Omega_3\left(\frac{x_s-x_i}{h_x}\right)\Omega_3\left(\frac{y_t-y_j}{h_y}\right) \\
&= \sum_{i=0}^{n}\sum_{j=0}^{m} C_{ij}\,\Omega_3(s-i)\Omega_3(t-j) = u_{st} \\
s &= 0,1,\cdots,n; t = 0,1,\cdots,m
\end{aligned}
\tag{2.48}
$$

这样，得到以 $C_{ij}(i=0,1,\cdots,n;j=0,1,\cdots,m)$ 为未知量的 $(n+1)(m+1)$ 个方程组成的方程组。解上述方程组，即可得 C_{ij}，从而得到满足插值条件(2.46)的二元三次 B 样条插值函数(2.47)。但是，一般来讲，n、m 太大，则需解的方程组个数太多，容易产生病态解。可以用乘积型的计算方法，将二元问题转化为一元问题来解决。乘积型插值将 $(n+1)(m+1)$ 阶矩阵的计算问题转化为低阶的 $(n+1)$ 阶矩阵和 $(m+1)$ 阶矩阵的计算问题，这大大减轻了运算量。详细论述可见《数值计算方法及其应用》(朱长青，2006)。

3. 带有边界条件的乘积型插值

若取插值多项式为

$$
U(x,y) = \sum_{i=-1}^{n+1}\sum_{j=-1}^{m+1} C_{ij}\,\Omega_3\left(\frac{x-x_i}{h_x}\right)\Omega_3\left(\frac{y-y_j}{h_y}\right) \tag{2.49}
$$

即利用 $[a,b]$ 及 $[c,d]$ 上所有非零三次等距 B 样条函数，则这时的待定系数 $C_{ij}(i=-1,0,\cdots,n+1;j=-1,0,\cdots,m+1)$ 有 $(n+3)(m+3)$ 个，而插值条件(2.46)只有 $(n+1)(m+1)$ 个，还需 $2n+2m+8$ 个，这些还需要的条件可用如下的边界条件得到

$$
\left.
\begin{aligned}
&\frac{\partial u(x_i, y_j)}{\partial x} = u_x(x_i, y_j) \qquad i = 0,n; j = 0,1,\cdots,m \\
&\frac{\partial u(x_i, y_j)}{\partial y} = u_y(x_i, y_j) \qquad i = 0,1,\cdots,n; j = 0,m \\
&\frac{\partial^2 u(x_i, y_j)}{\partial x \partial y} = u_{xy}(x_i, y_j) \qquad i = 0,n; j = 0,m
\end{aligned}
\right\}
\tag{2.50}
$$

利用这 $2n+2m+8$ 个边界条件，再加上插值条件(2.46)，即可得到插值多项式(2.47)。这里需解 $(n+3)(m+3)$ 个方程组成的方程组，在 n、m 较大的情况下，容易产生病态解。同样有乘积型计算方法，由于带有边界条件，所以算法上和不带有边界条件有些不同。

2.2.4 矩形区域上的最小二乘逼近

设有矩形区域 $R=\{(x,y):a\leqslant x\leqslant b,c\leqslant y\leqslant d\}$，如图 2.10 所示作矩形分划，得到矩形分划点集 $\pi=\{(x_s,y_t):0\leqslant s\leqslant n,0\leqslant t\leqslant m\}$。

设 $\{\varphi_k(x)\}(k=0,1,\cdots,N)$ 和 $\{\psi_l(x)\}(l=0,1,\cdots,M)$ 分别是 $[a,b]$ 和 $[c,d]$ 上的两组线性无关的连续函数，则 $\{\varphi_k(x)\psi_l(x)\}$ 可以取为 R 上的基函数，称为乘积型基函数。

若已知曲面 $u=u(x,y)$ 在矩形分划点集 π 上的值 $u(x_s,y_t)(s=0,1,\cdots,n;t=0,1,\cdots,m)$，且 $n\gg N,m\gg M$。再设定 $u(x_s,y_t)$ 的权系数 $\mu_s\nu_t,\mu_s>0,\nu_t>0$。现在寻求二元曲面

$$U=U(x,y)=\sum_{k=0}^{N}\sum_{l=0}^{M}c_{kl}\varphi_k(x)\psi_l(y) \tag{2.51}$$

使得在最小二乘意义下逼近 $u=u(x,y)$，即寻求系数 c_{kl}，使得

$$\begin{aligned}&I(c_{00},c_{01},\cdots,c_{0M},\cdots,c_{N0},c_{N1},\cdots,c_{NM})\\&=\sum_{i=0}^{n}\sum_{j=0}^{m}\mu_i\nu_j\Big[u(x_i,y_j)-\sum_{k=0}^{N}\sum_{l=0}^{M}c_{kl}\varphi_k(x_i)\psi_l(y_j)\Big]^2\\&=\min\end{aligned} \tag{2.52}$$

由式(2.52)所决定的系数 c_{kl}，其对应的曲面称为乘积型最小二乘曲面。容易看出，当 $N=n,M=m$ 且在乘积型插值问题解存在且唯一的情况下，乘积型最小二乘曲面变为插值曲面。

下面来解式(2.52)。由多元函数的极值理论，在式(2.52)中令

$$\frac{\partial I}{\partial c_{st}}=0,\quad s=0,1,\cdots,N;t=0,1,\cdots,M \tag{2.53}$$

从而得到关于 c_{st} 的 $(N+1)(M+1)$ 阶的线性方程组：

$$\sum_{i=0}^{n}\sum_{j=0}^{m}\mu_i\nu_j\Big[u(x_i,y_j)-\sum_{k=0}^{N}\sum_{l=0}^{M}c_{kl}\varphi_k(x_i)\psi_l(y_j)\Big]\varphi_s(x_i)\psi_t(y_j)=0$$
$$s=0,1,\cdots,N;t=0,1,\cdots,M \tag{2.54}$$

同样地，在 N,M 较大的情况下，要解一个 $(N+1)(M+1)$ 阶的代数方程组，其计算量相当大的，可类似得到乘积型的计算方法。

像 2.2.3 节一样，也可以讨论带有边界条件的最小二乘逼近。

2.2.5 三角形区域上的插值逼近

前面讨论的分片插值问题都是在小矩形区域上进行的，但是在实际问题中，所给定点不一定都是以矩形点阵排列的，因此就不能用矩形区域上的插值方法。对于这种情况，常用划分三角形区域的方法，即将这些点归结为一些三角形的顶点，然后对每个小三角形进行插值逼近，同时保持各个小区域边界上适当的连续光滑。

1. 三角形区域上的线性插值

设有小三角形 $\triangle A_1A_2A_3$，记为 Ω，其顶点坐标为 $A_i=(x_i,y_i),(i=1,2,3)$。如

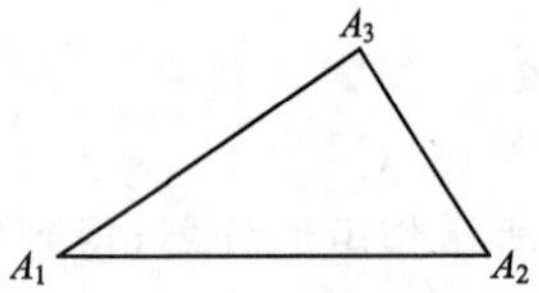

图2.13 所示。

A₃

图 2.13　三角形区域

函数 $u=u(x,y)$ 在 $A_i(i=1,2,3)$ 上取值为 $u_i=u(x_i,y_i)$。现在要寻求 $U=U(x,y)$，使得满足插值条件

$$U(x_i,y_j)=u_i,\quad i=1,2,3 \tag{2.55}$$

由于插值条件有 3 个，故选取插值函数为线性函数类

$$U(x,y)=ax+by+c \tag{2.56}$$

其中待定系数有 3 个。利用插值条件(2.55)，通过解方程组的方法求得这些系数，但为了得到公式化的结果，仿照构造拉格朗日插值多项式的方法，先构造基函数。实际上，若构造出形如式(2.56)的线性函数

$$\varphi_j(x,y),\qquad j=1,2,3$$

使得

$$\varphi_j(x_i,y_i)=\delta_{ij},\qquad i,j=1,2,3 \tag{2.57}$$

则

$$U(x,y)=\sum_{j=1}^{3}u_j\varphi_j(x,y) \tag{2.58}$$

即为满足插值条件(2.55)的线性函数。

下面先求 $\varphi_1(x)$。由式(2.57)知

$$\varphi_1(x_2,y_2)=0,\quad \varphi_1(x_3,y_3)=0$$

即 φ_1 使 A_2、A_3 的坐标代入为 0，注意到过 A_2、A_3 的直线方程为

$$\frac{x-x_2}{x_3-x_2}-\frac{y-y_2}{y_3-y_2}=0$$

将 (x_2,y_2)、(x_3,y_3) 代入时为 0，故 φ_1 必含因子

$$\frac{x-x_2}{x_3-x_2}-\frac{y-y_2}{y_3-y_2}$$

又上式是线性的，和 $\varphi_1(x,y)$ 形式一致，故 $\varphi_1(x,y)$ 可表示为

$$\varphi_1(x,y)=C_1\left[\frac{x-x_2}{x_3-x_2}-\frac{y-y_2}{y_3-y_2}\right]$$

又 $\varphi_1(x_1,y_1)=1$，故可得 C_1。因此

$$\varphi_1(x,y)=\frac{\dfrac{x-x_2}{x_3-x_2}-\dfrac{y-y_2}{y_3-y_2}}{\dfrac{x_1-x_2}{x_3-x_2}-\dfrac{y_1-y_2}{y_3-y_2}}$$

同理可得 $\varphi_2(x,y)$ 和 $\varphi_3(x,y)$。将 $\varphi_1(x,y)$、$\varphi_2(x,y)$ 和 $\varphi_3(x,y)$ 代入式(2.58)，即得 $U(x,y)$，它满足插值条件(2.55)。

$U(x,y)$ 在空间表示平面方程，它用平面去逼近曲面，这种逼近方法，称为“板法”。

在整个区域上，由于相邻三角形的公共边上对应有两公共结点，两点决定一条直线，而这直线为相邻两平面的交线，所以“板法”保证连接处连续，因而在实际中有广泛用处。

2. 三角形区域上的双二次插值

设给定$\triangle A_1A_2A_3$ 及相应边上的中点 B_1,B_2,B_3,且

$$A_i=(x_i,y_i),\qquad B_i=(\hat{x}_i,\hat{y}_i),\qquad i=1,2,3$$

如图 2.14 所示。

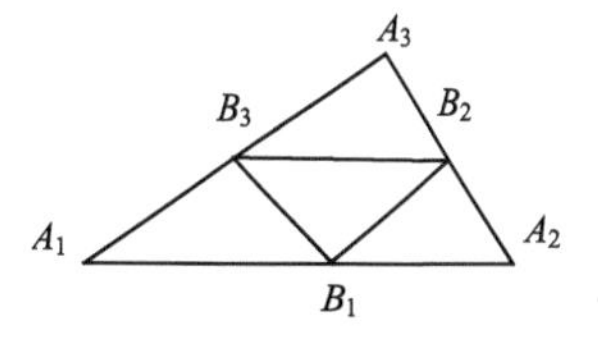

图 2.14　三角形区域

现在要求插值函数 $U=U(x,y)$,使得

$$U(A_i)=u(A_i),\quad U(B_i)=u(B_i),\qquad i=1,2,3$$

其中,$u(A_i)$,$u(B_i)$为已知。

由于插值条件有 6 个,故选择如下的不完全二元二次多项式为插值函数

$$U(x,y)=a_1+a_2x+a_3y+a_4xy+a_5x^2+a_6y^2$$

类似于基函数的方法,选取

$$U(x,y)=\sum_{i=1}^{3}u(A_i)\varphi_i(x,y)+\sum_{i=1}^{3}u(B_i)\psi_i(x,y)$$

使得

$$\varphi_i(A_j)=\delta_{ij},\quad \varphi_i(B_j)=0$$
$$\psi_i(A_j)=0,\qquad \psi_i(B_j)=\delta_{ij}$$
$$i,j=1,2,3$$

为了确定 $\varphi_1(x,y)$,注意到 B_1,B_2 在直线 B_1B_2 上,A_2,B_2,A_3 在直线 A_2A_3 上,故只要先求出直线 B_1B_2 及 A_2A_3 的方程,不妨分别设为 $P_1(x)=0$ 和 $P_2(x)=0$,则得

$$\varphi_1(x,y)=C_1P_1(x)P_2(x)$$

这里 C_1 满足

$$\varphi_1(x_1,y_1)=1$$

类似地可以求得其余的 φ_i、ψ_i。

尽管插值结点及插值多项式次数提高了,但各个小区间上的不完全的二元二次式逼近曲面之间仍保持连续,这是因为在三角形的公共边上,相邻的不完全的二元二次式退化为唯一的抛物线之故。一般来讲,相邻曲面之间的一阶导数不连续,因为在通过公共边时,曲面的法向导数常要发生跳跃性的不连续现象。

2.2.6　移动曲面拟合法

移动曲面拟合法是一种局部逼近的方法。其基本思想即是以每一个内插点为中心,利用内插点周围的数据点的值,建立一个拟合曲面,使其到各数据点的距离之加权平方和为极小,而这个曲面在内插点上的值就是所求的内插值。

设 P 为要内插的点,下面对 P 构造相应的曲面。曲面通常取为如下的二次曲面

$$z(x,y)=c_{0,0}+c_{1,0}x+c_{0,1}y+c_{2,0}x^2+c_{1,1}xy+c_{0,2}y^2\tag{2.59}$$

一般不用三次曲面,因为在数据点较少的情况下往往会引起误差,且对内插结果也没有大

的改进。

为了给出曲面(2.59)的系数，需要选取点 P 周围的数据点。选取的方法通常是以 P 为中心，R 为半径的圆内的数据点，凡落在圆内的点即被选用，所选取的点数根据所采用的曲面函数来确定，以使得所选点的个数大于曲面方程系数的个数。当数据点不够时，则扩大 R 的值。这里设选取的点的坐标为$(x_i, y_i)(i=1,2,\cdots,n;n\geqslant 6)$，且设 P 的坐标为(x_p, y_p)。将(x_i, y_i)改化到以 P 为原点的局部坐标系中，即

$$\tilde{x}_i = x_i - x_p$$
$$\tilde{y}_i = y_i - y_p, \qquad i = 1,2,\cdots,n$$

则由 n 个数据点的值，可得到如下的方程式

$$V_i = c_{0,0} + c_{1,0}\tilde{x}_i + c_{0,1}\tilde{y}_i + c_{2,0}\tilde{x}_i^2 + c_{1,1}\tilde{x}_i\tilde{y}_i + c_{0,2}\tilde{y}_i^2 - f_i$$
$$i = 1,2,\cdots,n$$

然后，对每个数据点赋以权 ω_i，这里 ω_i 不代表数据点的观测精度，而是反映该点与内插点的相关的程度。因此，对于权 ω_i 确定的原则应与该数据点与内插点的距离 d_i 有关，d_i 越小，它对内插点的影响应越大，则权应越大。常采用的权有如下几种形式

$$\omega_i = \frac{1}{d_i^2}, \qquad \omega_i = \left(\frac{R-d_i}{d_i}\right)^2, \qquad \omega_i = \mathrm{e}^{-\frac{d_i^2}{k^2}}$$

其中，R 为选取点半径；d_i 为内插点到数据点的距离；k 为一个供选择的常数；e 是自然对数的底。这三种权的形式都符合上述选择权的原则，但与距离的关系有所不同。具体选用何种权的形式，需根据实际情况进行试验选取。

最后，由最小二乘法解如下的带权的极小问题

$$\min\left\{\sum_{i=1}^{n}\omega_i V_i^2\right\}$$

由此解得系数 $c_{i,j}$，从而得到 P 所对应的二次曲面方程，进而得到所求的内插点的值。

一般地，从一个内插点到相邻另一个内插点，曲面的方程都会改变，正是这个原因，才称该方法为移动曲面拟合法。

有时，确定一个内插点的值可由周围 n 个数据点的值按如下方式计算出来

$$\tilde{z}_p = \tilde{z}(x_p, y_p) = \frac{\sum_{i=1}^{n}\omega_i f_i}{\sum_{i=1}^{n}\omega_i}$$

其中，ω_i 为第 i 个数据值 f_i 的权。一般来讲，这样确定的曲面不一定通过各个数据点，这是移动曲面法的一个特例，通常叫做加权平均法。

移动曲面拟合法在数字地面模型内插计算上得到了广泛的应用。它计算较为灵活，例如，在一般情况下使用完整的二次方程，而在接近于地形折断线或折断点的区域或在数据点稀疏的区域，则限于使用线性项。另外，移动曲面拟合法一般情况下精度较高，但计算速度较慢。

2.3 数值微分

在高等数学中，求函数的导数或微分是由导数或微分的定义及其运算法则得到的。

但当 $f(x)$ 比较复杂或 $f(x)$ 用函数表形式给出时，通常只能用近似方法求其数值微分。本节将对一元和二元函数的数值微分进行讨论。数值微分在有关边界问题中经常用到。

2.3.1　一元函数的数值微分

设已知函数 $f(x)$ 在 $n+1$ 个互异结点 $x_i(i=0,1,\cdots,n)$ 上取值 $f(x_i)=y_i$，运用插值原理，则可得到满足 $L_n(x_i)=y_i(i=0,1,\cdots,n)$ 的 n 次拉格朗日插值多项式，且有

$$f(x)=L_n(x)+R_n(x)=L_n(x)+\frac{f^{(n+1)}(\xi_x)}{(n+1)!}\prod_{i=0}^{n}(x-x_i) \tag{2.60}$$

其中，$\xi_x\in(a,b)$。

通常，将 $L_n(x)$ 作为 $f(x)$ 的一个较好的近似值。自然地，由于多项式导数容易求得，将 $L_n(x)$ 的导数值作为 $f(x)$ 导数的近似值，这样即得插值型的数值微分公式

$$f^{(k)}(x)\approx L_n^{(k)}(x)=\sum_{i=0}^{n}y_il_i^{(k)}(x),\quad k=1,2,\cdots \tag{2.61}$$

特别地，在结点 $x_j(j=0,1,\cdots,n)$ 处有数值微分公式

$$f^{(k)}(x_j)\approx L_n^{(k)}(x_j)=\sum_{i=0}^{n}y_il_i^{(k)}(x_j),\quad k=1,2,\cdots \tag{2.62}$$

为了简化讨论，通常只考虑结点是等距的情形，即

$$x_i=x_0+ih,\quad i=0,1,\cdots,n$$

其中，$h=\dfrac{b-a}{n}$。

此时，在式(2.62)中令 $n=1,2,3,5$，即可得下面的常用公式

(1) 两点公式

$$\left.\begin{aligned}f'(x_0)&=\frac{1}{h}(y_1-y_0)-\frac{h}{2}f''(\xi)\\f'(x_1)&=\frac{1}{h}(y_1-y_0)+\frac{h}{2}f''(\xi)\end{aligned}\right\} \tag{2.63}$$

(2) 三点公式

$$\left.\begin{aligned}f'(x_0)&=\frac{1}{2h}(-3y_0+4y_1-y_2)+\frac{h^2}{3}f'''(\xi)\\f'(x_1)&=\frac{1}{2h}(-y_0+y_2)-\frac{h^2}{6}f'''(\xi)\\f'(x_2)&=\frac{1}{2h}(y_0-4y_1+3y_2)+\frac{h^2}{3}f'''(\xi)\end{aligned}\right\} \tag{2.64}$$

(3) 四点公式

$$\left.\begin{aligned}f'(x_0)&=\frac{1}{h}\left(-\frac{11}{6}y_0+3y_1-\frac{3}{2}y_2+\frac{1}{3}y_3\right)-\frac{h^3}{4}f^{(4)}(\xi)\\f'(x_3)&=\frac{1}{h}\left(-\frac{1}{3}y_0+\frac{3}{2}y_1-3y_2+\frac{11}{6}y_3\right)-\frac{h^3}{4}f^{(4)}(\xi)\end{aligned}\right\} \tag{2.65}$$

(4) 六点公式

$$\left.\begin{aligned}f'(x_0)&=\frac{1}{h}\left(-\frac{137}{60}y_0+5y_1-5y_2+\frac{10}{3}y_3-\frac{5}{4}y_4+\frac{1}{5}y_5\right)-\frac{h^5}{6}f^{(6)}(\xi)\\f'(x_5)&=\frac{1}{h}\left(-\frac{1}{5}y_0+\frac{5}{4}y_1-\frac{10}{3}y_2+5y_3-5y_4+\frac{137}{60}y_5\right)+\frac{h^5}{6}f^{(6)}(\xi)\end{aligned}\right\}\tag{2.66}$$

(5) 二阶三点数值微分公式

$$\left.\begin{aligned}f''(x_0)&=\frac{1}{h^2}(y_0-2y_1+y_2)-hf'''(\xi_1)+\frac{h^2}{6}f^{(4)}(\xi_2)\\f''(x_1)&=\frac{1}{h^2}(y_0-2y_1+y_2)-\frac{h^2}{12}f^{(4)}(\xi)\\f''(x_2)&=\frac{1}{h^2}(y_0-2y_1+y_2)+hf'''(\xi_1)+\frac{h^2}{6}f^{(4)}(\xi_2)\end{aligned}\right\}\tag{2.67}$$

2.3.2 二元函数的数值微分

在二元函数的插值逼近中,有时会涉及二元函数的数值微分。通常,已知二元函数$f(x,y)$在一些离散点上的值,而来求其他一些点上的导数值。例如,在二元等距 B 样条插值中,其边界条件涉及由离散点求二元函数在边界点上的偏导数值。

1. 一般情形的微分公式

若已知 $f(x,y)$在一些离散点$(x_i,y_i)(i=1,2,\cdots,m)$上的值,要求其在某些点上的导数值,则可以按二元函数逼近的方法,构造二元多项式函数 $g(x,y)$代替 $f(x,y)$,然后用$g(x,y)$的导数值代替 $f(x,y)$的导数值。

对于(x_i,y_i)不规则的情况,可由所求导数值点的附近几个点,构造低次二元插值多项式,进而求得所求点的导数值。而对于规则的矩形网格点,则可推出一般公式。

2. 等距情形的微分公式

设有矩形区域 $R=\{(x,y):a\leqslant x\leqslant b,c\leqslant y\leqslant d\}$,给定区间$[a,b]$上的等距划分

$$\pi_x:a=x_0<x_1<\cdots<x_n=b$$

其中,$x_i=a+ih_x$;$h_x=\dfrac{b-a}{n}$。

给定区间$[c,d]$上的等距划分

$$\pi_y:c=y_0<y_1<\cdots<y_n=b$$

其中,$y_j=c+jh_y$;$h_y=\dfrac{d-c}{m}$。

于是,$\pi=\{(x_i,y_j):0\leqslant i\leqslant n,0\leqslant j\leqslant m\}$构成矩形区域 R 上的一个分划点集,如图 2.1所示。

已知$(x_i,y_j)(i=0,1,\cdots,n;j=0,1,\cdots,m)$上的值,下面来求其在边界点上的一些导数值,这些值经常作为边界条件应用。

3. 一阶偏导数

先来求关于 x 的偏导数

$$\frac{\partial f(x_0,y_k)}{\partial x} \text{和} \frac{\partial f(x_n,y_k)}{\partial x}, \qquad k=0,1,\cdots,m$$

其方法是:将 $f(x,y)$中 y 固定为 $y_k(k=0,1,\cdots,m)$,从而 $f(x,y_k)$看作为 x 的一元函数,对此用一元情形的数值微分公式,则可得到关于 x 的偏导数。

例如,用两点数值微分公式,有

$$\frac{\partial f(x_0,y_k)}{\partial x} \approx \frac{f(x_1,y_k)-f(x_0,y_k)}{h_x}$$

$$\frac{\partial f(x_n,y_k)}{\partial x} \approx \frac{f(x_n,y_k)-f(x_{n-1},y_k)}{h_x}$$

$$k=0,1,\cdots,m$$

用四点数值微分公式,有

$$\frac{\partial f(x_0,y_k)}{\partial x} \approx \frac{1}{h_x}\left[-\frac{11}{6}f(x_0,y_k)+3f(x_1,y_k)-\frac{3}{2}f(x_2,y_k)+\frac{1}{3}f(x_3,y_k)\right]$$

$$\frac{\partial f(x_n,y_k)}{\partial x} \approx \frac{1}{h_x}\left[-\frac{1}{3}f(x_{n-3},y_k)+\frac{3}{2}f(x_{n-2},y_k)-3f(x_{n-1},y_k)+\frac{11}{6}f(x_n,y_k)\right]$$

$$k=0,1,\cdots,m$$

关于 y 的偏导数可以同样算得。这里只要将 $f(x,y)$中 x 固定为 $x_l(l=0,1,\cdots,n)$,将 $f(x_l,y)$看作为 y 的一元函数,用一元情形的数值微分公式即可。

例如,用三点数值微分公式,有

$$\frac{\partial f(x_l,y_0)}{\partial y} \approx \frac{1}{2h_y}[-3f(x_l,y_0)+4f(x_l,y_1)-f(x_l,y_2)]$$

$$\frac{\partial f(x_l,y_m)}{\partial y} \approx \frac{1}{2h_y}[f(x_l,y_{m-2})-4f(x_l,y_{m-1})+3f(x_l,y_m)]$$

$$l=0,1,\cdots,n$$

4. 二阶偏导数

首先研究

$$\frac{\partial^2 f(x_0,y_k)}{\partial x^2} \quad \text{和} \quad \frac{\partial^2 f(x_n,y_k)}{\partial x^2}, \qquad k=0,1,\cdots,m$$

其方法是:将 $f(x,y)$中 y 固定为 $y_k(k=0,1,\cdots,m)$,从而 $f(x,y_k)$看作为 x 的一元函数,对此利用二阶数值微分公式即可。例如,利用公式(2.67),有

$$\frac{\partial^2 f(x_0,y_k)}{\partial x^2} \approx \frac{1}{h_x^2}[f(x_0,y_k)-2f(x_1,y_k)+f(x_2,y_k)]$$

$$\frac{\partial^2 f(x_n,y_k)}{\partial x^2} \approx \frac{1}{h_x^2}[f(x_{n-2},y_k)-2f(x_{n-1},y_k)+f(x_n,y_k)]$$

$$k=0,1,\cdots,m$$

对于

$$\frac{\partial^2 f(x_l,y_0)}{\partial y^2} \text{和} \frac{\partial^2 f(x_l,y_m)}{\partial y^2}, \qquad l=0,1,\cdots,n$$

可同样求得,只要将 $f(x_l,y)$看作为 y 的一元函数,利用二阶数值微分公式即可获得。例如,由公式(2.67),有

$$\frac{\partial^2 f(x_l,y_0)}{\partial y^2} \approx \frac{1}{h_y^2}[f(x_l,y_0)-2f(x_l,y_1)+f(x_l,y_2)]$$

$$\frac{\partial^2 f(x_l,y_m)}{\partial y^2} \approx \frac{1}{h_y^2}[f(x_l,y_{m-2})-2f(x_l,y_{m-1})+f(x_l,y_m)]$$

$$l=0,1,\cdots,n$$

5. 混合偏导数

下面只研究在矩形 4 个顶点处的二阶混合偏导数。首先研究$\frac{\partial^2 f(x_0,y_0)}{\partial x\partial y}$。

将 $f(x,y)$看作 x 的一元函数,利用两点数值微分公式,有

$$\frac{\partial f(x_0,y)}{\partial x} \approx \frac{1}{h_x}[f(x_1,y)-f(x_0,y)]$$

再对上式关于 y 利用两点数值微分公式,有

$$\begin{aligned}\frac{\partial^2 f(x_0,y_0)}{\partial x\partial y} &\approx \frac{1}{h_x}\left\{\frac{1}{h_y}[f(x_1,y_1)-f(x_1,y_0)]-\frac{1}{h_y}[f(x_0,y_1)-f(x_0,y_0)]\right\}\\ &= \frac{1}{h_xh_y}[f(x_1,y_1)-f(x_1,y_0)-f(x_0,y_1)+f(x_0,y_0)]\end{aligned}$$

类似的,有

$$\frac{\partial^2 f(x_0,y_m)}{\partial x\partial y} \approx \frac{1}{h_xh_y}[f(x_1,y_m)-f(x_1,y_{m-1})-f(x_0,y_m)+f(x_0,y_{m-1})]$$

$$\frac{\partial^2 f(x_n,y_0)}{\partial x\partial y} \approx \frac{1}{h_xh_y}[f(x_n,y_1)-f(x_n,y_0)-f(x_{n-1},y_1)+f(x_{n-1},y_0)]$$

$$\frac{\partial^2 f(x_n,y_m)}{\partial x\partial y} \approx \frac{1}{h_xh_y}[f(x_n,y_m)-f(x_n,y_{m-1})-f(x_{n-1},y_m)+f(x_{n-1},y_{m-1})]$$

这里,反复运用了一元情形的两点数值微分公式,当然可以用更多点的数值微分公式来推导这里的微分公式,只是稍微复杂些。

数值微分结果通常用于作为边界条件,或涉及导数时的近似值。

2.4 图论基础

图论,是数学中的一门重要的应用数学分支,对于解决网络相关的问题有独到之处。本节,将对图论的一些基本概念和思想作一简要论述,主要为后面的网络分析做准备。

2.4.1 图

1. 图的概念

一个图 G 是由有 p 个顶点的非空有限集合 $V=V(G)$ 和预先给定的由 V 中不同顶点的 q 个无序对构成的集合 $E=E(G)$ 组成，记作 $G=(V,E)$。E 中的每个顶点对 (u,v) 称为 G 的边，如果用 e 表示这条边，则记 $e=(u,v)$ 或简记为 $e=uv$，称 u,v 是边 e 的端点，且称 u 和 v 是邻接的顶点，没有边相邻的顶点称为孤立点。图 2.15 表示一个图及顶点。

图论中大多数定义和概念是根据图的表示形式提出的。一条边的端点称为与这条边关联，若两条不同的边与一个公共的端点关联，则称这两条边是邻接的。在图 2.15 所示的图中，顶点 u 与顶点 v 是邻接的，而 u 与 w 不邻接。边 e_1 和 e_2 是邻接的，而 e_1 与 e_3 不邻接。虽然 e_1 与 e_3 在图形中相交，但是它们的交点并不是这个图的一个顶点。

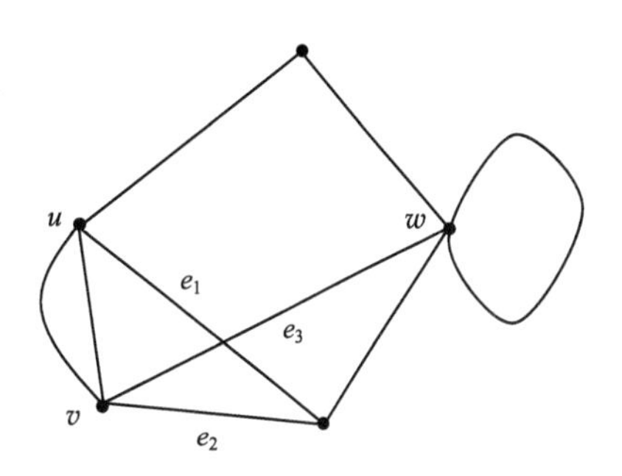

图 2.15 图及顶点示例

若连结两个顶点有不止一条边，这些边称为多重边。端点重合为一点的边称为环。没有环也没有多重边的图称为简单图。若一个图中顶点集及边集都是有限集，称为有限图。没有边的图称为空图，记作 Φ。一个有 p 个顶点和 q 条边的图称为 (p,q) 图。每一个不同的顶点均有边相连的简单图称为完全图，有 n 个顶点的完全图记作 K_n。

所有的顶点和边都属于图 G 的图称为 G 的子图。含有 G 的所有顶点的子图称为 G 的生成子图。

图 G 中和一个顶点 v_i 关联的边的数目叫做顶点 v_i 的度，记作 $d(v_i)$。

设 G 是一个 $(p,\ q)$ 图，那么 G 的各个顶点度的和是边数的二倍，即

$$\sum_{v_i \in V(G)} d(v_i) = 2q \tag{2.68}$$

如果图 G 的所有顶点的度均相等，则称为正则的。顶点的度均为 r 的正则图，称为 r 度正则的。

一个 0 度正则的图根本没有边。只有一条边两个顶点的图是 1 度正则的。

2. 路与连通性

任何一个图的最基本的性质之一是它是否连通。

一个图 G 的一条路径是一个顶点和边交替序列 $\mu=v_0e_1v_1e_2\cdots v_{n-1}e_nv_n$，使对于 $1\leqslant i\leqslant n$，e_i 的端点是 v_{i-1} 和 v_i。这条路径连接 v_0 和 v_n，也可记作 $v_0v_1\cdots v_{n-1}v_n$（这样也显然表示了组成这条路径的各条边），有时也称它为 (v_0,v_n) 路径。如果 $v_0=v_n$，它称为闭的，否则称为开的。路径中边的数目称为路径的长。

设 $\mu=v_0e_1v_1e_2\cdots v_{n-1}e_nv_n$ 是路径，若路径 μ 的边 $e_1,e_2,\cdots,e_n$ 均不同，则 μ 称为链。又若它的所有的顶点都不同（从而所有的边必然都不同），它称为路。一条闭的路称为回路（或称为圈）。

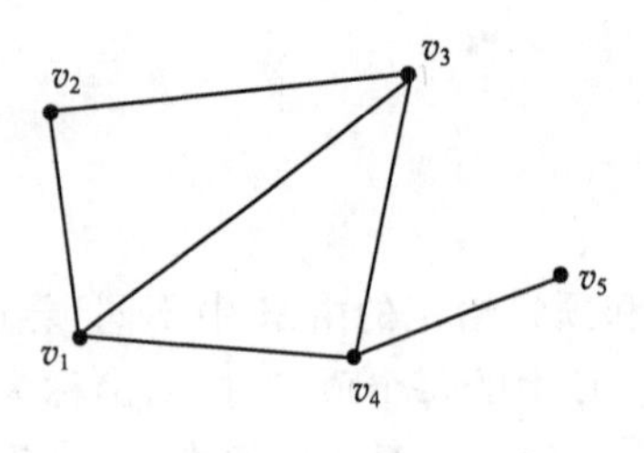

图 2.16　路径示例

在图 2.16 所示的图 G 中，$v_1v_4v_5v_4v_3$ 是一条路径，$v_1v_2v_3v_1v_4$ 是一条链，$v_1v_3v_4v_5$ 是一条路，$v_1v_2v_3v_4v_1$ 是一条回路。

用 P_n 记由一条有 n 个顶点的路构成的一个图。用 C_n 记由一条由 n 个顶点的回路构成的一个图。C_3 称为三角形。如果 n 为奇数，则 C_n 称为奇回路，如果 n 为偶数，则称 C_n 为偶回路。

对于图 G 中的两个顶点 u 和 v，如果在 G 中存在一条 (u, v) 路，则称 u 和 v 是连通的。若一个图的每一对顶点都有一条路连接，这个图就成为连通的。G 的一个最大的连通子图称为一个连通支。或简称为 G 的一个支。于是一个非连通图(或称为分离图)至少有两个支。

图 2.17 是一个连通图，图 2.18 是一个有三个支的分离图。

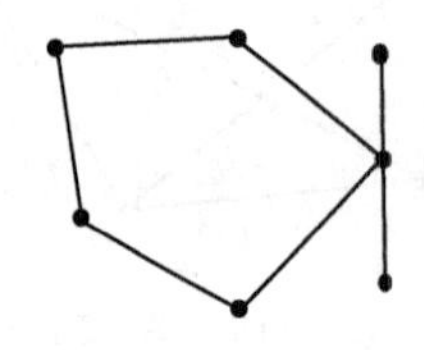

图 2.17　连通图

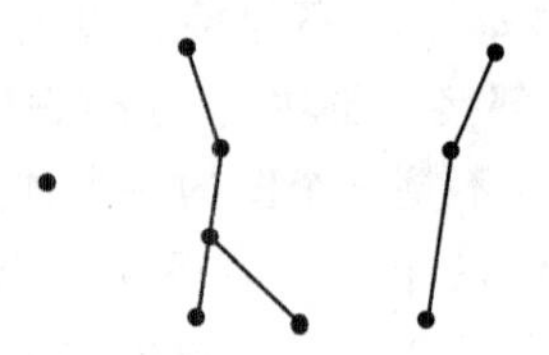

图 2.18　分离图

若在 G 中顶点 u 和 v 是连通的，则 u 和 v 间的最短 (u, v) 路的长称为 u 和 v 间的距离，记作 $d(u, v)$；如果不存在连接 u 和 v 的路，则记 $d(u,v)=\infty$。

3. 图的运算

设 G_1 和 G_2 是没有孤立点的图。

由 G_1 和 G_2 中的所有的边组成的图称为 G_1 和 G_2 的并，记作 $G_1 \cup G_2$。

由 G_1 和 G_2 的公共边组成的图称为 G_1 和 G_2 的交，记作 $G_1 \cap G_2$。

在 G_1 中去掉 G_1 和 G_2 的边所得到的图称为 G_1 和 G_2 的差，记作 $G_1 - G_2$；在 G_2 中去掉 G_1 中的边所得到的图称为 G_2 和 G_1 的差，记作 $G_2 - G_1$。

在 G_1 和 G_2 的并中去掉 G_1 和 G_2 的交得到的图称为 G_1 和 G_2 的环和，记作 $G_1 \oplus G_2$。

环和运算满足交换律和结合律

$$G_1 \oplus G_2 = G_2 \oplus G_1$$

$$G_1 \oplus (G_2 \oplus G_3) = (G_1 \oplus G_2) \oplus G_3$$

2.4.2　树

1. 基本概念

一个连通的无回路的图称为树。每个支都是树的分离图称为林。图 2.19 中画出有 5 个顶点的各种不同的树。

定理 2.1　设 T 是一个 (p,q) 图，若 T 是一棵树，则 $q=p-1$。

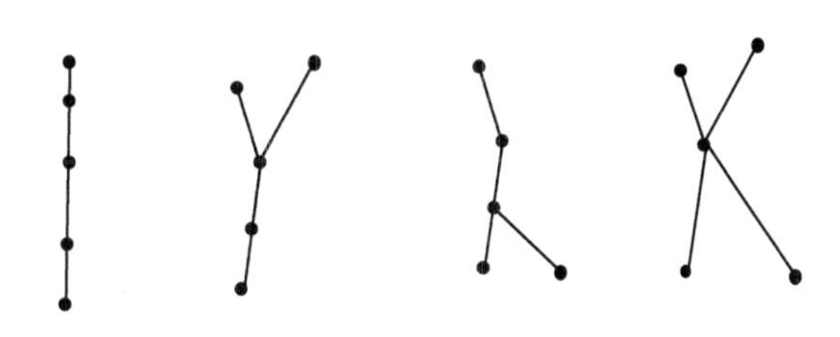

图 2.19　树

定理 2.2　设 T 是一棵树。若在 T 中的任何两个不邻接的顶点连一条边 e，则 $T+e$ 恰有一条回路。

定理 2.3　设 G 是一个 (p,q) 图，如果 G 是连通的，且 $q=p-1$，则 G 是一棵树。

如果去掉图的一条边以后，剩下的图的支比原图增加，则称这样的边为割边(或称为桥)。割点是具有类似性质的一个顶点。连通的没有割点的图称为不可分图。

2. 生成树

如果 T 是连通图 G 的一个生成子图而且是一棵树，则称 T 是 G 的一棵生成树(或称为支撑树)。T 中的边称为树枝，属于 G 而不属于 T 中的边称为弦。如果 G 是分离图，则称 T 为生成林。

图 2.20 描述了一个连通图和它的一棵生成树(图中的粗线)。

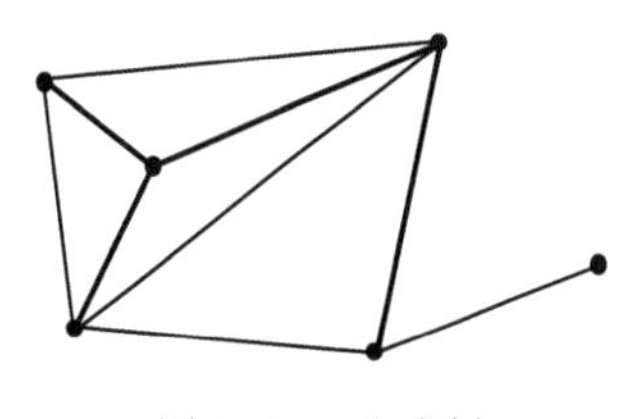

图 2.20　生成树

设 G 是一个连通的 (p,q) 图，T 是 G 的一棵生成树，由定理 2.1 知，树枝数为 $p-1$，因而弦数为 $q-p+1$。如果 G 是有 k 个支的分离的 (p,q) 图，则 G 的生成林有 $p-k$ 个树枝，有 $q-p+k$ 个弦。

定理 2.4　图 G 有生成树的充要条件为 G 连通。

一个图的生成树是连通这个图全部顶点的最少的边的集合，或者说，在某种意义上，生成树是一种极小的连通图。

定理 2.5　T 是连通 (p,q) 图 G 的一棵生成树的充要条件是 T 为 G 的有 $p-1$ 条边的连通生成子图。

求一个连通图 G 的生成树的主要方法有：避回路法和破回路法。

避回路法是：任取图 G 的一条边 e_1，再取一条边 e_2，e_1 和 e_2 不构成回路；然后再取一条边 e_3，e_3 和 e_1、e_2 不构成回路。如此继续下去，最后得到的不含回路的连通生成子图就是 G 的一棵生成树。

破回路法是：在 G 中任取一回路，去掉其中的一条边，然后取一条回路，再去掉这个回路中的一条边。如此继续下去，最后得到的连通的无回路的生成子图就是 G 的一棵生成树。

2.4.3　最短路径和最小生成树

1. 最短路径

许多选择最优的问题都和图论中的最短路径问题有关。例如，各种管道的铺设，线路的安排，运输网络最小费用等。

如果图 G 的每一条边(v_i,v_j)相应的有一个数 $l(v_i,v_j)$(或简记作 l_{ij})，称此数为该边的权(或长)，则图 G 为赋权图。

设 H 是赋权图G 的子图，H 的权(或 H 的长)是它的每条边上的权的和，记作 $l(H)$，即

$$l(H) = \sum_{e \in E(H)} l(e)$$

权(或长)具有广泛的意义。它可以表示 v_i 到 v_j 的距离，也可以表示 v_i 到 v_j 所需的时间，或从 v_i 到 v_j 运送某种物质所需用的费用等。

在赋权图 G 中给定一个顶点 v_i(称为始点)和顶点 v_j(称为终点)。所谓最短路径问题就是在所有的(v_i,v_j)路中寻求权(长)为最小的路。这样的路称为从 v_i 到 v_j 的最短路径。从 v_i 到 v_j 的最短路径的权(长)记作 $d(v_i,v_j)$。

最短路径通常研究下面两类问题：

第一类问题：从一个始点 v_1 到一个终点 v_n 的最短路径。

解决这类问题的一个比较好的算法是 Dijkstra 在 1959 年提出的。这个算法不仅求出从 v_1 到 v_n 的最短路径，实际上可以求出从 v_1 到其余各顶点的最短路径。

第二类问题：求赋权图中任意两顶点间的最短路径。

2. 最小生成树问题(MST)

最小生成树问题，是运筹图论的基本问题之一。最小生成树问题可表述如下：在赋权网络 N 中，求解权数总和最小的生成树。即在连通网络图 $N=(V,E,W)$中[其中，$W=\{w(e_l)\},e_l \in E,w(e_l) \geqslant 0$]中寻求 $T=(V,E_T)$并满足

$$W(T) = \sum_{e_t \in E_T} w(e_t) \to \min$$

一般情况，网络的不同生成树间将有不同的权。在网络的全部生成树中，其中最小权生成树不仅在实际问题中有特殊的应用，而且其求解的算法在运筹图论的其他问题中也是一个基础。

连通赋权网络中一颗生成树为最小权生成树的充要条件如下：

定理 2.6 生成树 T 是赋权网络 N 中的一棵最小权生成树，其充要条件是不存在另一棵与 T 距离为 1 的生成树 T'，其总权小于 T 的总权数。即令 T、T'为网络 N 的两棵生成树。$d(T,T')=1$，且不存在 T'满足

$$w(T') < w(T)$$

为便于算法的讨论，在一般的连通网络 $N=(V,E,W)$中，对于没有边相连的非相邻边，$e_k \notin E$，可令 $w(e_k)=\infty$。据此可就各条边的权建立一个 $p \times p$ 的权矩阵$[w_{ij}]_{p\times p}$。有多种不同的算法求解最小生成树问题。

定理 2.7 令$\{(U_1,E_{T_1}),(U_2,E_{T_2})\cdots(U_k,E_{T_k})\}$是网络 $N=(V,E,W)$的一个生成林。令边是仅有一端为 U_1 中顶点的各条边中的最短边，则在包含 $T=\bigcup_{j=1}^{k} E_j$ 中所有边的生成树中，必存在含 $e_t=(v_i,v_j)$的最小生成树。

根据以上结果可以直接导出解最小生成树问题的有效解法。由于定理 2.7 对所有生成树 T 成立，因而当 $U_j=\{v_j\}, j=1,2,\cdots,p$ 和 $T=\Phi$ 时亦应成立，在此情况下，定理 2.7 可以表述为：存在一棵最小生成树，它包含从 U_1 离开的最短边，因此可以决定在这一顶点将该边加入生成树，不会影响其最优性。假设该边是 (v_1,v_2)，继续将定理应用到 $\{U_1=\{v_1,v_2\},U_2,U_3,\cdots,U_p\}$ 和 $T=\{(v_1,v_2)\}$ 中。这时定理可改述为：可以在从 v_1 或 v_2 离开的边中选择最短边加到树上，如此继续，就可以构成一棵 MST。

概括起来就是从集 $U=\{v_1\}$ 开始，递归地把从 U 离开的最短边添加到 T 上，直至所有顶点被加到 U 中构成最小生成树为止。

为了便于寻找离 U 最近的边，对每一个尚未进入生成树的顶点 $v, v\in V\backslash U$，按照与 U 中顶点距离的远近进行排列，并标上距 v 最近的顶点号 $u, u\in V$，这样只需在 (v,u) 中找最短边。显然，每当一个新顶点加到 U 中，v 顶点的标号需要重新检查、更改。

2.4.4 有向图及其矩阵表示

1. 有向图

若图中与一条边关联的两个顶点的次序是无关紧要的，也就是说，(u,v) 和边 (v,u) 是相同的。这样的图称为无向图。但是，在许多具体问题中，常常需要考虑偶对 (u,v) 的次序。例如，城市道路系统中哪些道路是单行的，指出沿什么方向行驶才是允许的。在这种情况下，只考虑无向图就不够了，而需要研究带有方向的边的图，即所谓有向图。

一个有向图 D 定义为一个偶对 (V,U)，其中 V 是一个非空集合，其元素称为顶点；U 是有序积 $V\times V$ 的一个子集，其元素称为弧。

根据有向图的定义，与一条弧关联的两个端点具有一定的次序关系，也就是说，弧 (u,v) 和弧 (v,u) 是两条不同的弧。对于弧 $a=(u,v)$，称 u 为弧 a 的起点，v 为弧 a 的终点。

如果对有向图 $D=(V,U)$，可以在顶点集合 V 上作一个图 G，使得对应于 D 的每一条弧，G 有一条相同端点的边，这样得到的无向图 G 称为有向图 D 的基础图。反之，给定一个无向图 G，对于 G 的每条边的两个端点指定一个次序，也就是给 G 的每条边指定一个方向，这样从 G 可以得到一个有向图 D，称 D 是 G 的一个定向。

有向图的许多概念，通常是根据其基础图来定义的。例如，称有向图是连通的，如果其基础图是连通的；又如，路、回路、树等概念均可以根据其基础图来定义。但是，对于包含方向性的一些概念仅仅适用于有向图。

有限非空序列 $w=v_0a_1v_1\cdots v_{k-1}a_kv_k$，它的项交替是顶点和弧，弧 a_i 的起点是 v_{i-1}，终点是 $v_i(i=1,2,\cdots,k)$，且 w 中没有相同的弧，则称 w 是一条有向链，v_0 称为 w 的起点，v_k 称为 w 的终点，k 称为 w 的长。以 v_0 为起点，v_k 为终点的有向链称为 (v_0,v_k) 有向链。顶点也不相同的有向链称为有向路。

起点和终点重合的有向链，称为有向闭链。起点和终点重合的有向路，称为有向回路。

对于有向链、有向路和有向回路，可以简单地用顶点序列来表示。

如果在有向图 D 中，存在一条 (u,v) 的有向路，那么顶点 v 叫做在 D 中从顶点 u 出发是可到达的，或者说由 u 可到达 v。

对于无向图，它只能是连通的或者不连通的，但是对于一个有向图，则有不同的连通方式。

设 D 是一个有向图，u、v 是 D 中的任意两个顶点，如果

(1) 由 u 可到达 v 和由 v 可到达 u，则称 D 是强连通的，或称为双向连通的；

(2) 由 u 可到达 v 或者由 v 可到达 u，则称 D 是单向连通的；

(3) 对 D 的每一对顶点 u、v，都存在一个顶点 w，使得由 w 可到达 u 和 v，则称 D 是拟强连通的。

设 D 是一个强连通的有向图，$a=(u,v)$ 是 D 中的任意一条弧。因为由 v 可到达 u，即存在一条 (v,u) 有向通路 P，于是 $P\cup(u,v)$ 是一条有向回路。反之，显然，若 D 中的每一条弧均在某一有向回路中，则 D 是强连通的。

2. 出度和入度

有向图 D 中从顶点 v 为起点的弧的数目叫做 v 的出度，记作 $d_D^+(v)$；以顶点 v 为终点的弧的数目叫做 v 的入度，记作 $d_D^-(v)$。

显然，对有向图 D 中的任一顶点 v，有

$$d(v)=d_D^+(v)+d_D^-(v)$$

利用出度和入度的概念，可以给出判断有向图是否有向路和有向回路的条件。

定理 2.8 设 P 是连通有向图 D 的一个子图，如果

(1) $d_D^+(u)=1, d_D^-(u)=0, d_D^+(v)=0, d_D^-(v)=1,$

$$u,v\in V(P)$$

(2) 对任意 $w\in V(P)$，有

$$d_D^+(w)=d_D^-(w)=1$$

那么 P 是一条 (u,v) 有向路。

定理 2.9 设 C 是连通有向图 D 的一个子图，v 是 C 中任意顶点，如果

(1) $v_D^+(v)=d_D^-(v)$，

(2) $d(v)=2$，

那么 C 是一条有向回路。

定理 2.10 设 D 是连通有向图，对任意 $v\in V(D)$，如果

$$d_D^+(v)=1(\text{或 } d_D^-(v)=1)$$

那么 D 恰有一条有向回路。

定理 2.11 如果有向图 D 没有有向回路，那么 D 中至少有一个顶点的出度为零和至少有一个顶点的入度为零。

3. 关联矩阵

设 D 是有 p 个顶点、q 条弧的有向图，并假定图是连通的而且没有环。令

$$a_{ij}=\begin{cases}1, & \text{若弧 } j \text{ 与顶点 } i \text{ 关联，且 } i \text{ 是弧 } j \text{ 的起点；}\\ -1, & \text{若弧 } j \text{ 与顶点 } i \text{ 关联，且 } i \text{ 是弧 } j \text{ 的终点；}\\ 0, & \text{若弧 } j \text{ 与顶点 } i \text{ 不关联；}\end{cases}$$

则称由元素 $a_{ij}(i=1,2,\cdots,p,j=1,2,\cdots,q)$ 构成的 $p\times q$ 矩阵为有向图 D 的完全关联矩阵，记作 $\mathbf{A}_e$。从 $\mathbf{A}_e$ 中去掉一行，且秩为 $p-1$ 的矩阵，称为 D 的关联矩阵，记作 $\mathbf{A}$。

2.5 分形基本理论

分形几何一词是美籍法国数学家曼德布罗特(B. B. Mandelbrot)1975 提出的，他的著名论文《英国的海岸线有多长》和权威著作《自然界的分形几何》奠定了分形几何发展的基石。

分形几何研究的对象称为分形集。分形集由 3 个要素确定：形状、机遇、维数。形状类似于传统几何意义下的形状。机遇即指随机性。维数是指分形集在不同尺度变换下的不变量，它是分形集区别于传统几何学研究对象的最重要的指标。一般直线的维数是 1，平面的维数是 2，同样分形集也有维数，只不过这个数通常不是整数。也正因为这一点，分形维数通常被称为分数维(简称分维)。分维的大小是刻画分形集“复杂”程度的量化指标。关于分维的研究正是分形几何的核心问题。

关于分形的研究主要集中在以下几方面：

(1) 关于分形理论的研究。这些问题包括维数的理论计算，分形重构，Julia 集和 Mandelbrot 集及其推广形式的性质，随机分形，多重分形，胖分形等。

(2) 关于分形应用的研究。这些研究涉及自然科学和社会科学的各个领域。

(3) 分形和其他科学的边缘研究。这些学科包括混沌、量子、重正化群、信息论等。

本节将对分形的基本概念进行论述，特别对分维的计算进行了讨论。

2.5.1 测度与分维

1. Cantor 集

Cantor 集中最典型的代表是三分 Cantor 集，它是人为构造出来的。

设 E_0 是闭区间[0,1]，几何上表示为线段。E_1 表示 E_0 去掉中间的 1/3 后的集，即包括两个区间 $\left[0,\frac{1}{3}\right]$、$\left[\frac{2}{3},1\right]$。对 E_1 中的每个小区间再去掉各自的 1/3 得到 E_2，即 E_2 包括 $\left[0,\frac{1}{9}\right]$，$\left[\frac{2}{9},\frac{1}{3}\right]$，$\left[\frac{2}{3},\frac{7}{9}\right]$，$\left[\frac{8}{9},1\right]$ 4 个闭区间。按此方法继续下去，E_k 是由 2^k 个长度各为 3^{-k} 的区间组成，当 k 大到无穷时，得到的集称为三分 Cantor 集，记为 F，如图2.21 所示。

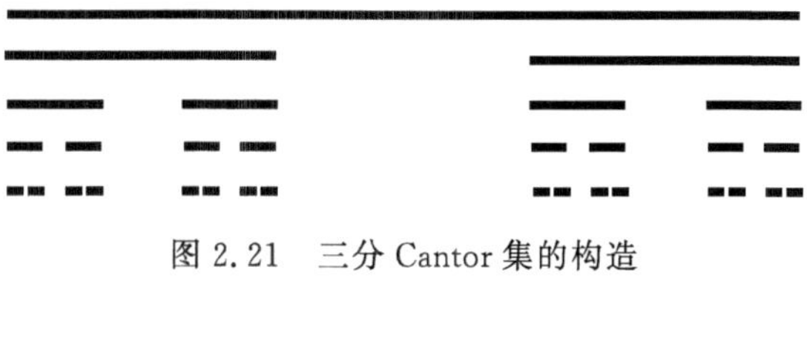

0 1/3 1

图 2.21 三分 Cantor 集的构造

现在考虑 F 的大小。如果在一维空间中考虑，显然 F 的长度为 0，如果把 F 看成零维的，其中的点又不是离散点。既然把 F 看成零维和一维的都不合理，那么能否定义一种新的维数，使之介于零，一之间呢？

Cantor 集是分形集，还有其他的分形集的例子，它们具有以下特征，这些特征实际上也是很多分形集所具有的：

(1) F 是自相似的，即局部与整体是几何相似的；

(2) F 的“精细结构”，即它包含无穷小比例的细节；

(3) F 虽然有错综复杂的细节结构，但它的实际定义非常简单明了；

(4) F 是一个迭代过程得到的；

(5) F 的几何性质难以用传统语言来描述，它既不是满足某些简单条件的点的轨迹，也不是任何简单方程的解；

(6) F 的局部几何性质难以描述；

(7) F 的大小不适合用通常的测度来度量。

2. Hausdorff 测度与维数

Hausdorff 首先把维数的概念推广到分数上，以他的名字命名的维数可能是数学理论上最重要的一种维数。很多情形下 Hausdorff 维数的值难以计算或估计，所以在应用中很少涉及到，但了解 Hausdorff 测度和维数对于理解分形的数学机理是必要的。

设 F 是 R^n 中的任意子集，s 为一非负实数，对任何 $\delta>0$，定义：

$$H_\delta^s(F) = \inf\left\{\sum_{i=1}^{\infty} |U_i|^s \mid \{U_i\} \text{ 为 } F \text{ 的 } \delta\text{- 覆盖}\right\} \tag{2.69}$$

其中，$|U_i|$ 为 U_i 的直径，定义为

$$|U_i| = \sup\{\|x - y\| \mid x, y \in U_i\} \tag{2.70}$$

当 $\delta\to 0$ 时，称 $H_\delta^s(F)$ 的极限为 F 的 s-维 Hausdorff 测度，即

$$H^s(F) = \lim_{\delta\to 0} H_\delta^s(F) = \lim_{\delta\to 0}\inf\left\{\sum_{i=1}^{\infty} |U_i|^s \mid \{U_i\} \text{ 为 } F \text{ 的 } \delta\text{- 覆盖}\right\} \tag{2.71}$$

可以证明，$H^s(F)$ 对 R^n 中的任何子集 F 都存在(可以是 0 或 ∞)。

Hausdorff 测度推广了长度、面积、体积等类似概念。当 s 为整数时，R^n 中的任何子集的 s 维 Hausdorff 测度和 Lebesque 测度只相差一个常数倍。

长度、面积、体积的比例性质是众所周知的。当比例放大 λ 倍时，长度放大 λ 倍，平面区域面积放大 λ^2 倍，三维物体体积放大了 λ^3 倍。一般地，s 维 Hausdorff 测度放大了 λ^s 倍，这个比例性质是分形理论的基础。

对 Hausdorff 测度定义的研究表明，$H^s(F)$ 只能取 0 或 ∞ 及 0，∞ 之间的一个确定值，即存在 s 的一个临界值，使 $H^s(F)$ 从 ∞“跳跃”到 0，这个临界值称为 F 的 Hausdorff 维数，记为 $\dim_H F$，即

$$\dim_H F = \inf\{s \mid H^s(F) = 0\} = \sup\{s \mid H^s(F) = \infty\} \tag{2.72}$$

Hausdorff 维数的计算是相当困难的，对于具有严格自相似的数学中构造出的分形，可以采用所谓的“启发式”方法来求出其 Hausdorff 维数。

设 F 为三分 Cantor 集，其 Hausdorff 维数的启发式计算如下：

F 分为左半部分 $F_L=F\cap\left[0,\frac{1}{3}\right]$和右半部分 $F_R=F\cap\left[\frac{2}{3},1\right]$。显然，$F_L$ 和 F_R 两部分都几何相似于 F，比例系数为$\frac{1}{3}$，且 $F=F_L\cup F_R$，$F_L\cap F_R=\phi$。由 Hausdorff 测度的比例性质得：

$$H^s(F)=H^s(F_L)+H^s(F_R)=\left(\frac{1}{3}\right)^s H^s(F)+\left(\frac{1}{3}\right)^s H^s(F) \tag{2.73}$$

两边同时除以 $H^s(F)$可得 $1=2\left(\frac{1}{3}\right)^s$，即可得 $s=\frac{\lg 2}{\lg 3}$。

对一般分形集，其 Hausdorff 维数的计算相当困难，有时根本无从下手，这一点对于自然界中的分形尤为明显。既然 Hausdorff 维数理论上的意义远远大于实际上的意义，而在应用研究中又要求维数应该能比较方便得出，那么就有必要研究一下维数其他形式的定义，盒维数就是最常用的一种。

3. 盒维数

盒维数或称计盒维数是应用最广泛的维数之一，主要原因是因为这种维数的数学计算及经验估计要相对容易一些。盒维数由于历史原因，有很多不同的名称：Kolmogorov 熵、熵维数、容度维数、容量维数、对数密度和信息维数等。

设 F 是 R^n 上任意非空的有界子集，$N_\delta(F)$是直径最大为 δ、可以覆盖 F 的集的最少个数，则 F 的上、下盒维数分别定义为

$$\underline{\dim_B F}=\underline{\lim_{\delta\to 0}}\frac{\lg N_\delta(F)}{-\lg\delta} \tag{2.74}$$

$$\overline{\dim_B F}=\overline{\lim_{\delta\to 0}}\frac{\lg N_\delta(F)}{-\lg\delta} \tag{2.75}$$

如果这两个值相等，则称这值为 F 的盒维数，记为

$$\dim_B F=\lim_{\delta\to 0}\frac{\lg N_\delta(F)}{-\lg\delta} \tag{2.76}$$

在盒维数的定义中，$N_\delta(F)$表示直径最大为 δ 可以覆盖 F 的集的最少个数。为了便于得到 $N_\delta(F)$的值，实际操作中可以采用一些特殊的覆盖集，通常 $N_\delta(F)$可以是下列五个数中的任何一个：

(1) 覆盖 F 的半径为 δ 的最少闭球数；

(2) 覆盖 F 的边长为 δ 的最少立方体数；

(3) 与 F 相交的 δ-网立方体的个数；

(4) 覆盖 F 的直径最大为 δ 的集的最少个数；

(5) 球心在 F 上，半径为 δ 的相互不交的球的最多个数。

从盒维数定义可以看出，盒维数的估算要相对容易。

2.5.2 分维估值方法

无论以怎样形式定义的分维都存在着如何计算的问题，而分维的计算又是非常困难

的，在应用研究中普遍的做法是对分维作近似的估值。

大多数分维的定义是基于“用尺度进行量度”这样的思想，典型代表是盒维数。测量的方法是：忽略尺寸小于 δ 时的不规则性，并察看当 $\delta \to 0$ 时，测量值的情况如何。例如当分形集表现为平面曲线时，用长度为 δ 的尺子去测量它，由所需的步数 $N(\delta)$ 决定测量值 $M(\delta)$，如果 $M(\delta)$ 与 δ 之间存在幂律关系，即当 $\delta \to 0$ 时，如果对常数 c 和 D

$$M(\delta) \propto c\delta^{-D} \tag{2.77}$$

则可以认为 D 即为分形集的维数。这里常量 c 的意义是分形集在 D 维意义下的测度。

对式(2.77)取对数得

$$\lg M(\delta) \cong \lg c - D\lg\delta \tag{2.78}$$

在式(2.78)两端的差随 δ 趋于零而趋于零的意义下，有

$$D = \lim_{\delta \to 0} \frac{\lg M(\delta)}{-\lg\delta} \tag{2.79}$$

该式提供了求分维的一个可操作的方法，对值 D 可以用 δ 和 $M(\delta)$ 值的一个适当范围内的重对数 $(\lg\delta - \lg M(\delta))$ 图的斜率来估计，如图 2.22 所示。

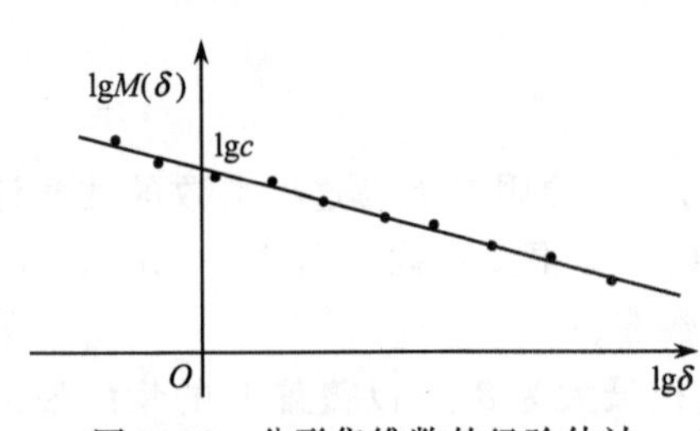

图 2.22　分形集维数的经验估计

对离散点集和平面图形，也可以采用类似的做法，只不过这时我们量测集合所使用的不是尺子，而是边长为 δ 的正方形(根据实际问题，也可采用其他规则的集合，如半径为 δ 的圆)，相应地，$N(\delta)$ 为量测集合所需正方形(或圆)的个数。

2.5.3　无标度域

无标度域是分形几何中的一个重要概念，特别是对自然界中的分形，它的意义十分重大。

从前面的讨论可知分形集具有自相似性，即部分和总体是相似的。对上述介绍过的数学中地 Cantor 集例子，这种相似性是严格的，而很多分形集，特别是自然界中的分形，这种相似性是有限度的。当对很小的部分放大倍数很大时，它和总体的相似程度可能越来越差。换句话说，分形的自相似性只在一定范围内保持较好，一旦逾越这个范围，自相似性便不复存在，系统也就没有分形规律了。因此，对分形研究所做的尺度变换只能在一定范围内进行，这个范围就称为无标度域，或无标度区间。

比如，研究海岸线的长度。用不同的尺子去量测，得到的结果也不同，尺子越小，总长度越大，之所以如此，是因为忽略了小于尺子长度 δ 的细节。但这个尺子的长度 δ 也应在一定范围内变动，δ 太大时，这种测量方法已经没有意义了，太小，比如小到分子尺寸的，问题也超出了海岸线长度的研究。当 δ 在一定范围内变动时，相应所得长度值呈现出一定规律性，这个范围就是无标度域。

利用上面的做法对分维的近似估计是在一个假设的前提下进行的，即式(2.77)的幂律关系成立。事实上，这种幂律关系并不是精确的，在对地理背景下的分形集使用上述方

法时，这种幂律关系仅在一定的尺度变换范围内成立。设 $\delta_{\min}$，$\delta_{\max}$分别表示使式(2.77)成立的下限和上限，则($\delta_{\min}$，$\delta_{\max}$)即是所谓的无标度域。

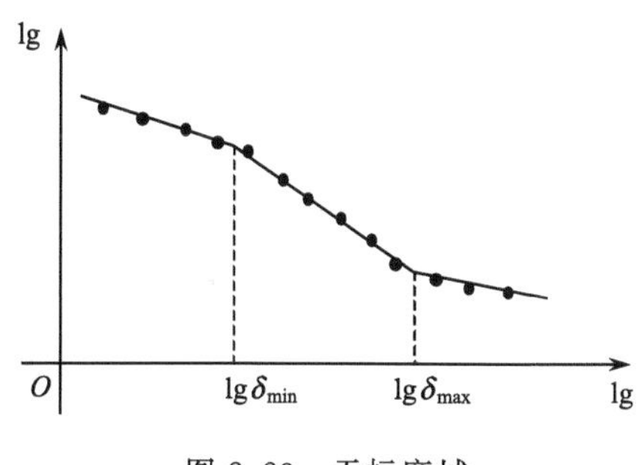

图 2.23　无标度域

从重对数($\lg\delta-\lg M(\delta)$)图上看，在无标度域内拟合的直线是良好的，当超出无标度域后，线性关系不再成立，因此对分维进行估值必须在无标度域范围内进行，如图 2.23 所示。

关于无标度域的确定，可以在重对数(lg－lg)图上通过线性关系最好的一段来计算。具体方法有很多，举例如下：

1. 人工判定法

在(lg－lg)图中用肉眼确定一段线性关系最好的区间。再用最小二乘法求出其斜率，从而求出分维数。如果坐标图上图形的线性关系不好的话，用该方法不能准确定出无标度区。

2. 相关系数检验法

在(lg－lg)图中，对所有可能的点的组合都进行相关系数检验，取置信度最高或一定置信度下线性关系范围较宽的一段为无标度域。这种检验太宽松，尤其是对系统性弯曲的鉴别能力最差。

3. 拟合误差法

设回归拟合后的剩余标准差为 s，对(lg－lg)图上所有可能点的组合都计算出 s，取既能通过相关系数检验而 s 又最小的一段为无标度域。由于 s 不仅与相关系数有关，也与均方差有关，因而此方法也有很大的局限性。

4. 总体拟合法

对(lg－lg)图上所有点作 m 段直线的拟合，找出总逼近误差最小的方案。一般在处理地理问题时，m 常取为 3，即对(lg－lg)图上所有点作 3 段直线的拟合，中间一段对应无标度域。

众多的无标度域的判定方法各有优点，也各有不足。取舍的标准是看方法是否适用于具体问题。下面提出一种适用于地图数据的简便方法，方法的思想来源于数据分级的自然裂点法。

5. 自然裂点法

设图(lg－lg)上有 n 个点 P_i，$i=1,2,\cdots,n$，计算线段$\overline{P_iP_{i+1}}$的斜率，记为 $k_i(i=1,2,\cdots,n-1)$。对这 $n-1$ 个数，计算相邻两数之差，找出最小的为 $k_{j+1}-k_j$，在数据点序列 $P_1,P_2,\cdots,P_n$ 中去掉 P_j，并取 $P_{j-1}P_{j+1}$ 的斜率为 P_{j-1},P_j,P_{j+1} 三点拟合直线的斜率。对 $P_1,P_2,\cdots,P_{j-1},P_{j+1},\cdots,P_n$ 这 $n-1$ 个点重复上述作法，直到剩下 4 个点为止。4 个

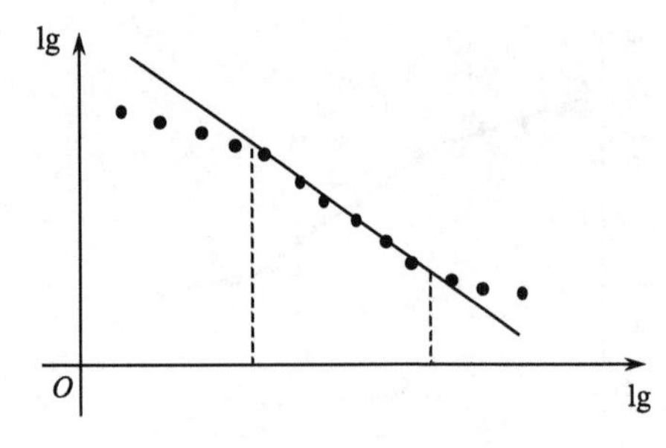

图 2.24　自然裂点法求无标度域举例

点把曲线分成三段，中间一段即对应无标度域，如图 2.24 所示。

经过大量实验比较表明，自然裂点法算法简便，容易操作，比较适合用于制图数据的处理。它的不足之处在于剔除“瑕点”的能力较差，当个别数据点误差较大时，使用该方法求得的无标度域范围较小。另外，实验还表明三段总体拟合法虽然计算量较大，但效果较好，方法稳定。

包括自然裂点法在内的诸多算法都是在(lg—lg)图上找线性关系最“好”的一段为无标度域，这类算法的共同缺陷是都无法避免系统误差。事实上，无标度域的确定最好能和实际问题的背景联系起来，目前这方面的研究还很薄弱，这也是分形研究的难题之一。

2.5.4　线状要素分维估值

对分形曲线 C，式(2.80)是分维估值的一个基本模型，这个公式是 Mandelbrot 于 1983 年给出的，它是式(2.77)的一个具体形式。

$$L = L_0 r^{1-D} \tag{2.80}$$

其中，D 为分维值；L 为分形曲线的长度；L_0 为常量。

为了便于操作，这里把 L、L_0 理解为欧氏长度，由量纲分析可知，r 是无量纲量，即是标度，不是尺码，这给具体操作带来不便。码尺 δ 和标度 r 的关系如下

$$\delta = rL_0 \tag{2.81}$$

利用式(2.81)可将式(2.80)改写成

$$L = L_0(\delta/L_0)^{1-D} = L_0^D\delta^{1-D} \tag{2.82}$$

进一步可写成

$$\lg L = \lg L_0^D + (1-D)\lg\delta \tag{2.83}$$

由于该式中 $\lg L_0^D$ 是常量，所以分维 D 的值可以通过重对数$(\lg\delta, \lg L(\delta))$图中拟合直线的斜率来确定。

事实上，由于

$$L = N(\delta)\cdot\delta \tag{2.84}$$

其中，$N(\delta)$为用 δ 量测曲线所需的步数。还可以把式(2.82)改写成

$$N(\delta) = L_0^D\delta^{-D} \tag{2.85}$$

进一步

$$\lg N(\delta) = \lg L_0^D - D\lg\delta \tag{2.86}$$

利用式(2.86)在重对数坐标图上进行分维估值和利用式(2.83)是等价的，只不过这时重对数坐标为$(\lg\delta, \lg N(\delta))$。

下面以式(2.86)为基本公式讨论数字化曲线分维估值的具体方法。

设数字化曲线 C 由 n 个离散点的坐标表示，记为 $C=\{P_i\}_{n=1}^{n}$，其中 P_i 点坐标为 (x_i, y_i)，$i=1,2,\cdots,n$。在利用式(2.86)对曲线 C 的分维 D 估值时，需要解决 4 个问题：

(1) δ 取值的范围和跨度；

(2) 给定 δ 后，量测曲线所需步数 $N(\delta)$ 如何确定；

(3) 无标度域求取；

(4) 无标度域内拟合直线斜率的求取。

根据上面 4 个问题，可总结数字化曲线分维估值的算法步骤。

(1) 输入曲线 $C:\{P_i\}_{i=1}^{n}$ 的各点坐标；

(2) 取初始步长 δ_l，按步行构造法（或步行取点法）求取 $N(\delta_1)$，得到重对数坐标点 $(\lg\delta_1, \lg N(\delta_1))$；

(3) 改变步长，重复第(2)步，直到最大步长为止；

(4) 对(2)、(3)步中得到的 m 个点 $(\lg\delta_i, \lg N(\delta_i))$，$i=1,2,\cdots,m$，利用自然裂点法等方法求出相应的无标度域；

(5) 在无标度域内用线性回归模型求出拟合直线的斜率，利用式(2.86)算出分维 D。

图 2.25 显示两个线状要素分维估值的例子。

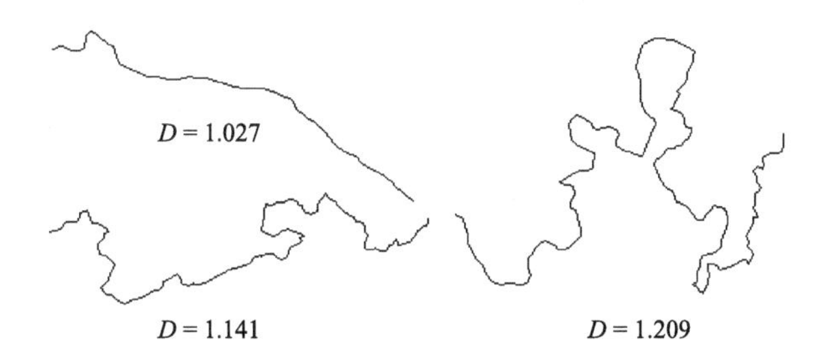

图 2.25　线状要素分维估值示例

对于曲面，类似地可以计算其分维，计算思想和方法与曲线是一致的。

2.5.5　分形插值

给定一组数据点 $\{(x_i, y_i)\in R^2, i=0,1,\cdots,N\}$，其中

$$x_0 < x_1 < x_2 < \cdots < x_N \tag{2.87}$$

如果连续函数 $f:[x_0, x_N]\to R$ 满足

$$f(x_i) = y_i, \quad i = 0,1,\cdots,N \tag{2.88}$$

则称 f 为这组数据的内插函数，这些数据点称为插值点。

插值在科学计算、数据分析等方面应用极广。一般传统插值方法得到的插值函数（如多项式）都很简单，并且局部都是光滑的。这对大量自然界广泛存在的图形的近似并不好，因为这些曲线往往具有复杂的细节，在小范围内并不是光滑的。分形插值正是解决这类问题的数学系统，它所得到的插值函数表现为分形曲线，无疑能更为近似地描述自然。分形插值的本质是引入一个迭代函数系统(IFS)，使其吸引子为插值函数的图形。

对满足式(2.88)的数据 $\{(x_i, y_i)\in R^2, i=0,1,\cdots,N\}$，迭代函数系统 $\{R^2; w_i, i=1,$

$2,\cdots,N\}$称其为分形插值函数,其中

$$w_i\begin{pmatrix}x\\y\end{pmatrix}=\begin{pmatrix}a_i & 0\\c_i & d_i\end{pmatrix}\begin{pmatrix}x\\y\end{pmatrix}+\begin{pmatrix}e_i\\f_i\end{pmatrix},\quad i=1,2,\cdots,N \tag{2.89}$$

且满足

$$w_i\begin{pmatrix}x_0\\y_0\end{pmatrix}=\begin{pmatrix}x_{i-1}\\y_{i-1}\end{pmatrix}\quad w_i\begin{pmatrix}x_N\\y_N\end{pmatrix}=\begin{pmatrix}x_i\\y_i\end{pmatrix},\quad i=1,2,\cdots,N \tag{2.90}$$

分形插值函数中有 5 个待定系数 a_i,c_i,d_i,e_i,f_i,若 d_i 将视为自由参数,将内插条件(2.88)代入 IFS 中,可得系数

$$\begin{cases}a_i=\dfrac{x_i-x_{i-1}}{x_N-x_0}\\[2ex] e_i=\dfrac{x_Nx_{i-1}-x_0x_i}{x_N-x_0}\\[2ex] c_i=\dfrac{(y_i-y_{i-1})-d_i(y_N-y_0)}{x_N-x_0}\\[2ex] f_i=\dfrac{(y_{i-1}-x_0y_i)-d_i(x_Ny_0-x_0y_N)}{x_N-x_0}\end{cases} \tag{2.91}$$

Barnsley 等已证明这个 IFS 总有唯一吸引子,且吸引子必定是某个连续函数的图形,并同时过各个插值点。

这里选 d_i为自由参量是由于仿射变换的性质决定的,且令 $0\leqslant d_i<1(i=1,2,\cdots,N)$。如果所有 $d_i=0$,则分形插值实际上就是分线段性插值,即把点对按顺序用直线连接起来。d_i的意义是仿射变换的垂直比例因子,它的大小与 IFS 吸引子图像的分维有关。在图 2.26 中,插值点为(0, 0),(50, 30),(90, 70),(140, 50),(220, 100),(300, 40)分形插值函数由 5 个仿射变换组成一个 IFS,d_1,d_2,d_3,d_4,d_5 分别取为 0.2,−0.1,0.1,0.15,−0.3,插值曲线即为该 IFS 的吸引子。

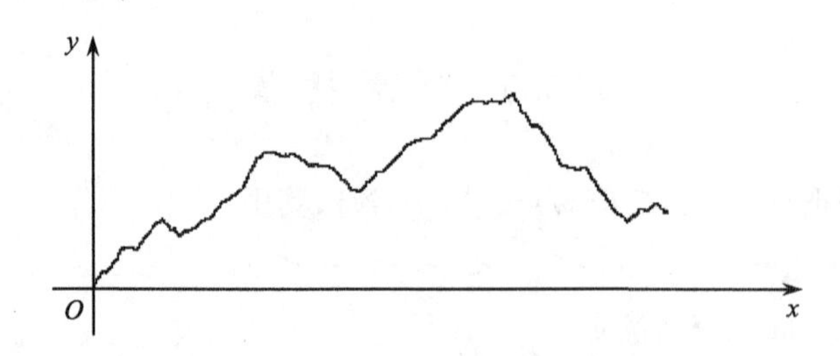

图 2.26　分形插值曲线

2.6　小波分析基础

小波分析是 20 世纪 80 年代中期发展起来的新兴数学分支,尽管其思想可追溯到 20 世纪初著名数学家 Haar 提出的小波规范基,但是其真正形成则是由法国地震学家 Grossman 和 Merlet 分析研究地震波局部性质时,发现传统的傅里叶分析难以达到要求,因而提出小波概念用于信号分析中对信号进行分解。随后,数学家 Daubechies、

Grossmsn、Meyer 等从理论上给出小波基的数学基础，而工程学博士 Mallat 将计算机视觉领域中多尺度分析的思想引入小波函数的构造，提出多尺度分析的概念，并提出对小波分析应用起重要作用的快速算法——Mallat 算法。此后，数学家们提出小波包、样条小波、多维小波、多进制小波、多小波、整数小波等，进一步完善了小波分析理论。而其他众多学科领域把小波分析作为解决应用问题的有力工具，进行广泛的应用，又促进了小波分析的发展。

小波分析由于其数学的完美性和应用的广泛性，使得其在理论上得到不断完善，在应用上得到迅速发展。目前，小波分析在信号分析、图像处理、模式识别、计算机视觉、数据压缩、非线性分析、天体物理、自动控制、分形分析、量子力学、计算数学、混沌、随机过程、医学、遥感等领域得到了广泛而深入的应用。

在测绘领域，小波分析得到了众多的应用。例如，在非稳定拟合推估逼近、大地测量卷积算子的计算、GPS 周跳计算、GPS 信号处理、动态大地测量降噪声及分析中的应用、卫星测高数据、VLBI 钟跳探测、影像边缘检测、影像纹理分析与分类、遥感影像镶嵌、数据压缩、多光谱遥感影像数据融合、影像匹配、影像滤波、道路检测等方面，小波分析得到了重要的应用。

本节简要分析了小波分析基本理论和方法，特别对一般小波分析著作中不常见的多进制小波进行了论述。第 9 章将讨论若干基于小波分析的空间分析应用模型。

2.6.1 连续小波变换

小波分析是为了克服傅里叶分析的不足而引进的，它是传统的傅里叶分析的新发展。传统的傅里叶分析通过变换将原来函数的研究转化为在频域内对其傅里叶变换的研究。但是，传统的傅里叶变换有其自身的不足，即它不能反映信号在时间的局部域上的频率特性，而在许多问题中所关心的恰恰是信号在局部时间范围中的特征。虽然窗口 Fourier 变换通过引进窗口函数改进了傅里叶变换的不足，但由于其时频局部化窗口大小不变，并未从根本上完全解决傅里叶变换的不足，这在理论上和应用上都带来许多不便。因为在时频局部化分析中，反映信号高频成分需要窄的时间窗，而反映信号低频成分需要宽的时间窗，而小波变换则能满足这一要求。小波分析作为傅里叶分析的新发展，既保留了傅里叶分析的优点，又弥补了傅里叶分析的不足。小波分析得到了广泛的重视并取得了许多重要的应用，众多学科领域都把小波分析作为解决自身困难的有力工具并取得了丰硕的成果，同时小波分析自身也得到了重要的发展。

小波的定义：若函数 $\psi(x)\in L^2(R)$，若其傅里叶变换 $\hat{\psi}(\omega)$满足允许条件

$$C_\psi = 2\pi\int_R \frac{|\psi(\omega)|^2}{\omega}\mathrm{d}\omega < \infty \tag{2.92}$$

则称 $\psi(x)$为基本小波函数。

通过对基本小波函数 $\psi(x)$进行平移和伸缩，就得到一组小波函数

$$\psi_{a,b} = \frac{1}{\sqrt{a}}\psi\left(\frac{x-b}{a}\right) \tag{2.93}$$

其中，a 和 b 均为实数，且 $a>0$。a 反映一个小波函数的尺度，而 b 为在 t 轴上的平移

位置。

设 $f(x)\in L^2(R)$，ψ 是基本小波函数，定义其连续小波变换为

$$W_f(a,b)=\langle f,\psi_{a,b}\rangle=\frac{1}{\sqrt{a}}\int_R f(x)\,\overline{\psi\left(\frac{x-b}{a}\right)}\mathrm{d}x \tag{2.94}$$

且在 f 的连续点处，有如下重构公式（逆变换）

$$f(x)=\frac{1}{C_\psi}\iint_{RR}W_f(a,b)\psi_{a,b}(x)\,\frac{\mathrm{d}a\mathrm{d}b}{a^2} \tag{2.95}$$

从小波变换公式中可见，小波变换提供的局部化是变化的，表现在高频处的变焦能力，窗口随高频而变窄，低频而变宽。这正是其被誉为“数学显微镜”的原因，这一特征，正是时频分析所希望的，从而决定了小波分析在众多领域的重要地位。

类似地，可以定义二维及多维连续小波变换。连续小波变换在理论分析中尤其有用，但在解决应用问题时计算较为复杂。

2.6.2 正交小波基和多尺度分析

1. 离散小波变换

为了适合计算机处理，连续小波变换必须离散化，即对连续小波函数(2.93)中参数 a、b 离散化。

为了使离散化后的函数族能覆盖整个 a、b 所表示的平面，取 $a_0>1$，$b_0>1$，使得

$$a=a_0^{-m},a=nb_0a_0^{-m},\qquad m,n\in Z$$

且将 $\psi_{a,b}$ 改记为 $\psi_{m,n}$，即

$$\psi_{m,n}=a_0^{m/2}\psi\left(\frac{x-nb_0a_0^{-m}}{a_0^{-m}}\right)=a_0^{m/2}\psi(a_0^m x-nb_0) \tag{2.96}$$

相应的离散小波变换为

$$C_f(a,b)=\int_R f(x)\,\overline{\psi_{m,n}(x)}\mathrm{d}x$$

特别地，取 $a_0=2$，$b_0=1$，则有

$$\psi_{m,n}(x)=2^{m/2}\psi(2^m x-n) \tag{2.97}$$

通过适当的构造，$\psi_{m,n}(x)$ 能成为正交小波基，而构造正交小波基的方法就是多尺度分析。

2. 多尺度分析

离散情况下，某些特殊小波函数构成 $L^2(R)$ 空间的正交基，S. Mallat 在此基础上提出了小波多尺度分析方法，由于其计算机处理具有递归性而得到广泛应用，尤其适合于图像分析编码。多尺度分析的概念，在空间上说明了小波具有多分辨率特性，它是小波正交分解的基础。

多尺度分析定义：空间 $L^2(R)$ 中的一列闭子空间 $\{V_j\}_{j\in z}$，称为 $L^2(R)$ 的多尺度分析，若满足下列条件。

(1) 单调性：$V_j \subset V_{j+1}$，对任意 $j \in Z$；

(2) 逼近性：$\bigcap V_j = \{0\}$，$\bigcup V_j = L^2(R)$，$j \in Z$；

(3) 伸缩性：$u(x) \in V_j \Rightarrow u(2x) \in V_{j-1}$；

(4) 平移不变性：$u(x) \in V_0 \propto u(x-k) \in V_0$，对任意 $k \in Z$；

(5) Riesz 基：即存在 $g \in V_0$，使$\{g(x-k) | k \in Z\}$构成 V_0 的 Riesz 基。

$g(x)$称为多尺度分析的生成元。利用 $g(x)$，可以构造尺度函数 $\varphi(x)$，使得$\{\varphi(x-k) | x \in Z\}$成为 V_0 的规范正交基。

多尺度分析是在 $L^2(R)$函数空间内，将函数 f 描述为一系列近似函数的极限。也就是说函数 f 可以表示成在空间 V_j里的近似表示 f_j的极限，即 $f = \lim\limits_{j \to \infty} f_j$，每一个近似都是原函数 f 的平滑版本，而且具有越来越精细的近似函数，这些近似都是在不同尺度上得到的。

在二维及多维情形，相应地也有多尺度分析。

2.6.3 小波正交分解

1. 一维小波正交分解

设$\{V_j\}$是一给定的多尺度分析，φ 和 ψ 分别为相应的尺度函数和小波函数，W_{i+1}是 V_{j+1}在 V_j中的正交补子空间，即有 $V_j = V_{j+1} + W_{j+1}$。$f(x)$可以用 V_{j+1}中的一组规范正交基$\{\varphi_{j+1,k}, k \in Z\}$和 W_{i+1}中的一组规范正交基$\{\psi_{j+1,k}, k \in Z\}$表示，即

$$f(x) = \sum_n c_n^{j+1} \varphi_{j+1,n} + \sum_n d_n^{j+1} \psi_{j+1,n} \tag{2.98}$$

且有

$$c_k^{j+1} = \sum_n h_{n-2k} c_n^j \tag{2.99}$$

$$d_k^{j+1} = \sum_n g_{n-2k} c_n^j \tag{2.100}$$

其中，$\{c_k^{j+1}\}$为低频成分；$\{d_k^{j+1}\}$为高频成分。

式(2.99)和式(2.100)即为离散信号的有限正交小波分解公式。由此可见，正交小波分解将 f 分解成不同的频率成分，并且每一频率通道成分又按相位进行了分解——频率越高者，相位划分越细，反之则越粗。

利用分解后的小波信号$\{c_k^{j+1}\}$和$\{d_k^{j+1}\}$重构原来的信号，重构公式为

$$c_k^j = \sum_n h_{k-2n} c_n^{j+1} + \sum_n g_{k-2n} d_n^{j+1} \tag{2.101}$$

2. 二维小波正交分解

利用张量积，可以得到二维正交小波分解。对于二维图像$\{c_{m,n}^0\}(m, n \in Z)$，二维正交小波分解公式为

$$c_{k,l}^{j+1} = \sum_m \sum_n \bar{h}_{m-2k} \bar{h}_{n-2l} c_{m,n}^j$$

$$d_{k,l}^{1,j+1} = \sum_m \sum_n \bar{h}_{m-2k} \bar{g}_{n-2l} c_{m,n}^j$$

$$d_{k,l}^{2,j+1} = \sum_m \sum_n \bar{g}_{m-2k} \bar{h}_{n-2l} c_{m,n}^j \qquad (2.102)$$

$$d_{k,l}^{3,j+1} = \sum_m \sum_n \bar{g}_{m-2k} \bar{g}_{n-2l} c_{m,n}^j$$

其中，$\{c_{k,l}^{j+1}\}$为低频成分；$d_k^{1,j+1}$，$d_{k,l}^{2,j+1}$，$d_{k,l}^{3,j+1}$分别为水平、垂直、斜方向的高频成分。

二维正交小波重构公式为

$$c_{k,l}^j = \sum_{m,n} (h_{k-2m} h_{l-2n} c_{k,l}^{j+1} + h_{k-2m} g_{l-2n} d_{k,l}^{1,j+1} + g_{k-2m} h_{l-2n} d_{k,l}^{2,j+1} + g_{k-2m} g_{l-2n} d_{k,l}^{3,j+1}) \qquad (2.103)$$

图 2.27 表示了一幅影像，图 2.28 是其正交小波分解影像。从小波分解图可见，左上角是低频部分，其余部分是分别是水平、垂直、斜方向的高频部分。低频部分是原始影像的一个很好的近似。

图 2.27　原始影像

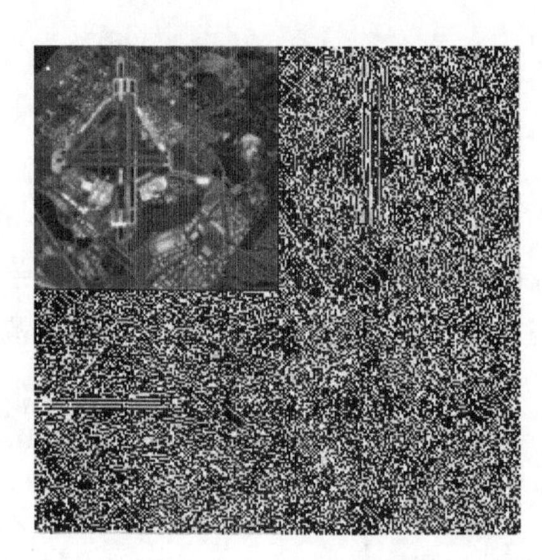

图 2.28　图 2.27 的正交小波分解影像

对正交小波变换后的低频成分或其他成分再进行正交小波分解，可以得到更多层次的正交小波分解。

3. 紧支集正交小波基

从小波分解和重构公式中可见，变换结果取决于系数$\{h_{k-2n}\}$、$\{g_{k-2n}\}$。实际计算中，为了简化计算，希望$\{h_{k-2n}\}$、$\{g_{k-2n}\}$中非零项越少越好，即支集长度越小越好，这样的小波基称为紧支集正交小波基。

实际中常用的是 Daubechies 正交小波系数。例如，Daubechies 四系数正交小波基是

$$h_0 = 0.482\,962,\quad h_1 = 0.836\,516,\quad h_2 = 0.224\,143,\quad h_3 = -0.129\,409$$

$$h_i = 0,\quad 当\ i < 0\ 或\ i > 3\ 时$$

且 $g_k = (-1)^k \bar{h}_{1-k}$。

Daubechies 六系数正交小波基是

$$h_0 = 0.332\,670,\quad h_1 = 0.806\,891,\quad h_2 = 0.459\,877,\quad h_3 = -0.135\,011$$

$$h_4 = -0.085\ 441, \quad h_5 = 0.035\ 226$$

$$h_i = 0, \qquad 当 i < 0 或 i > 5 时$$

紧支集正交小波基在解决实际问题中具有重要作用。利用这些系数，通过正交小波分解和重构公式，可以得到信号或图像的正交小波表示。

2.6.4 多进制小波

1. 多尺度分析

多进制小波是近几年发展的小波分析理论的一个新的分支。它在正交性、紧支性、光滑性等方面都优于二进制小波，能够克服二进制小波变换中的缺点，解决二进制小波不能解决的问题。多进制小波的基本构造理论也是多尺度分析。

设 $M \geqslant 2$ 是一个整数，平方可积函数空间 $L^2(R)$ 上的一个多尺度分析是满足一定条件的闭子空间列 $\{V_j\}_{j \in Z}$。与二进制小波一样，利用多尺度分析，能够得到空间 $L^2(R)$ 的正交小波分解，但伸缩性变为 $u(x) \in V_j \Rightarrow u(Mx) \in V_{j-1}$。

令 W_j 为 V_j 在 V_{j+1} 上的正交补空间，即

$$V_j \oplus W_j = V_{j+1}, \qquad j \in Z$$

则对 $f \in L^2(R)$，有 $g_j \in W_j$ 和 $f_k \in V_k$，使

$$f = \sum_{j \in Z} g_j = f_k + \sum_{j \geqslant k} g_j \tag{2.104}$$

事实上，可以证明，闭子空间列 V_j 能够由 $\{M^{j/2} \varphi(M^j x - k) \mid k \in Z\}$ 生成，而 W_j 能够由 $\{M^{j/2} \psi_s(M^j x - k) \mid 1 \leqslant s \leqslant M-1, k \in Z\}$ 生成。这里函数 $\varphi(x)$ 称之为尺度函数，而 $\{\psi_s(x) \mid 1 \leqslant s \leqslant M-1\}$ 称为小波函数。值得注意的是，多进制小波中，一个尺度函数对应于多个小波函数。

尺度函数满足尺度方程

$$\varphi(x) = \sum_{k \in Z} c_k \varphi(Mx - k) \tag{2.105}$$

对应的共轭滤波器为

$$H(z) = \frac{1}{M} \sum_{k \in Z} c_k z^k \tag{2.106}$$

2. 多进制小波示例

利用多分辨率分析，可以构造比二进制有更好性质的小波函数。孙颀彧在 1996 年构造了具有插值性质的尺度函数和小波函数，其对应的共轭滤波器为

$$H(z) = \left(\frac{1 - z^M}{M^{\frac{3}{2}} (1 - z)} \right)^2 \left(\frac{1 + \theta}{2} + \frac{1 - \theta}{2} z \right) \tag{2.107}$$

其中，$\theta = \sqrt{\dfrac{2M^2 + 1}{3}}$；$M$ 为进制。由式(2.107)，容易计算得到不同进制的尺度函数的系数，其值见表 2.1。

表 2.1　式(2.107)对应的尺度函数的系数

	三进小波	四进小波	五进小波	六进小波	九进小波	十进小波
0	0.195 367 30	0.134 894 52	0.102 462 11	0.082 401 15	0.051 673 55	0.045 926 76
1	0.306 477 77	0.197 394 52	0.142 462 11	0.110 178 93	0.064 019 23	0.055 926 76
2	0.417 588 88	0.259 894 52	0.182 462 11	0.137 956 71	0.076 364 91	0.065 926 76
3	0.137 966 66	0.322 394 52	0.222 462 11	0.165 734 48	0.088 710 59	0.075 926 76
4	0.026 855 55	0.115 105 47	0.262 462 11	0.193 512 27	0.101 056 3	0.085 926 76
5	−0.084 256 19	0.052 605 4	0.097 537 89	0.221 290 04	0.113 401 9	0.095 926 76
6		−0.009 894 52	0.057 537 89	0.084 265 52	0.125 747 6	0.105 926 8
7		−0.072 394 52	0.017 537 89	0.056 487 74	0.138 093 3	0.115 926 8
8			−0.022 462 11	0.028 709 96	0.150 439 0	0.125 926 8
9			−0.062 462 11	0.000 932 18	0.059 437 56	0.135 926 8
10				−0.026 845 595	0.047 091 88	0.054 073 24
11				−0.054 623 373	0.034 746 20	0.044 073 24
12					0.022 400 53	0.034 073 24
13					0.010 054 85	0.024 073 24
14					0.002 290 832	0.014 073 24
15					−0.014 636 51	0.004 073 236
16					−0.026 982 19	−0.005 926 764
17					−0.039 327 87	−0.015 926 76
18						−0.025 926 76
19						−0.035 926 76

Chui 等(1995)构造了一个三进制小波，对应的尺度函数 $\varphi(x)$ 和小波函数 $\psi_s(x)(s=1,2)$ 的图形如图 2.29 所示。对应的尺度函数系数和小波函数系数见表 2.2。

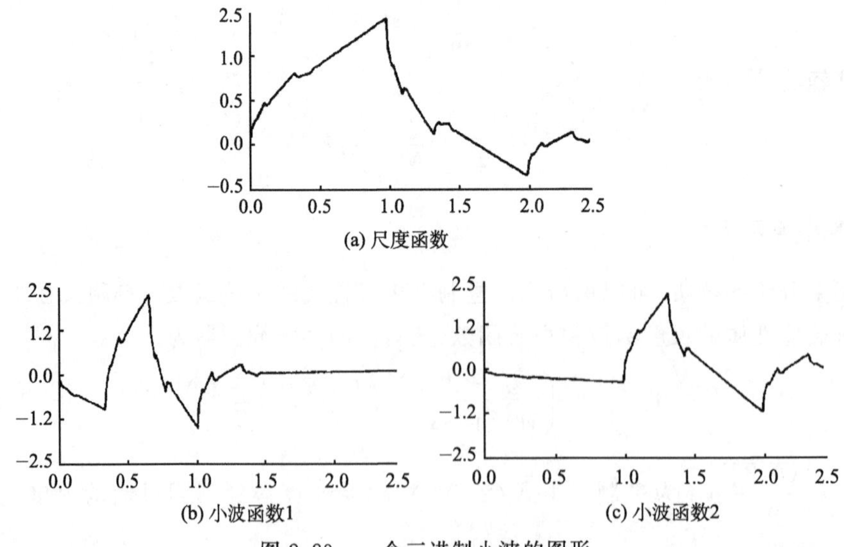

图 2.29　一个三进制小波的图形

表 2.2　一个三进制小波的尺度函数和小波函数系数

k	h_k	g_k^1	g_k^2
0	0.586 101	−0.707 106	−0.173 494
1	0.919 435 5	1.414 213	−0.272 165
2	1.252 768	−0.707 106	−0.370 836
3	0.413 898	0.000 000	1.398 23
4	0.080 564	0.000 000	0.272 165
5	−0.252 768	0.000 000	0.853 908

3. 正交分解和重构公式

多进制小波也有相应的正交分解和重构公式。

对于二维图像$\{c_{m,n}^0\}(m,n\in Z)$，M进制小波的正交分解公式为

$$c_{k,l}^{j+1}=\sum_m\sum_n h_{m-Mk}h_{n-Ml}c_{m,n}^j$$

$$d_{k,l}^{j+1,s_1,s_2}=\begin{cases}\sum_m\sum_n h_{m-Mk}g_{n-Ml}^{s_2}c_{m,n}^j, & s_1=0,1\leqslant s_2\leqslant M-1\\ \sum_m\sum_n g_{m-Ml}^{s_1}h_{n-Mk}c_{m,n}^j, & 1\leqslant s_1\leqslant M-1,s_2=0\\ \sum_m\sum_n g_{m-Mk}^{s_1}g_{n-Ml}^{s_2}c_{m,n}^j, & 1\leqslant s_1,s_2\leqslant M-1\end{cases}$$

图像的重构公式为

$$c_{k,l}^j=\sum_m\sum_n h_{k-Mm}h_{l-Mn}c_{k,l}^{j+1}+\sum_{s_1,s_2=0,s_1+s_2\neq 0}^{M-1}\sum_m\sum_n g_{k-Mm}^{s_1}g_{k-Mn}^{s_2}d_{j,k,l}^{j+1,s_1,s_2}$$

$$=\sum_m\sum_n\left(h_{k-Mm}h_{k-Mn}c_{k,l}^{j+1}+\sum_{s_1,s_2=0,s_1+s_2\neq 0}^{M-1}g_{k-Mm}^{s_1}g_{k-Mn}^{s_2}d_{j,k,l}^{j+1,s_1,s_2}\right)$$

图 2.29 是图 2.27 的三进制小波变换影像，即这里$M=3$，它将一幅影像分成 9 个部分，其中左上角是低频部分，其余部分是高频部分。

利用三进制小波重构公式，能由图 2.30 恢复得到原来的影像图 2.27。

多进制小波特别适合于研究具有整数比例关系的图形或图像的处理，例如，10m 和 30m 的影像的融合(Shi et al.，2002)等。

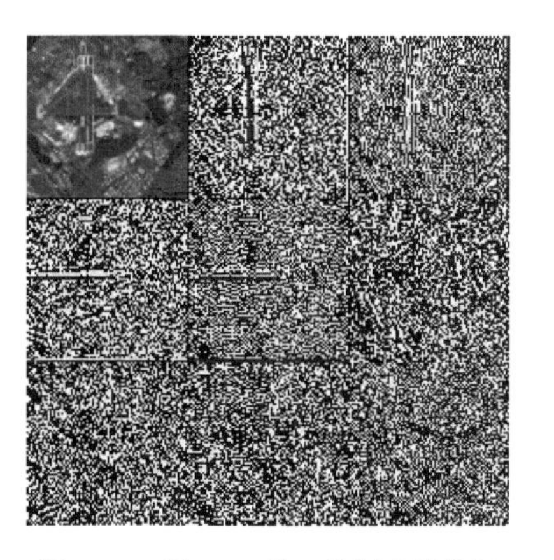

图 2.30　图 2.27 的三进制小波分解

2.6.5　其　　他

小波分析的分支还有很多，如多维小波、复数

小波、最佳基小波、B 样条小波等。小波分析的实质是多尺度分析，小波分析的分解、重构算法为小波分析的应用提供了实用工具。实际应用中，除了基本理论和方法外，还可以根据实际情况进行分解。如朱长青(1998)提出的更佳分辨率分解用于遥感影像纹理分类，取得了较好的效果。另外，在分解、重构的中间过程中，进行适当的处理，可以得到更好的结论，这在图像压缩等方面尤其重要。

第3章　叠置分析模型

叠置分析是地理信息系统中一种基本的空间分析方法，它是在统一空间坐标系下，将同一地区的两个或两个以上地理要素图层进行叠置，以产生空间区域的多重属性特征的分析方法。本章将首先论述叠置分析的基本概念，然后对几种常用的叠置分析包括视觉叠置分析、矢量数据叠置分析、栅格数据叠置分析等进行论述，同时对叠置分析中常用的多边形裁剪算法进行讨论。

3.1　基本概念

3.1.1　基本思想

叠置分析将两个或两个以上地理要素图层进行叠置，能够产生新的属性特征，或建立地理对象之间的空间对应关系。如图 3.1 所示，其中(a)是一个图层多边形；(b) 是另一个图层多边形；(c)是两个图层的叠置分析结果，叠置后产生了四个多边形。

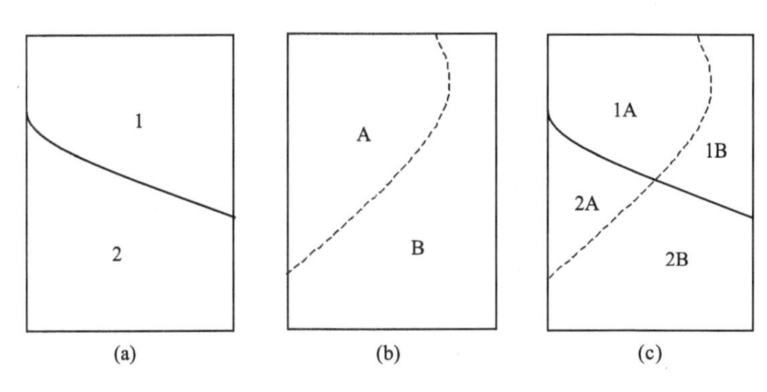

图 3.1　叠置分析示例

通过叠置分析，能够对叠置后产生的多重属性进行新的分类，建立地理对象之间的空间对应关系，提取某个区域范围内某些专题内容的数量特征。

叠置分析中通常有一个图层是多边形图层，称为基本图层。其他图层可能是点、线或多边形。

叠置分析根据数据结构的不同，通常分为栅格数据叠置分析和矢量数据叠置分析。栅格数据叠置分析的结果是新的栅格数据，而矢量数据叠置分析的结果是新的空间特性和属性关系。

从运算角度，叠置分析是两个或两个以上的地理要素图层进行空间逻辑的交、并、差运算。

3.1.2 空间逻辑运算

设有空间集合 A、B，则其基本的逻辑运算定义如下。

定义 1　如果 B 是 A 的子集，则称集合 A 包含集合 B，记为 $B \subseteq A$。即若 $x \in B$，必定有 $x \in A$。显然，有如下性质

$$A \subseteq A$$

$$A \subseteq B, B \subseteq C \Rightarrow A \subseteq C$$

$$A \subseteq B, B \subseteq A \Leftrightarrow A = B$$

定义 2　集合 A、B 逻辑交定义为

$$A \cap B = \{x \mid x \in A \text{ 且 } x \in B\}$$

定义 3　集合 A、B 逻辑并定义为

$$A \cup B = \{x \mid x \in A \text{ 或 } x \in B\}$$

定义 4　集合 A、B 逻辑差定义为

$$A - B = \{x \mid x \in A \text{ 且 } x \notin B\}$$

集合的四种运算如图 3.2 所示。

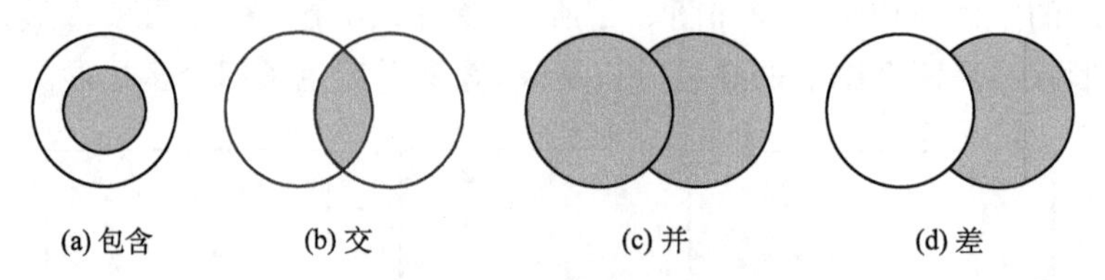

图 3.2　集合逻辑运算

3.1.3 空间逻辑运算规律

设有空间集合 A、B、C，则集合的上述三种运算满足下面的运算规律。

(1) 幂等律

$$A \cap A = A, A \cup A = A$$

(2) 交换律

$$A \cap B = B \cap A, A \cup B = B \cup A$$

(3) 结合律

$$A \cap (B \cap C) = (A \cap B) \cap C$$

$$A \cup (B \cup C) = (A \cup B) \cup C$$

(4) 分配律

$$A \cup (B \cap C) = (A \cup B) \cap (A \cup C)$$

$$A \cap (B \cup C) = (A \cap B) \cup (A \cap C)$$

(5) Demorgan 律

$$A-(B\cap C)=(A-B)\cup(A-C)$$

$$A-(B\cup C)=(A-B)\cap(A-C)$$

集合的交与并运算可以推广到任意多个集合上去。设有集合序列$\{A_i\}\{i=1,2,\cdots,n\}$,则它们的并和交分别定义为

$$\bigcap_{i=1}^{n}A_i=\{x\mid x\in A_i(i=1,2,\cdots,n)\}$$

$$\bigcup_{i=1}^{n}A_i=\{x\mid \text{存在 } i\in\{1,2,\cdots,n\},\text{使 } x\in A_i\}$$

对于上述并和交运算,有下列运算规律

$$A\cup\left(\bigcap_{i=1}^{n}A_i\right)=\bigcap_{i=1}^{n}(A\cup A_i)$$

$$A\cap\left(\bigcup_{i=1}^{n}A_i\right)=\bigcup_{i=1}^{n}(A\cap A_i)$$

3.2 视觉信息叠置分析

视觉信息的叠置分析是一种直观的叠置分析方法,它是将不同图层的信息内容叠置显示在屏幕或结果图件上,从而产生多层复合信息,以便判断各个图层信息的相互关系,获得更为丰富的目标之间的空间关系。

视觉信息的叠置分析通常有如下几类:

(1) 点状图、线状图和面状图之间的叠置;

(2) 面状图区域边界之间或一个面状图与其他专题图边界之间的叠置;

(3) 遥感图与专题图的叠置;

(4) 专题图与数字高程模型叠置显示立体专题图;

(5) 遥感影像与数字高程模型叠置生成真三维地物景观;

图 3.3　一幅遥感图像与地形图的叠置

(6) 遥感影像数据与 GIS 数据的叠置；

(7) 遥感影像与提取的影像特征如道路的叠置。

视觉信息的叠置分析需要进行数据间的运算，不产生新的数据层面，只是将多层信息叠置，以利于直观上的观察与分析。图 3.3 表示一幅遥感图像与地形图的叠置结果。图 3.4表示一幅遥感图像与提取的道路的叠置结果(Shi et al.，2002)。

图 3.4 一幅遥感图像与提取的道路的叠置

3.3 矢量数据叠置分析

3.3.1 矢量数据叠置分析类型

矢量数据叠置分析是叠置分析的主要研究内容。矢量数据叠置分析的对象主要有点、线(链)、多边形(面)，它们之间的互相叠置组合可以产生 6 种不同的叠置分析形式：点与点、点与线、点与面、线与线、线与面、面与面，见表 3.1。

表 3.1 叠置分析 6 种形式

数据类型	点	线	多边形
点	例：学校与网吧		
线	例：学校与道路	例：公路与铁路	
多边形	例：学校与行政区	例：道路与行政区	例：土壤与行政区

矢量数据的 6 种叠置分析中，点与多边形的叠置、线与多边形的叠置、多边形与多边形的叠置是较为常用的叠置分析。叠置分析的基本步骤是：

(1) 判定点、线、多边形；

(2) 判定点的位置，进行线与多边形裁剪、多边形与多边形裁剪；

(3) 对应的点、线、多边形要素属性进行重组与合并。

多边形裁剪是矢量数据叠置分析的基本算法。

3.3.2 点与点的叠置

点与点的叠置是一个图层上的点与另一图层上的点进行叠置，从而为图层内的点建立新的属性，同时对点的属性进行统计分析。点与点的叠置是通过不同图层间的点的位置和属性关系完成的，得到一张新属性表，属性表表示点间的关系。

例如，图 3.5 表示某一城市中网吧与学校的叠置及相应的属性表，从属性表可以判断网吧与学校保持的距离。从属性表可见，网吧 4 与学校距离较近。

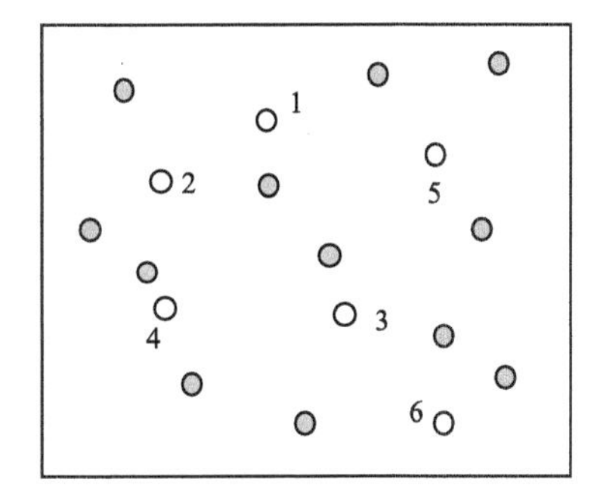

网吧	网吧与学校的距离
1	100
2	150
3	125
4	50
5	160
6	100

图 3.5 网吧(○)与学校(◉)的叠置分析

3.3.3 点与线的叠置

点与线的叠置是一个图层上的点与另一图层上的线进行叠置，从而为图层内的点和线建立新的属性。叠置分析结果可以分析点与线的关系，例如，点与线的最近距离等。

图 3.6 表示县级城市与高速公路两个图层叠置分析结果，从叠置分析结果可以看出城市与高速公路之间的关系，高速公路的分布情况。

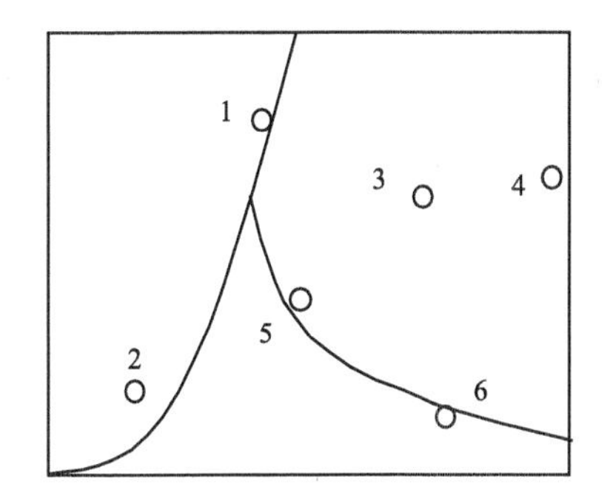

城市	城市与公路的距离/km
1	0
2	20
3	80
4	140
5	10
6	0

图 3.6 城市与高速公路的叠置分析

3.3.4 点与多边形的叠置

点与多边形的叠置是将一个图层上的点与另一图层的多边形叠置，从而为图层内的每个点建立新的属性，同时对每个多边形内点的属性进行统计分析。点与多边形的叠置是通过点在多边形内的判别完成的，得到一张新的属性表，属性表不仅包含原有的属性，还有点落在哪个多边形内的目标标识。另外，还可以得到其他一些附加属性。

图 3.7 表示某地学校与行政区划的叠置，可以确定每所学校所属的行政区划，也可以确定一个行政区划内学校的情况。

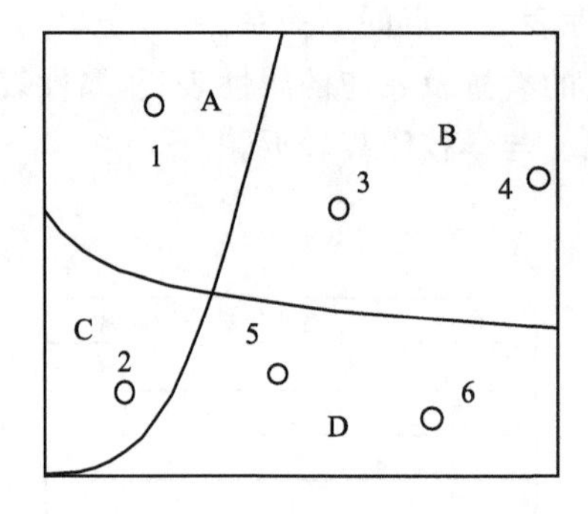

学校	行政区
1	A
2	C
3	B
4	B
5	D
6	D

图 3.7 学校与行政区划的叠置分析

3.3.5 线与线的叠置

线与线的叠置是将一个图层上的线与另一图层的线叠置，通过分析线之间的关系，从而为图层中的线建立新的属性关系。

例如，图 3.8 表示河流（虚线）、公路（实线）的叠置分析结果，从结果中可以表明交通运输分布情况。

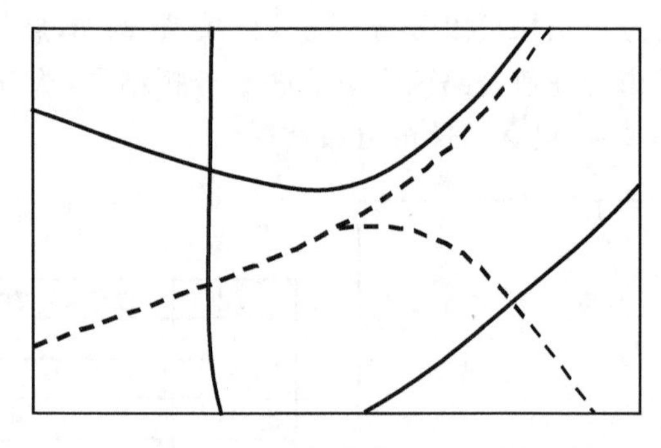

图 3.8 河流与公路的叠置分析

3.3.6 线与多边形的叠置

线与多边形的叠置是将一个图层上的线与另一图层的多边形叠置，确定线落在哪个多边形内，以便为图层的每条弧段建立新的属性。这里，一条线可能跨越多个多边形。这时，需要进行线与多边形的求交，并在交点处截断线段，并对线段重新编号，建立线段与多边形的属性关系。新的属性表不仅包含原有的属性，还有线落在哪些多边形内的目标标识。另外，也可以得到其他一些附加属性。

图 3.9 表示某地公路（虚线）与行政区划（A、B、C）的叠置，其中线目标 1 与两个多边形相关，线目标 2 与三个多边形相关。通过叠置，可以得到每个行政区划内公路分布情况。

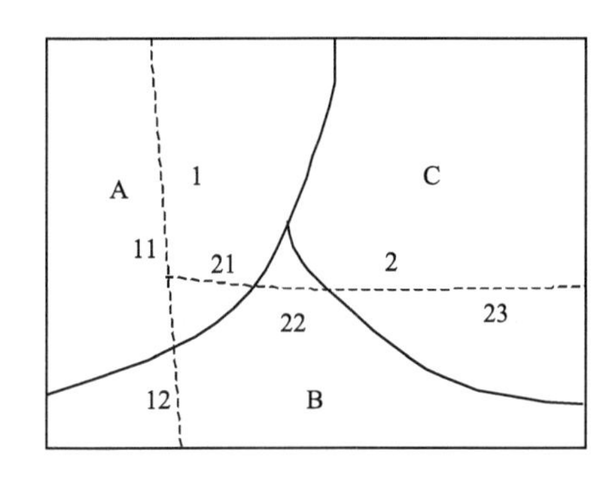

线号	原线号	多边形号
11	1	A
12	1	B
21	2	A
22	2	B
23	4	C

图 3.9　公路与行政区划的叠置分析

3.3.7　多边形与多边形的叠置

多边形与多边形的叠置是指将两个不同图层的多边形要素相叠置，产生输出层的新多边形要素，用以解决地理变量的多准则分析、区域多重属性的模拟分析、地理特征的动态变化分析，以及图幅要素更新、相邻图幅拼接、区域信息提取等。

多边形与多边形的叠置要将两层多边形的边界全部进行边界求交的运算和切割。然后根据切割的弧段重建拓扑关系，最后判断新叠置的多边形分别落在原始多边形的哪个多边形内，建立起多边形与原多边形的关系，如果必要再抽取属性。

多边形与多边形的叠置分析具有广泛的应用功能，它是空间叠置分析的主要类型，一般基础 GIS 软件都具备该类型的叠置分析功能。

图 3.10 表示两个多边形的叠置分析。其中(a)是上覆多边形；(b)是基本图层多边

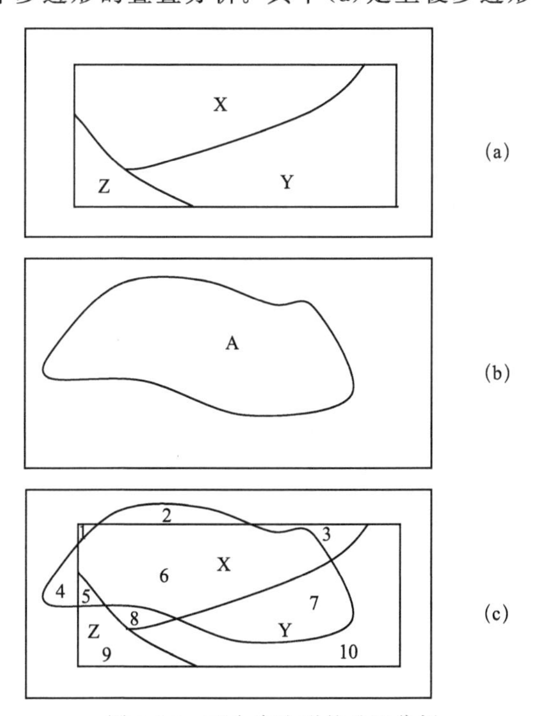

图 3.10　两个多边形的叠置分析

形;(c)是叠置结果。表 3.2 至表 3.4 分别是空间叠置逻辑并、交和差的结果。

表 3.2　空间叠置逻辑并的结果

叠置多边形	基本图层多边形	上覆多边形
1	0	X
2	A	0
3	0	X
4	A	0
5	A	Z
6	A	X
7	A	Y
8	0	X
9	0	Z
10	0	Y

表 3.3　空间叠置逻辑交的结果

叠置多边形	基本图层多边形	上覆多边形
5	A	Z
6	A	X
7	A	Y

表 3.4　空间叠置逻辑差的结果

叠置多边形	基本图层多边形	上覆多边形
2	A	0
4	A	0

3.3.8　叠置分析中的误差

叠置分析由于是在不同图层的点、线、多边形之间进行的,点、线、多边形的误差会传递到叠置的结果上,影响到分析的可靠性。

在上述 6 种叠置分析中,都可能产生不同的叠置误差。下面以对多边形叠置为例,对叠置分析的误差进行讨论。

由于进行多边形叠置的往往是不同类型的数据,同一对象可能有不同的多边形表示。例如,不同类型的地图叠置,甚至是不同比例尺的地图叠置,因此,同一条边界的数据往往不同,这时可能产生一系列碎屑多边形,而且边界越准确,越容易产生碎屑多边形。图 3.11 表示多边形叠置所产生的碎屑多边形,其中实线表示基本图层多边形,虚线表示上覆多边形。

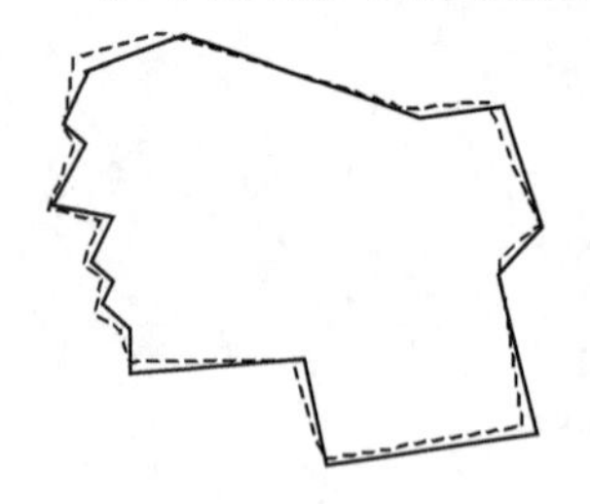

图 3.11　多边形叠置所产生的碎屑多边形

对这种碎屑多边形,通常有下列处理方法:

(1) 根据多边形叠置的情况,人机交互或通过模式识别方法将小多边形合并到大多边形中;

(2) 确定无意义多边形的面积模糊容限值，将小于容限值的多边形合并到大多边形中；

(3) 先拟合一条新的边界线，然后进行叠置操作。

另一方面，对于多边形叠置所产生的碎屑多边形可以用误差定量化地进行分析，定义误差指标一些基本概念。

如图 3.11 所示，设 A 是一个基本图层多边形，B 是上覆多边形图层，C 是 A 与 B 的叠置分析结果。从叠置分析结果可以看出，A 中部分目标未能在叠置结果中，这部分遗漏的目标。另外，B 的部分目标在叠置结果外。根据这些情况可以定义如下的误差概念。

叠置准确性＝(正确叠置的面积)/(A 的面积)。

冗余误差＝(B 中部分目标未能在叠置结果中的面积)/(A 的面积)。

遗漏误差＝(A 中部分目标未能在叠置结果中的面积)/(A 的面积)。

3.4 多边形裁剪

叠置分析的核心是多边形的裁剪。在叠置分析中，面状地物多边形既有几何形状特征，又有拓扑特征，对这些具有拓扑关系的多边形的裁剪与计算机图形学和 CAD 领域中纯粹几何形状的多边形(无拓扑关系)裁剪不同，叠置分析中的裁剪算法必须维护多边形的拓扑关系。

3.4.1 多边形裁剪算法

拓扑多边形裁剪基本算法是由著名的 Weiler-Atherton 算法扩展而来的。该算法具有广泛适应性，裁剪多边形和被裁剪多边形可以是任意的：凸的、凹的，甚至是带有内环的。

该算法中的多边形用有向弧段表示(被裁剪多边形外部边界弧段按逆时针排列，内环弧段按顺时针排列)，当用裁剪区域来裁剪多边形时，裁剪多边形与被裁剪多边形边界相交的点成对出现，其一为入点，即被裁剪多边形进入裁剪多边形内部的交点；其二为出点，即被裁剪多边形离开裁剪多边形内部的交点。

该算法的基本原理是：由入点开始，沿被裁剪多边形追踪，当遇到出点时跳转至裁剪多边形继续追踪；如果再次遇到入点，则跳转回被裁剪多边形继续追踪。重复以上过程，直到回到起始入点，即完成一个多边形的追踪过程。

算法基本步骤如下：

(1) 建立被裁剪多边形和裁剪多边形的弧段表 PolygonClipped 和 PolygonClipping。

(2) 将被裁剪多边形 PolygonClipped 的所有弧段与裁剪多边形 PolygonClipping 的弧段求交，得到交点集列表 I。

(3) 根据交点集列表 I 重组被裁剪多边形 PolygonClipped 和裁剪多边形 Polygon-Clipping 中的所有子多边形，并维护原有的拓扑关系。

(4) 依次对被裁剪多边形 PolygonClipped 和裁剪多边形 PolygonClipping 的所有子多边形建立交点-弧段混合表(子多边形交点-弧段混合表可通过把交点按原位置依次插

入该子多边形的弧段表而产生的)；两多边形交点弧段混合表中的相同交点间用双向指针相连，以便追踪时在两个多边形间进行跳转。

(5) 对 PolygonClipped 中的每一个子多边形的交点-弧段混合表，执行如下两步操作：① 建立空的裁剪结果多边形的弧段表。② 从交点-弧段混合表中选取任一没有被跟踪过的入点为起点，在被裁剪多边形中按弧段方向追踪，直到遇到下一个交点，将追踪所得到弧段序列加入到裁剪结果多边形；跳转至裁剪多边形中的相应位置，按弧段方向追踪，直到遇到下一个交点，将追踪所得到的弧段序列加入到裁剪结果多边形中；再跳转至被裁剪多边形相应位置，如此在两个多边形中交错追踪，直到回到起始交点处，完成一个多边形的追踪。

(6) 按弧段顺序组合(5)中所得的裁剪结果弧段表中的弧段，即为最终的裁剪结果多边形。

3.4.2 多边形裁剪示例

下面举例说明上述算法的执行过程。如图 3.12 所示，其中(a)为被裁剪多边形；(b)为裁剪多边形；(c)为裁剪结果。

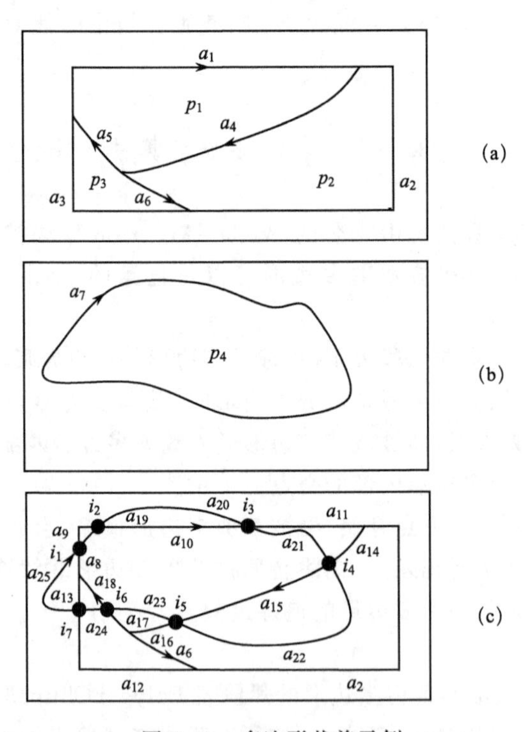

图 3.12 多边形裁剪示例

利用上述算法对图 3.12 中多边形裁剪，具体过程为：

(1) 建立被裁剪多边形和裁剪多边形的弧段集；

被裁剪多边形的弧段集

$$P_{\text{PolygonClipped}} = \{p_1, p_2, p_3\}$$

$$p_1 = \{a_1, a_4, a_5\}$$

$$p_2 = \{a_2, -a_6, -a_4\}$$

$$p_3 = \{a_3, -a_5, a_6\}$$

裁剪多边形的弧段集

$$p_{\text{PolygonClipping}} = \{p_4\}$$

$$p_4 = \{a_7\}$$

(2) 将被裁剪多边形的所有弧段与裁剪多边形的所有弧段求交,得到交点集

$$I = \{i_1, i_2, i_3, i_4, i_5, i_6, i_7\}$$

(3) 对被裁剪多边形 PolygonClipped 和裁剪多边形 PolygonClipping 的所有子多边形进行拓扑重组,结果如下

$$p_1 = \{a_8, a_9, a_{10}, a_{11}, a_{14}, a_{15}, a_{16}, a_{17}, a_{18}\}$$

$$p_2 = \{a_2, -a_6, -a_{16}, -a_{15}, -a_{14}\}$$

$$p_3 = \{a_{12}, a_{13}, -a_{18}, -a_{17}, a_6\}$$

$$p_{\text{PolygonClipping}} = \{a_{19}, a_{20}, a_{21}, a_{22}, a_{23}, a_{24}, a_{25}\}$$

(4) 依次对被裁剪多边形 PolygonClipped 和裁剪多边形 PolygonClipping 的所有子多边形建立交点-弧段混合表

$$M_1 = \{a_8, i_1, a_9, i_2, a_{10}, i_3, a_{11}, a_{14}, i_4, a_{15}, i_5, a_{16}, a_{17}, i_6, a_{18}\}$$

$$M_2 = \{a_2, -a_6, -a_{16}, i_5, -a_{15}, i_4, -a_{14}\}$$

$$M_3 = \{a_{12}, i_7, a_{13}, -a_{18}, i_6, -a_{17}, a_6\}$$

$$M_{\text{PolygonClipping}} = \{i_1, a_{19}, i_2, a_{20}, i_3, a_{21}, i_4, a_{22}, i_5, a_{23}, i_6, a_{24}, i_7, a_{25}\}$$

(5) 对 PolygonClipped 中的每一个子多边形的交点-弧段混合表执行追踪裁剪操作,具体过程如下:

在 M_1 中 i_2 为入点,由此点开始追踪裁剪结果多边形,得到

$$r_1 = \{a_{10}, a_{21}, a_{15}, a_{23}, a_{18}, a_8, a_{19}\}$$

在 M_2 中 i_4 为入点,由此点开始追踪裁剪结果多边形,得到

$$r_2 = \{a_{15}, -a_{22}\}$$

在 M_3 中 i_6 为入点,由此点开始追踪裁剪结果多边形,得到

$$r_3 = \{a_{18}, -a_{13}, -a_{24}\}$$

(6) 按弧段顺序对裁剪结果弧段表中的弧段进行组合,得到最终的裁剪结果多边形

$$R = \{r_1, r_2, r_3\}$$

由图 3.12 可见,裁剪之前,P_1 和 P_2 拥有公共弧段 a_4,分别为 a_4 的上、下多边形。裁剪之后,r_1 和 r_2 拥有公共弧段 a_{15},分别为 a_{15} 的上、下多边形。即 r_1 和 r_2 在裁剪之后仍然是空间邻近关系,并且分别继承了 P_1 和 P_2 的各种属性信息。这表明经过本算法裁剪之后的多边形的空间拓扑关系得以维持和继承。

3.5 栅格数据叠置分析

栅格数据的叠置分析分为两种。一种是非压缩的栅格数据的叠置分析,另一种是压缩的栅格数据的叠置分析。对于非压缩的栅格数据,其叠置分析通过逻辑运算容易实现。对于压缩的栅格数据,需要根据压缩方式进行叠置分析,叠置分析算法依赖于压缩方式。压缩方式通常有行程编码、四叉树、二维行程编码等常规方式。随着压缩技术的发展,更有效的压缩方法例如基于小波的压缩方式能够更有效地提高栅格数据的叠置分析的效果。

3.5.1 非压缩栅格数据的叠置分析

对于非压缩栅格数据的叠置分析,只要对每个栅格元素进行逻辑运算,运算较为简单。设有两个非压缩栅格数据图层$\{A_{ij}\}(i=1,\cdots,m;j=1,\cdots,n)$,$\{B_{ij}\}(i=1,\cdots,m;j=1,\cdots,n)$,经叠置分析后,得到新的图层$\{C_{ij}\}(i=1,\cdots,m;j=1,\cdots,n)$,那么,根据叠置分析的目的不同,有不同叠置结果。

逻辑交运算:

$$C_{ij}=A_{ij}\cap B_{ij}=\begin{cases}1 & \text{当 } A_{ij}=1 \text{ 且 } B_{ij}=1\\ 0 & \text{当 } A_{ij}=0 \text{ 且 } B_{ij}=0\end{cases}$$

逻辑并运算:

$$C_{ij}=A_{ij}\cup B_{ij}=\begin{cases}1 & \text{当 } A_{ij}=1 \text{ 或 } B_{ij}=1\\ 0 & \text{当 } A_{ij}=0 \text{ 且 } B_{ij}=0\end{cases}$$

逻辑差运算:

$$C_{ij}=A_{ij}-B_{ij}=\begin{cases}1 & \text{当 } A_{ij}=1, B_{ij}=0\\ 0 & \text{当 } A_{ij}=0 \quad \text{或 } A_{ij} \text{ 且 } B_{ij}=1\end{cases}$$

对于多个非压缩的栅格图层,同样可以进行叠置分析,其运算只要按照多个集合的逻辑运算进行。

图 3.13 表示两个非压缩图层 A、B 的叠置分析,图(a)、(b)分别表示图层 A、B,(c)、(d)、(e)分别表示图层 A、B 分别进行交、并、差运算的叠置分析结果。

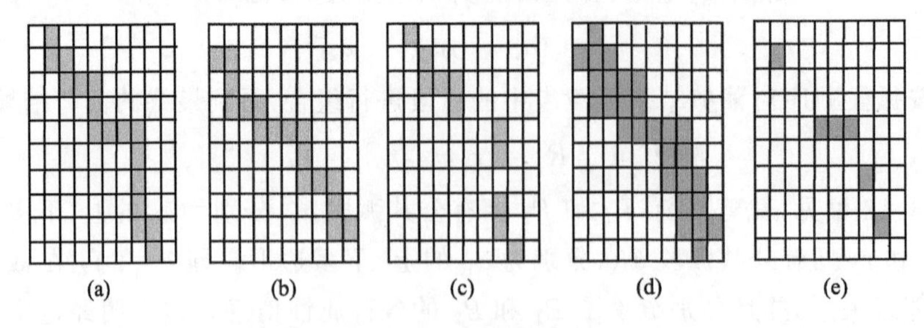

图 3.13 图层 A、B 的栅格叠置分析结果

3.5.2 压缩栅格数据的叠置分析

压缩的栅格数据的叠置,需要根据压缩方式及压缩数据的逻辑运算进行分析。压缩形式通常有行程编码、四叉树、二维行程编码等。下面主要介绍基于线性四叉树压缩的叠置分析。

基于十进制的线性四叉树压缩方法,采用自上而下的方法建立四叉树,使合并过程中直接可以按自然数的顺序进行扫描,省去排序的过程,同时还可以不用记录地址码和深度码,节约了存储空间,提高了运算效率。基于十进制的线性四叉树压缩编码简称为 M_D 码。

1. 基本子块逻辑运算

对于两个基于十进制的线性四叉树压缩的栅格图层 A 和 B,其叠置分析结果是图层 C。记 M 为图层某一子块(叶结点)的 M_D 码,M'为该方块后继子块(叶结点)的 M_D 码减 1,即该方块右下角的地址码,则基本子块的运算规则为:

规则 1(交运算)

$$M_A \cap M_B = \begin{cases} M_C = 0, M'_C = 0, & \text{当 } M'_A \leqslant M_B \text{ 或 } M'_B \leqslant M_A \\ M_C = \max(M_A, M_B), \quad M'_C = \min(M'_A, M'_B) & \text{否则} \end{cases}$$

规则 2(并运算)

$$M_A \cup M_B = \begin{cases} M_C = \{M_A, M_B\}, M'_C = \{M'_A, M'_B\}, & \text{当 } M'_A \leqslant M_B \text{ 或 } M'_B \leqslant M_A \\ M_C = \min(M_A, M_B), \quad M'_C = \max(M'_A, M'_B) & \text{否则} \end{cases}$$

规则 3(差运算)

$$M_A - M_B = \begin{cases} M_C = M_A, \quad M'_C = M'_A, & \text{当 } M'_A \leqslant M_B \text{ 或 } M'_B \leqslant M_A \\ M_C = 0, \quad M'_C = 0, & \text{当 } M'_A \leqslant M_B \text{ 且 } M'_B \leqslant M_A \\ M_{C1} = M_A, \quad M'_{C1} = M_B - 1, & \\ M_{C2} = M_B + 1, \quad M'_{C2} = M_A, & \text{否则} \end{cases}$$

2. 压缩图层的叠置分析

对于栅格图层 R,经十进制的线性四叉树压缩后,可以表示为 M_D 码的集合,即有

$$R = \{M_i\}, \qquad i = 1, \cdots, n$$

由于 M_i 是两两互斥的 M_D 码,于是上式可以表示为

$$R = M_1 \cup M_2 \cup \cdots \cup M_n = \bigcup_{i=1}^{n} M_i$$

根据基本子块的逻辑运算规则和集合的运算规则,可以得到两个压缩图层 A 和 B 的叠置运算。

(1) 交运算

$$R_A \cap R_B = \left(\bigcup_{i=1}^{n} M_{Ai}\right) \cap \left(\bigcup_{j=1}^{m} M_{Bj}\right) = \bigcup_{i=1,j=1}^{i=n,j=m} (M_{Ai} \cap M_{Bj})$$

(2) 并运算

$$R_A \cup R_B = \left(\bigcup_{i=1}^{n} M_{Ai}\right) \cup \left(\bigcup_{j=1}^{m} M_{Bj}\right) = \bigcup_{i=1,j=1}^{i=n,j=m} (M_{Ai} \cup M_{Bj})$$

(3) 差运算

$$R_A - R_B = \left(\bigcup_{i=1}^{n} M_{Ai}\right) - \left(\bigcup_{j=1}^{m} M_{Bj}\right) = \bigcup_{i=1,j=1}^{i=n,j=m} (M_{Ai} - M_{Bj})$$

实际计算中,每一基本方块一般由两个 M_D 码确定,即该方块的起始 M_D 码和终止 M_D 码。

图 3.14 是两个图层 A 和 B,其中(a)是图层 A;(b)是图层 B;(c)是图层 A 和 B 的压缩叠置结果。图层 A 和 B 压缩后可分别表示为

$$R_A = \{(12,15),(16,31),(36,39),(52,52)\}。$$

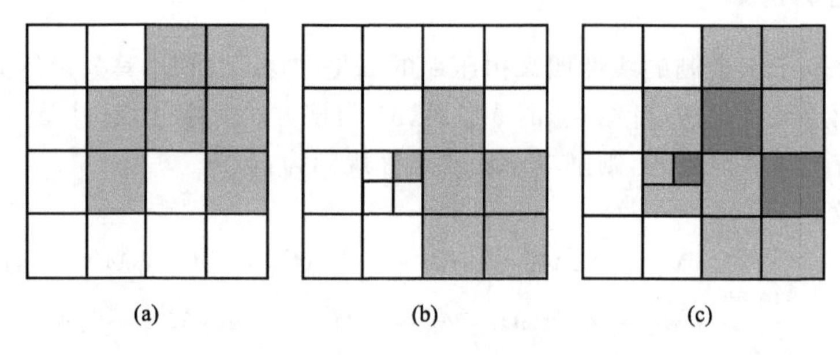

图 3.14 两个图层 A 和 B 的压缩叠置分析

根据上面的运算规则,有如下的叠置结果(吴立新等,2003)

$$\begin{aligned} R_A \cap R_B &= \{(12,15),(16,31),(36,39),(52,52)\} \cap \{(24,27),(37,37),(48,63)\} \\ &= 0 \cup 0 \cup 0 \cup (24,27) \cup 0 \cup 0 \cup 0 \cup (37,37) \cup 0 \cup 0 \cup 0 \cup (52,52) \\ &= \{(24,27),(37,37),(52,52)\} \end{aligned}$$

$$R_A \cup R_B = \{(12,25),(16,31),(36,39),(48,63)\}$$

$$R_A - R_B = \{(12,25),(16,31),(28,31),(36,36),(38,39)\}$$

第4章 缓冲区分析模型

缓冲区是指围绕地理要素一定宽度的区域。缓冲区分析是用来确定不同地理要素的空间邻近性和接近程度的一种分析方法。缓冲区分析有许多应用。本章首先介绍缓冲区的定义,特别提出了三维空间缓冲区的概念;然后对于缓冲区生成算法进行讨论,推导了相应的缓冲点的公式;此外,对于复杂目标和动态目标的缓冲区进行了讨论;最后,对于三维空间缓冲区概念及生成算法进行了研究。

4.1 基本概念

4.1.1 缓冲区的定义

通常的地理要素包括点、线、面。因此,缓冲区分析主要基于点、线和面进行的。

从空间变换的观点,缓冲区分析模型就是将点、线、面状地物分布图变换为这些地物的扩展距离图,图上的每一点的值代表该点离开最近的某种地物的距离。它是地理目标或工程规划目标的一种影响范围。

从数学上看,缓冲区分析就是基于空间目标(点、线、面)拓扑关系的距离分析,其基本思想是给定空间目标,确定它们的某个邻域,邻域的大小由邻域半径决定。

设有空间目标集 $O=\{O_i|i=1,2,\cdots,n\}$,其中,O_i 为其中一个空间目标。O_i 的缓冲区定义为

$$B_i = \{x \mid d(x,O_i) \leqslant d_i\} \tag{4.1}$$

其中,$d(x,O_i)$为 x 与 O_i 之间的距离,通常是欧氏距离;d_i 为邻域半径,或称缓冲距,有时 d_i 是常数。

对于空间目标集 $O=\{O_i|i=1,2,\cdots,n\}$,其缓冲区通常定义为

$$B = \bigcup_{i=1}^{n} B_i \tag{4.2}$$

空间目标主要是点目标、线目标、面目标以及由点、线、面目标组成的复杂目标。因此,空间目标的缓冲区分析包括点目标缓冲区、线目标缓冲区、面目标缓冲区和复杂目标缓冲区。

从缓冲区的定义可见,点目标的缓冲区是围绕该目标的半径为缓冲距的圆周所包围的区域;线目标的缓冲区是围绕该目标的两侧距离不超过缓冲距的点组成的带状区域;面目标的缓冲区是沿该目标边界线内侧或外侧距离不超过缓冲距的点组成的面状区域;复杂目标的缓冲区是由组成复杂目标的单个目标的缓冲区的并组成的区域。图 4.1(a)、(b)和(c)分别表示了点目标、线目标和面目标的缓冲区示例。

另外,由于应用的需要,一个空间目标的缓冲区中的缓冲距不一定是常数,可能是受

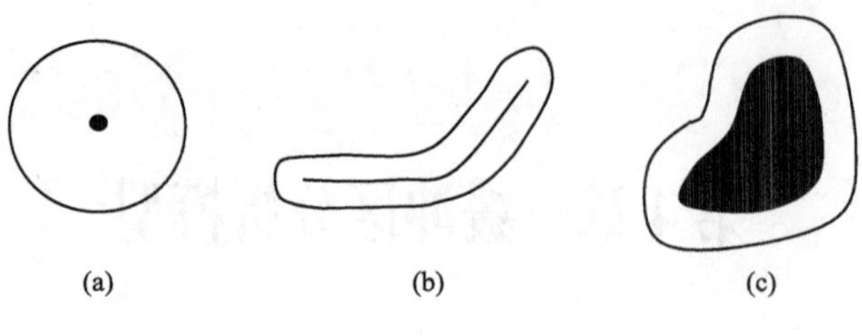

图 4.1 缓冲区示例

不同因素的影响,产生变化的缓冲距。例如,研究洪水淹没范围,污染扩散影响等。

随着三维 GIS 的发展,对于三维空间中体目标的研究和应用也不断深入。对于三维体目标,也同样存在着缓冲区分析。对于三维体目标,其缓冲区的定义与二维的一样,只是研究范围从二维平面到三维空间,表示也更复杂。例如,三维空间点目标的缓冲区是一个以缓冲距为半径的球体,如图 4.2 所示。对于空间的线、面及体也有相似的缓冲区。

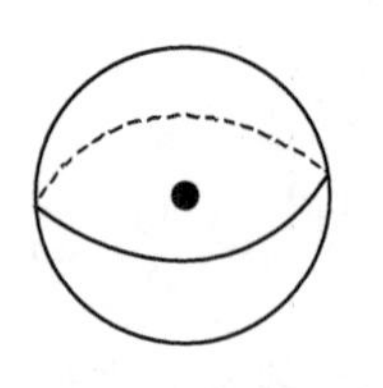

图 4.2 三维点目标的缓冲区

缓冲区分析包括两个部分:一部分是缓冲区边界的生成;另一部分是在缓冲区边界范围内进行的各种统计分析。在缓冲区分析中,关键算法是缓冲区边界的生成及多个缓冲区的合并。

4.1.2 几个基本概念

缓冲区的生成涉及如下一些基本概念。

1. 轴线

轴线即线目标坐标点的有序串构成的迹线,或面目标的有向边界线,如图 4.3 所示。

2. 轴线的左侧和右侧

沿轴线前进方向的左侧和右侧分别称为轴线的左侧和右侧,如图 4.3 所示。

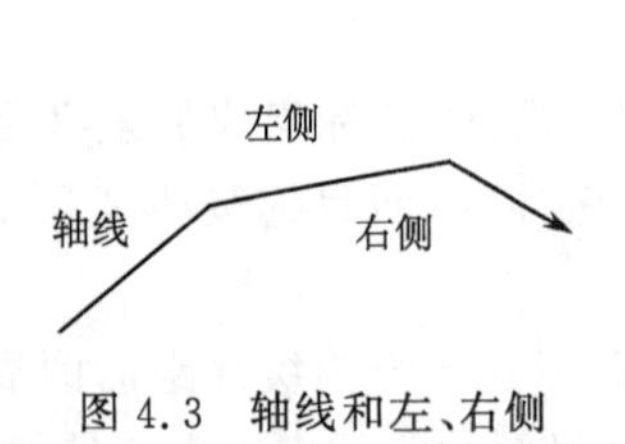

图 4.3 轴线和左、右侧

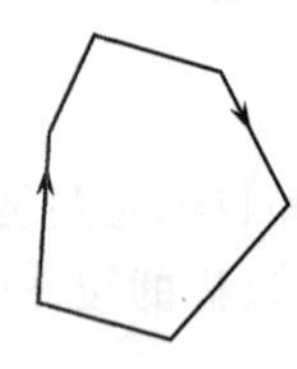

图 4.4 多边形的方向

3. 多边形的方向

若多边形的边界为顺时针方向,则为正向多边形,否则为负向多边形,如图 4.4 所示。

4. 缓冲区的外侧和内侧

位于轴线前进方向左侧的缓冲区称为缓冲区的外侧,反之为内侧,如图 4.5 所示。

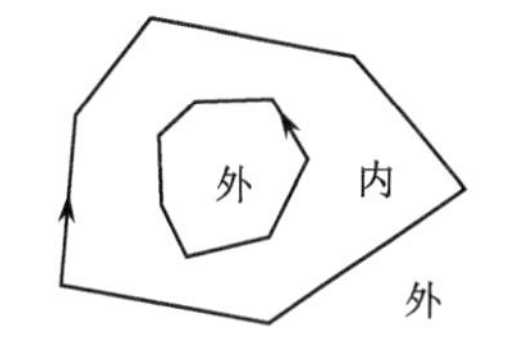

图 4.5　缓冲区的外侧和内侧

5. 轴线的凹凸性

对于轴线上顺序 3 点 P_{i-1}, P_i, P_{i+1},用右手螺旋法则,若拇指朝里,则中间点是凸的;若拇指朝外,中间点是凹的。如图 4.6 所示。

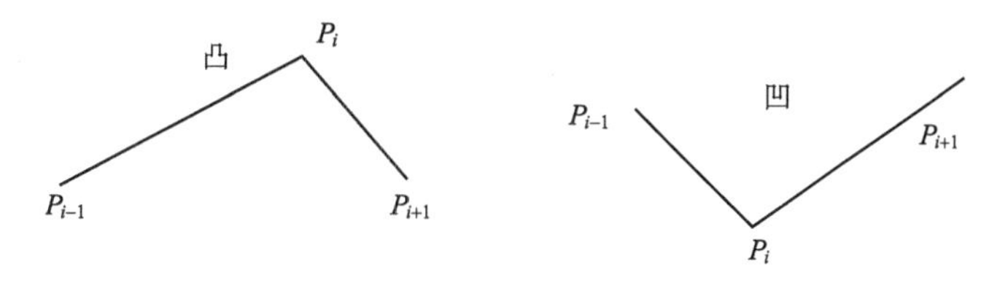

图 4.6　轴线的凹凸性

4.2　缓冲区生成算法

本节主要研究点目标、线目标、面目标的生成算法,重点为线目标生成算法。其关键是确定缓冲区的边界,特别是缓冲点。

4.2.1　点目标缓冲区边界生成算法

点目标的缓冲区就是围绕点目标的半径为缓冲距的圆周所包围的区域,其生成算法的关键是确定点目标为中心的圆周。常用的点缓冲区生成算法是圆弧步进拟合法。

圆弧步进拟合法即是将圆心角等分,在圆周上用等长的弦代替圆弧,以直代曲,用均匀步长的直线段逐步逼近圆弧段,如图 4.7 所示。

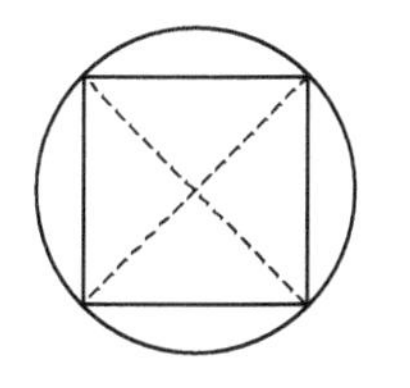
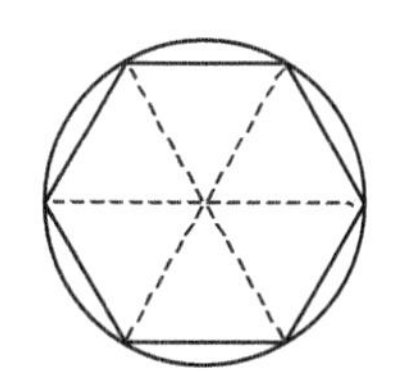
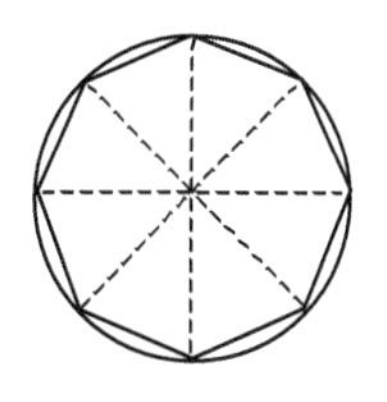

图 4.7　圆弧步进拟合法

下面具体给出圆弧步进拟合法的步骤。如图 4.8 所示,由于所求缓冲区外边界是正向多边形,故按顺时针方向弥合。已知半径为 R(缓冲距)的圆弧上的一点 $A(a_x, a_y)$,求出顺时针方向的步长为 α 的弥合点 $B(b_x, b_y)$,即用弦长 AB 代替圆弧 AB。设 OA 的方向角为 β,OB 的方向角为 γ,则 $\gamma=\beta-\alpha$。进一步地,有

$$b_x = R\cos\gamma = a_x\cos\alpha + a_y\sin\alpha$$

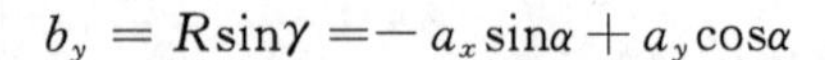

$$b_y = R\sin\gamma = -a_x\sin\alpha + a_y\cos\alpha$$

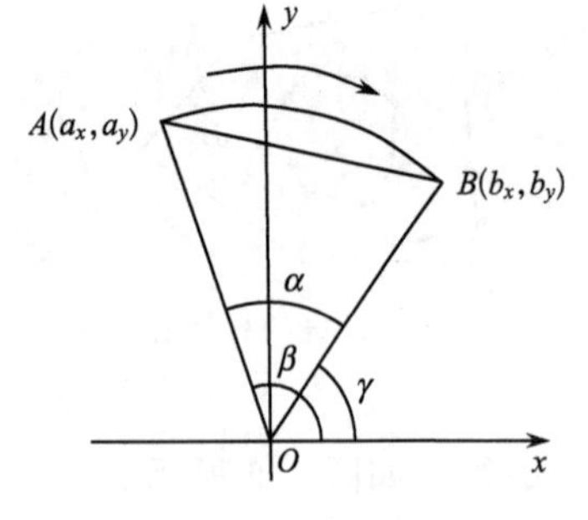

图 4.8　顺时针圆弧弥合

对整个圆周，根据精度要求，给定圆周上弥合的点数 n，并计算步长 $\alpha=\left[\frac{360}{n}\right]$。从起始点 $(R,0)$ 开始，通过不断增加步长的倍数，依次求得弥合点，最后强制闭合回到起始点 $(R,0)$。按弥合顺序连接这些点，就得到点目标的缓冲区边界。显然，等分的圆心角越小，步长越小，精度越高。而等分的圆心角越大，步长越大，精度也越差。

同理，也可以进行逆时针圆弧弥合，其基本公式为

$$b_x = a_x\cos\alpha - a_y\sin\alpha$$

$$b_y = a_x\sin\alpha + a_y\cos\alpha$$

4.2.2　线目标缓冲区边界生成算法

线目标的缓冲区，就是将线目标的轴线向两侧沿法线方向平移一个缓冲距，端点用半圆弧连接所得到的点构成的多边形。两侧的缓冲距可以相同，也可以不同。线目标缓冲区边界生成算法的关键是确定线目标两侧的缓冲线问题。

关于线目标的缓冲区生成算法有许多研究。这里介绍两种基本算法——角平分线法和凸角圆弧法，其中角平分线法是线目标的缓冲区生成算法中一种最简单的方法，凸角圆弧法是较实用的方法。

1. 角平分线法

角平分线法的基本思想是在转折点处根据角平分线确定缓冲线的形状，如图 4.9 所示。

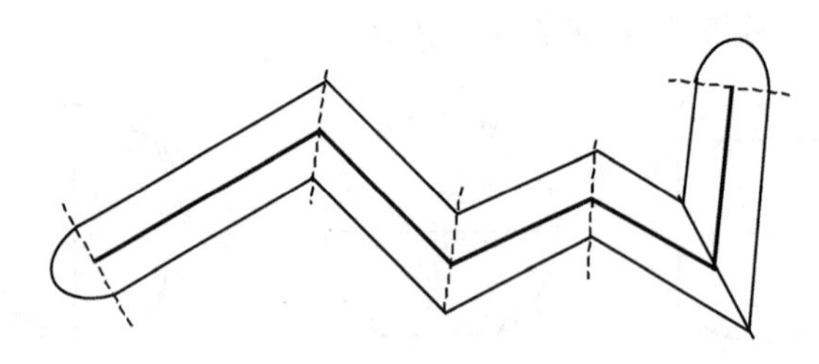

图 4.9　角平分线法

角平分线法的基本步骤是：

(1) 确定线状目标左右侧的缓冲距离 d_l 和 d_r；

(2) 沿线状目标轴线前进方向，依次计算轴线转折各点的角平分线，线段起始点和终止点处的角平分线取为起始线段或终止线段的垂线；

(3) 在各点的角平分线的延长线上分别以左右侧缓冲距离 d_l 和 d_r，确定各点的左右缓冲点位置；

(4) 将左右缓冲点顺序相连，即构成该线状目标的左右缓冲边界的基本部分；

(5) 在线状目标的起始端点和终止端点处，以(d_l+d_r)为直径、以角平分线(即垂线)为直径所在位置分别向外作外接半圆；

(6) 将外接半圆分别与左右缓冲边界的基本部分相连，即形成该线状目标的缓冲区。

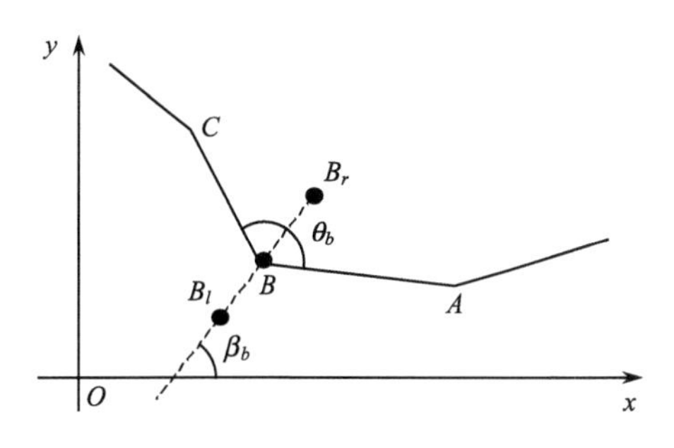

图 4.10 缓冲点确定

上述算法中关键是左右缓冲点的确定，如图 4.10 所示。下面给出缓冲点表达式。

设轴线上顺序相邻的三个点$A(x_a,y_a)$，$B(x_b,y_b)$，$C(x_c,y_c)$。设AB,BC连线的方位角为α_{ab},α_{bc}，沿前进方向左右侧的缓冲宽度分别为d_l和d_r，则由图 4.10 可计算得

$$x_{bl}=x_b-D_l\cos\beta_b$$
$$y_{bl}=x_b-D_l\sin\beta_b$$
$$x_{br}=x_b+D_r\cos\beta_b$$
$$y_{br}=x_b+D_r\sin\beta_b$$

且

$$D_l=\frac{1}{\sin\left(\frac{\theta_b}{2}\right)}d_l,D_r=\frac{1}{\sin\left(\frac{\theta_b}{2}\right)}d_r$$

$$\theta_b=\begin{cases}\alpha_{bc}-\alpha_{ba} & \alpha_{bc}>\alpha_{ba}\\ \alpha_{bc}-\alpha_{ba}+2\pi & \alpha_{bc}<\alpha_{ba}\end{cases}$$

$$\alpha_{ba}=\begin{cases}\alpha_{ab}+\pi & \alpha_{ab}<\pi\\ \alpha_{ab}-\pi & \alpha_{ab}\geqslant\pi\end{cases}$$

$$\beta_b=\begin{cases}\alpha_{ba}+\frac{1}{2}\theta_b-2\pi & \alpha_{ab}<\pi\\ \alpha_{ba}+\frac{1}{2}\theta_b & \alpha_{ab}\geqslant\pi\end{cases}$$

角平分线的缺点是难以保证双线的等宽性，尤其是在凸侧角点在进一步变锐时，将远离轴线顶点。由图 4.11 可见，远离情况可由下式表示

$$d=\frac{R}{\sin(B/2)}$$

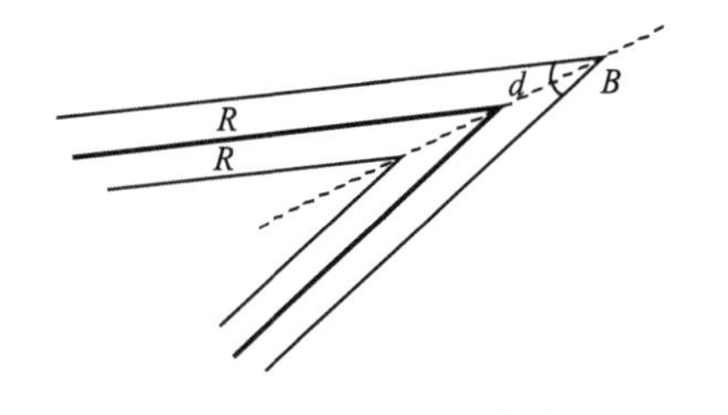

图 4.11 凸侧角点变化情况

为了克服角平分线法的缺点，要有相应的改进方法，凸角圆弧法是一种较好的改进方法，它能较好地保持凸侧角点与轴线的距离。

2. 凸角圆弧法

凸角圆弧法的基本思想是：在轴线的两端用半径为缓冲距的圆弧弥合；在轴线的各转

折点，首先判断该点的凸凹性，在凸侧用半径为缓冲距的圆弧弥合，在凹侧用与该点关联的前后两相邻线段的偏移量为缓冲距的两平行线的交点作为对应顶点，将这些圆弧弥合点和平行线交点依一定的顺序连接起来，即形成闭合的缓冲区边界。

凸角圆弧法的优点是可以保证凸侧的缓冲线与轴线等宽，而凹侧的对应缓冲点位于凹角的角平分线上，因而能最大限度地保证缓冲区边界与轴线的等宽关系。

凸角圆弧法的主要步骤如下：

1）判断轴线转折点的凹凸性

轴线转折点的凹凸性决定何处用圆弧弥合，何处用平行线求交。这个问题可以转化为两个矢量的叉乘来判断。设有沿轴线方向顺序三个点 $P_{i-1}(x_{i-1},y_{i-1})$，$P_i(x_i,y_i)$，$P_{i+1}(x_{i+1},y_{i+1})$，把与转折点相邻的两个线段看为两个三维矢量

$$\boldsymbol{P_{i-1}P_i}=(x_i-x_{i-1},y_i-y_{i-1},0)，\boldsymbol{P_iP_{i+1}}=(x_{i+1}-x_i,y_{i+1}-y_i,0)$$

则轴线转折点 $P_i(x_i,y_i)$ 的凹凸性可由矢量叉乘 $\boldsymbol{P_{i-1}P_i}\times\boldsymbol{P_iP_{i+1}}$ 在 z 方向值

$$S=(x_i-x_{i-1})(y_{i+1}-y_i)-(x_{i+1}-x_i)(y_i-y_{i-1}) \quad (4.3)$$

的符号决定。由空间解析几何可知：

若 $S<0$，P_i 为凸点。若 $S=0$，则三点共线。若 $S>0$，P_i 为凹点。如图 4.12 所示。

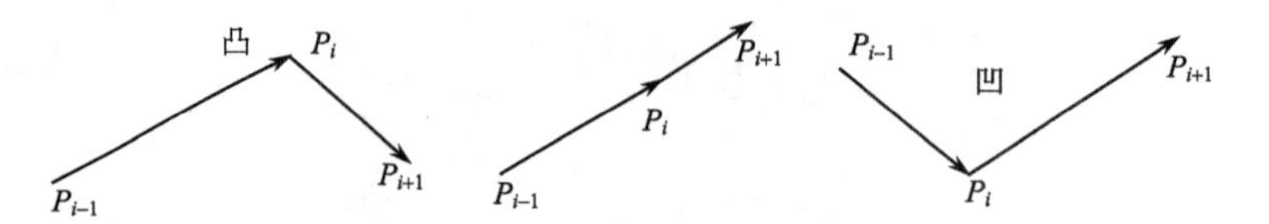

图 4.12 轴线转折点的凹凸性

2）计算内侧缓冲点坐标

内侧缓冲点，即是与 P_i 相邻的两线段内侧平行线的交点。如图 4.13 中 P 点。

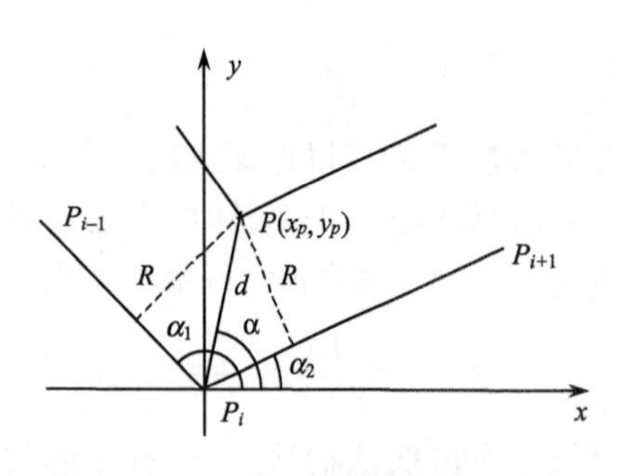

图 4.13 平行线的内侧缓冲点

设立平移坐标系，以转折点 P_i 为新坐标系原点，假设相邻两线段的方向角（与 x 轴正向逆时针方向形成的角）分别为 α_1，α_2，缓冲距为 R，平行线交点 P 到转折点 P_i 的距离为 d，因平行线的交点在角平分线上，令角平分线的方向角为 α。

设 P_i 为凹点，如图 4.13 所示。下面确定平行线交点 $P(x'_P,y'_P)$ 的坐标。

根据图 4.13，有下列关系

$$R=d\sin(\alpha-\alpha_2)=-x'_P\sin\alpha_2+y'_P\cos\alpha_2$$

$$R=d\sin(\alpha_1-\alpha)=x'_P\sin\alpha_1-y'_P\cos\alpha_1$$

由上面两式，解得平行线交点的坐标

$$x'_P = R(\cos\alpha_1 + \cos\alpha_2)/\sin(\alpha_1 - \alpha_2)$$
$$y'_P = R(\sin\alpha_1 + \sin\alpha_2)/\sin(\alpha_1 - \alpha_2) \tag{4.4}$$

设 P_i 为凸点，如图 4.14 所示。下面确定内侧平行线交点 $P(x''_P, y''_P)$ 的坐标。

根据图 4.14，有下列关系

$$R = d\sin(\alpha - \alpha_1) = -x''_P\sin\alpha_1 + y''_P\cos\alpha_1$$

$$R = d\sin(\alpha_2 - \alpha) = x''_P\sin\alpha_2 - y''_P\cos\alpha_2$$

由上面两式，解得平行线交点的坐标

$$x''_P = -R(\cos\alpha_1 + \cos\alpha_2)/\sin(\alpha_1 - \alpha_2)$$
$$y''_P = -R(\sin\alpha_1 + \sin\alpha_2)/\sin(\alpha_1 - \alpha_2) \tag{4.5}$$

显然，$x'_P = -x''_P$，$y'_P = -y''_P$。

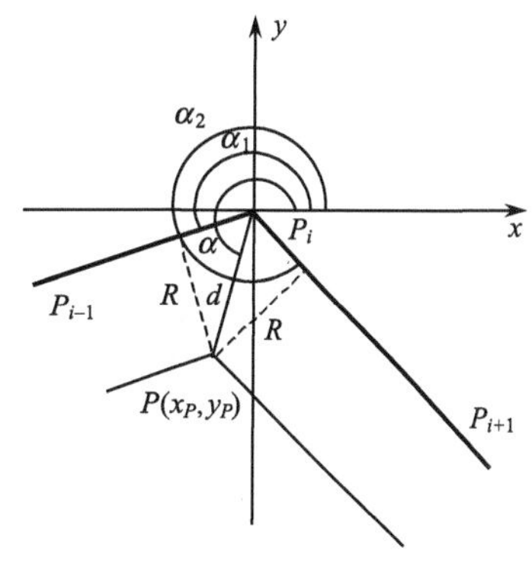

图 4.14　平行线的凸点内侧缓冲点

若坐标平移前 P_i 在原坐标系中坐标为 (x_P, y_P)，设交点 P 在原坐标系中的坐标为 $(\bar{x}_P, \bar{y}_P)$，则由坐标平移公式，对于凹点，有

$$\bar{x}_P = x_P + x'_P$$
$$\bar{y}_P = y_P + y'_P \tag{4.6}$$

对于凸点，有

$$\bar{x}_P = x_P + x''_P$$
$$\bar{y}_P = y_P + y''_P \tag{4.7}$$

由于 $x'_P = -x''_P$，$y'_P = -y''_P$，故式(4.7)可写成

$$\bar{x}_P = x_P - x'_P$$
$$\bar{y}_P = y_P - y'_P \tag{4.8}$$

实际计算中，可以只计算式(4.4)，即只计算 x'_P，y'_P，然后根据 P_i 点的凹凸性求得交点的坐标。若 P_i 是凹点，有

$$\bar{x}_P = x_P + x'_P$$
$$\bar{y}_P = y_P + y'_P \tag{4.9}$$

若 P_i 是凸点，则有

$$\bar{x}_P = x_P - x'_P$$
$$\bar{y}_P = y_P - y'_P \tag{4.10}$$

3) 计算外侧缓冲点

在线目标的外侧，要计算外侧缓冲圆弧的起始点。起点在转折点的前一线段向外侧平移一个缓冲距得到的缓冲线上，且与前一线段的终点的连线垂直于前一线段。终点在转折点的后一线段向外侧平移一个缓冲距得到的缓冲线上，且与后一线段的起点的连线垂直于前一线段。如图 4.15 所示。

设有顺序三个点，$P_{i-1}(x_{i-1}, y_{i-1})$，$P_i(x_i, y_i)$，$P_{i+1}(x_{i+1}, y_{i+1})$，下面分转折点 $P_i(x_i, y_i)$ 是凹凸点分别给出公式。

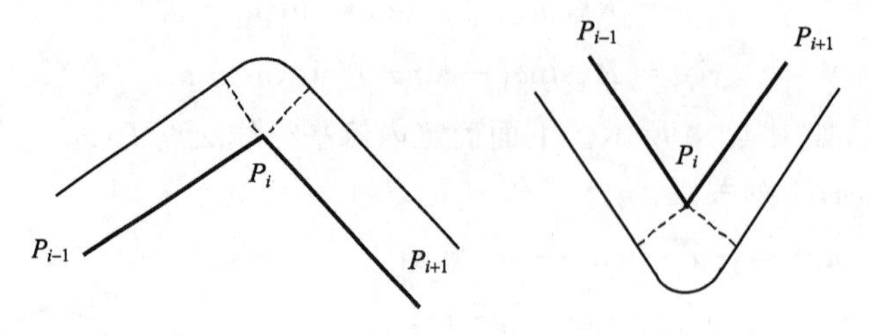

图 4.15　外侧缓冲点

设 $P_i(x_i,y_i)$是凹点，P_iP_{i+1}的方向角是 α_2。建立新的旋转平移坐标系，使新坐标系的原点是 $P_i(x_i,y_i)$，x 轴正向与$\boldsymbol{P_iP_{i+1}}$一致，旋转角是 α_2。假设 $P_{i-1}P_i$ 在新坐标系下的方向角为 α_1，缓冲距为 R，圆弧的起点为 $A(x_A,y_A)$，终点为 $B(x_B,y_B)$。

设 $\pi\geqslant\alpha_1\geqslant\frac{\pi}{2}$，如图 4.16(a)所示。

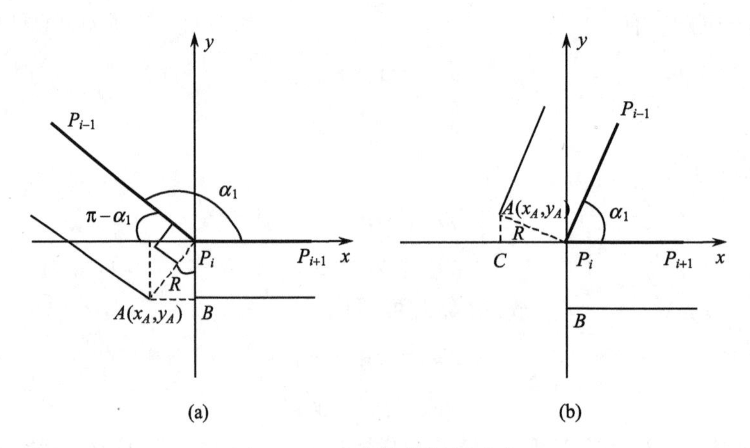

图 4.16　凹点的外侧缓冲点

由图 4.16(a)可见，$\angle AP_iB=\pi-\alpha_1$，于是

$$AB = R\sin(\pi-\alpha_1) = R\sin\alpha_1$$

$$P_iB = R\cos(\pi-\alpha_1) = -R\cos\alpha_1$$

由于 $\pi\geqslant\alpha_1\geqslant\frac{\pi}{2}$，$\sin\alpha_1\geqslant0$，$\cos\alpha_1\leqslant0$，又 $x_A\leqslant0$，$y_A\leqslant0$，于是，有

$$x_A = -R\sin\alpha_1 \tag{4.11}$$

$$y_A = R\cos\alpha_1 \tag{4.12}$$

显然，有

$$x_B = 0 \tag{4.13}$$

$$y_B = -R \tag{4.14}$$

设 $\alpha_1\leqslant\frac{\pi}{2}$，如图 4.16(b)所示。由图 4.16(b)可见，$\angle AP_iC=\frac{\pi}{2}-\alpha_1$，于是

$$AC = R\sin\left(\frac{\pi}{2}-\alpha_1\right)= R\cos\alpha_1$$

$$P_iC = R\cos\left(\frac{\pi}{2} - \alpha_1\right) = R\sin\alpha_1$$

由于 $\alpha_1 \leqslant \frac{\pi}{2}$，$\sin\alpha_1 \geqslant 0$，$\cos\alpha_1 \geqslant 0$，又 $x_A \leqslant 0$，$y_A \geqslant 0$，于是，有

$$x_A = -R\sin\alpha_1 \tag{4.15}$$

$$y_A = R\cos\alpha_1 \tag{4.16}$$

显然，有

$$x_B = 0 \tag{4.17}$$

$$y_B = -R \tag{4.18}$$

由式(4.11)、式(4.12)、式(4.15)和式(4.16)可见，$\pi \geqslant \alpha_1 \geqslant \frac{\pi}{2}$ 和 $\alpha_1 \leqslant \frac{\pi}{2}$ 时，圆弧的起点的坐标可统一表示为式(4.15)和式(4.16)。由式(4.13)、式(4.14)、式(4.17)和式(4.18)可见，终点的坐标可统一表示为式(4.17)和式(4.18)。

于是，对于凹点，由旋转平移坐标公式及 α_2 是新坐标系中坐标轴沿原坐标系的原点转动的角，圆弧的起点 $A(x_A, y_A)$ 在原坐标系中的坐标是 $A(x'_A, y'_A)$，则有

$$x'_A = x_i + x_A\cos\alpha_2 - y_A\sin\alpha_2$$

$$y'_A = y_i + x_A\sin\alpha_2 + y_A\cos\alpha_2$$

将式(4.15)和式(4.16)代入上式，有

$$x'_A = x_i - R\sin\alpha_1\cos\alpha_2 - R\cos\alpha_1\sin\alpha_2 = x_i - R\sin(\alpha_1 + \alpha_2) \tag{4.19}$$

$$y'_A = y_i - R\sin\alpha_1\sin\alpha_2 + R\cos\alpha_1\cos\alpha_2 = y_i + R\cos(\alpha_1 + \alpha_2) \tag{4.20}$$

圆弧的终点在原坐标系中的坐标 $B(x'_B, y'_B)$，则

$$x'_B = x_i + x_B\cos\alpha_2 - y_B\sin\alpha_2 \tag{4.21}$$

$$y'_B = y_i + x_B\sin\alpha_2 + y_B\cos\alpha_2 \tag{4.22}$$

将式(4.17)和式(4.18)代入上式，有

$$x'_B = x_i + R\sin\alpha_2 \tag{4.23}$$

$$y'_B = y_i - R\cos\alpha_2 \tag{4.24}$$

于是，式(4.19)和式(4.20)是凹点外侧的起点坐标。式(4.23)和式(4.24)是凹点外侧的终点坐标。

设 $P_i(x_i, y_i)$ 是凸点，P_iP_{i+1} 的方向角是 α_2。同样建立新的旋转平移坐标系，使新坐标系的原点是 $P_i(x_i, y_i)$，x 轴正向与 $\boldsymbol{P_iP_{i+1}}$ 一致，旋转角是 α_2，$P_{i-1}P_i$ 在新坐标系下的方向角为 α_1，缓冲距为 R，圆弧的起点为 $A(x_A, y_A)$，终点为 $B(x'_B, y'_B)$。

设 $\frac{3}{2}\pi \geqslant \alpha_1 \geqslant \pi$，如图 4.17 所示。

由图 4.17 可见，$\angle CAP_i = \alpha_1 - \pi$，于是

$$CA = R\cos(\alpha_1 - \pi) = -R\cos\alpha_1$$

$$CP_i = R\sin(\alpha_1 - \pi) = -R\sin\alpha_1$$

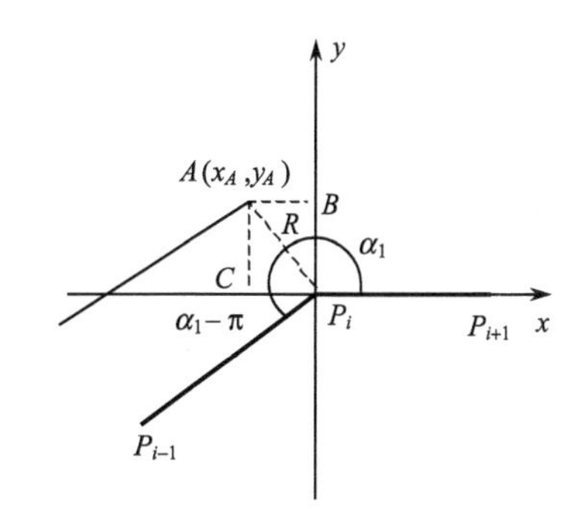

图 4.17　凸点的外侧缓冲点

由于$\frac{3}{2}\pi \geqslant \alpha_1 \geqslant \pi$，$\sin\alpha_1 \leqslant 0$，$\cos\alpha_1 \leqslant 0$，又 $x_A \leqslant 0$，$y_A \geqslant 0$，于是，有

$$x_A = R\sin\alpha_1 \tag{4.25}$$

$$y_A = -R\cos\alpha_1 \tag{4.26}$$

显然，有

$$x_B = 0 \tag{4.27}$$

$$y_B = R \tag{4.28}$$

对于 $2\pi \geqslant \alpha_1 \geqslant \frac{3}{2}\pi$，同样可以证明圆弧的起点和终点坐标与上述的一致。

于是，由旋转平移坐标公式，圆弧的起点 $A(x_A, y_A)$在原坐标系中的坐标 $A(x'_A, y'_A)$可表示为

$$x'_A = x_i + x_A\cos\alpha_2 - y_A\sin\alpha_2$$

$$y'_A = y_i + x_A\sin\alpha_2 + y_A\cos\alpha_2$$

将式(4.15)和式(4.16)代入上式，有

$$x'_A = x_i + R\sin\alpha_1\cos\alpha_2 + R\cos\alpha_1\sin\alpha_2 = x_i + R\sin(\alpha_1 + \alpha_2) \tag{4.29}$$

$$y'_A = y_i + R\sin\alpha_1\sin\alpha_2 - R\cos\alpha_1\cos\alpha_2 = y_i - R\cos(\alpha_1 + \alpha_2) \tag{4.30}$$

圆弧的终点在原坐标系中的坐标 $B(x'_B, y'_B)$，则

$$x'_B = x_i + x_B\cos\alpha_2 - y_B\sin\alpha_2 \tag{4.31}$$

$$y'_B = y_i + x_B\sin\alpha_2 + y_B\cos\alpha_2 \tag{4.32}$$

将式(4.17)和式(4.18)代入上式，有

$$x'_B = x_i - R\sin\alpha_2 \tag{4.33}$$

$$y'_B = y_i + R\cos\alpha_2 \tag{4.34}$$

于是，式(4.29)和式(4.30)是凹点外侧的起点坐标。式(4.23)和式(4.24)是凹点外侧的终点坐标。

4) 确定圆弧弥合的方向

如图 4.18 所示，圆弧弥合与方向有关，在起始点和终止点相同的情况下，若圆弧弥合方向不同，其结果是不同的。为了保证生成的缓冲区边界是顺时针方向，必须考虑圆弧弥合的方向。从上面研究可见，转折点是凸点，则圆弧弥合是顺时针方向；转折点是凹点，则圆弧弥合是逆时针方向。

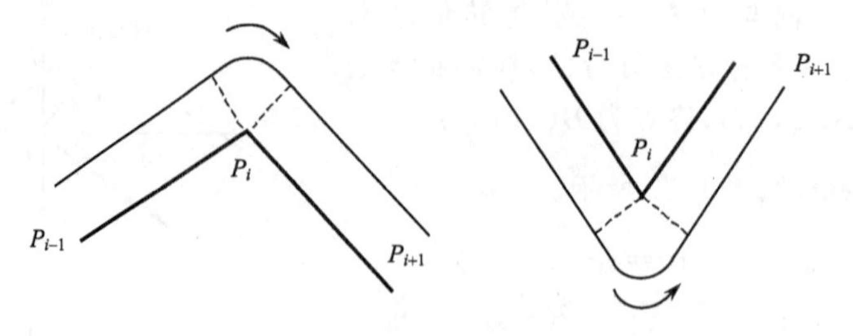

图 4.18　圆弧弥合方向

4.2.3　面目标缓冲区边界生成算法

由于面目标实际上是由线目标围绕而成的，因此缓冲区边界生成算法可基于线目标缓冲区边界生成算法。但这里是单线问题，缓冲区沿面目标的外围生成。例如，利用凸角圆弧法生成缓冲区时，首先判断边界上每个转折点的凸凹性，在左侧为凸的转折点用半径为缓冲距的圆弧弥合，在左侧为凹的转折点用平行线求交，然后将这些圆弧弥合点和平行线交点依一定的顺序连接起来，即形成面目标的缓冲区边界。

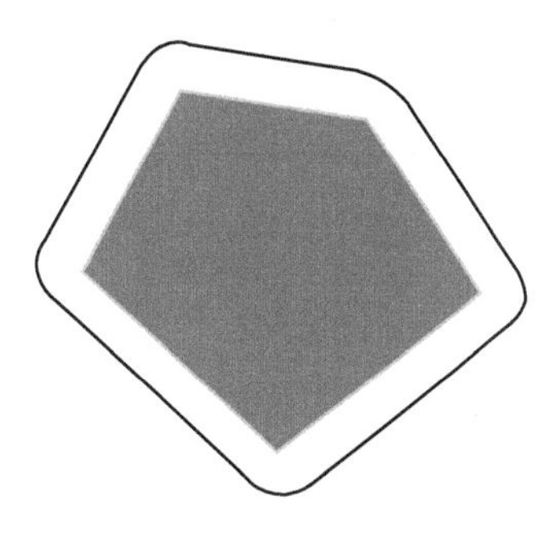

图 4.19　面目标缓冲区示例

图 4.19 表示了一个多边形面目标的缓冲区。

4.3　动态目标缓冲区的生成算法

上节对点目标、线目标、面目标的生成算法进行了论述。本节对动态目标缓冲区的生成算法进行论述，并对缓冲区的生成中出现的一些问题进行讨论。

4.3.1　动态缓冲区边界生成算法

前面讨论的缓冲区，空间目标对邻近对象的影响只呈现单一的距离关系，这种缓冲区称为静态缓冲区。在实际应用中，还涉及空间目标对邻近对象的影响呈现不同强度的扩散或衰减关系，例如，污染对周围环境的影响呈现梯度变化，这样的缓冲区称为动态缓冲区。对于动态缓冲区的分析，不能简单地设定距离参数，而是根据空间目标的特点和要求，选择合适的模型，有时还需要对模型进行变换。

黄杏元于 1997 年根据空间目标对周围空间影响度的变化性质，给出三种动态缓冲区的分析模型。

1. 线性模型

用于当目标对邻近对象的影响度(F_i)随距离 r_i 的增大呈线性形式衰减时，如图 4.20 所示，其表达式为

$$F_i = f_0(1 - r_i)$$

$$r_i = \frac{d_i}{d_0}$$

$$0 \leqslant r_i \leqslant 1$$

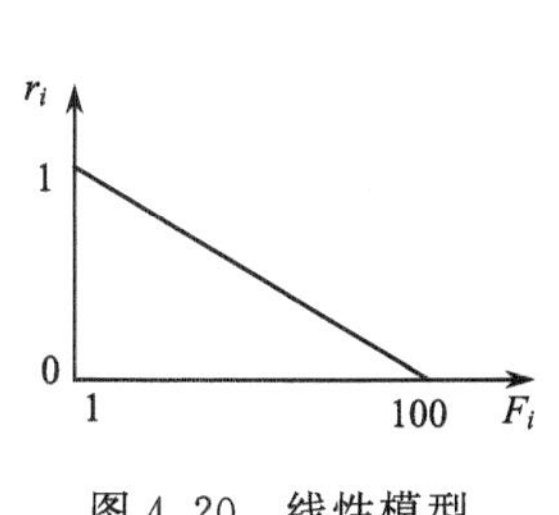

图 4.20　线性模型

其中，F_i 为目标对邻近对象的影响度；f_0 为目标本身的综合规模指数；d_i 为邻近对象离开目标的实际距离；d_0 为目标对邻近对象的最大影响距离。

2. 二次模型

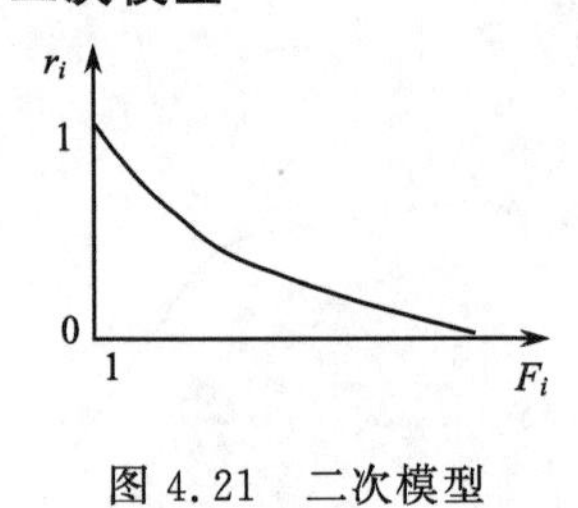

图 4.21 二次模型

用于当目标对邻近对象的影响度(F_i)随距离 r_i 的增大呈二次形式衰减时，如图 4.21 所示，其表达式为

$$F_i = f_0(1 - r_i)^2$$

$$r_i = \frac{d_i}{d_0}$$

$$0 \leqslant r_i \leqslant 1$$

3. 指数模型

用于当目标对邻近对象的影响度(F_i)随距离 r_i 的增大呈指数形式衰减时，如图 4.22 所示，其表达式为

$$F_i = f_0^{(1-r_i)}$$

$$r_i = \frac{d_i}{d_0}$$

$$0 \leqslant r_i \leqslant 1$$

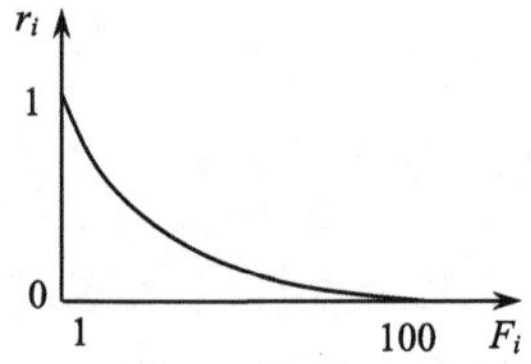

图 4.22 指数模型

根据实际情况的变化，空间目标对周围空间影响度可能还有其他关系，这些关系可以通过实际进行数据拟合来确定，也可以通过经验或已有模型来确定。

这些模型可用于城市辐射影响分析、环境污染分析、矿山开采影响分析等。

动态缓冲区分析问题存在于许多实际问题中。例如，对于流域问题，从流域上游的某一点出发沿流域下溯，河流的影响范围或流域辐射范围逐渐扩大；从流域下游的某一点出发沿流域上溯，河流的影响范围或流域辐射范围逐渐缩小。另外，两个城市之间的影响力，随着与城市之间的距离而逐渐变小。

对于流域问题，其缓冲区生成算法，可以基于线目标的缓冲区生成算法，采用分段处理的方法生成各流域的缓冲区，然后按某种规则将各段缓冲区光滑连接；也可以基于点目标的缓冲区生成算法，采用逐点处理的方法分别生成沿线各点的缓冲圆，然后求出缓冲圆序列的两两外切线(包络线)，所有外切线相连即形成流域问题的动态缓冲区，如图 4.23 所示。

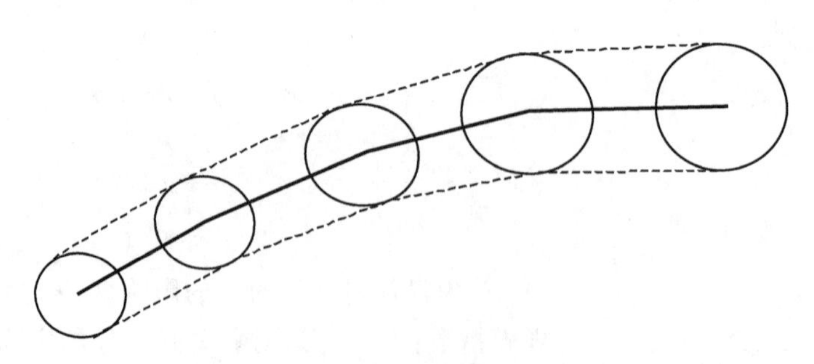

图 4.23 流域问题缓冲区

对于城市之间的影响力的缓冲区分析,可类似于流域问题的缓冲区分析方法建立,如图 4.24 所示。

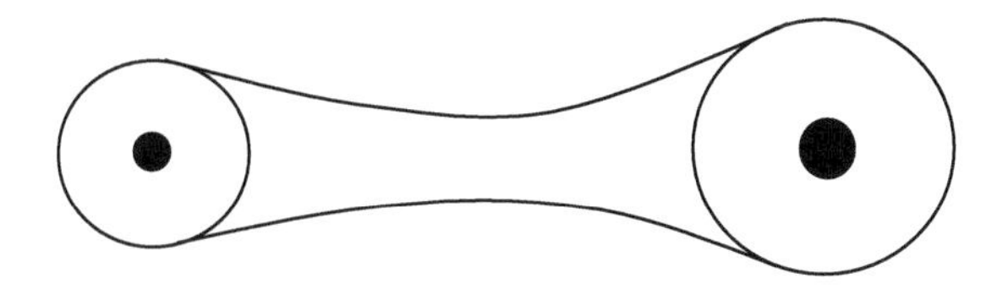

图 4.24 城市之间的影响力的缓冲区分析

4.3.2 缓冲区分析特殊情况处理

建立缓冲区时,经常涉及一些特殊情况需要处理。

1. 缓冲区重叠时的处理

缓冲区的重叠包含多个特征缓冲区的重叠(图 4.25)和同一特征缓冲区的重叠(图 4.26)。对于多个特征缓冲区的重叠,需要通过拓扑分析的方法,先自动识别出落在缓冲区内部的线段或弧段,然后删除这些线段或弧段,得到处理后的连通缓冲区(图 4.26)。对于同一特征缓冲区的重叠,通过逐段线段求交的方法。如果有交点且在两条线段上,则记录该交点。至于该线段的第二个端点是否保留,则要判断其是进入重叠区,还是从重叠区出来。对于进入重叠区的点删除,否则记录该点,进而得到包括岛状图形的缓冲区。

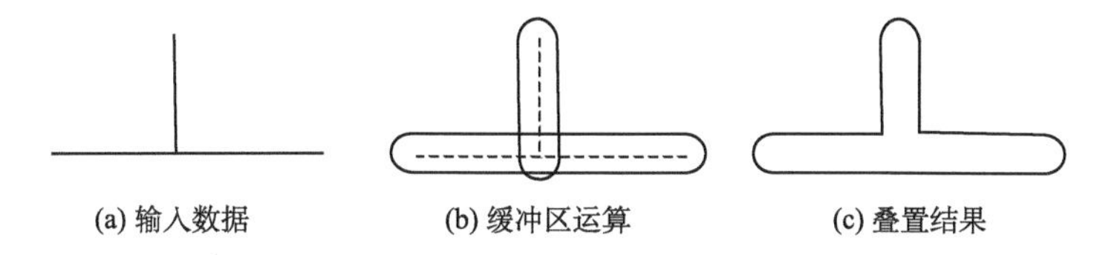

图 4.25 多个特征缓冲区的重叠

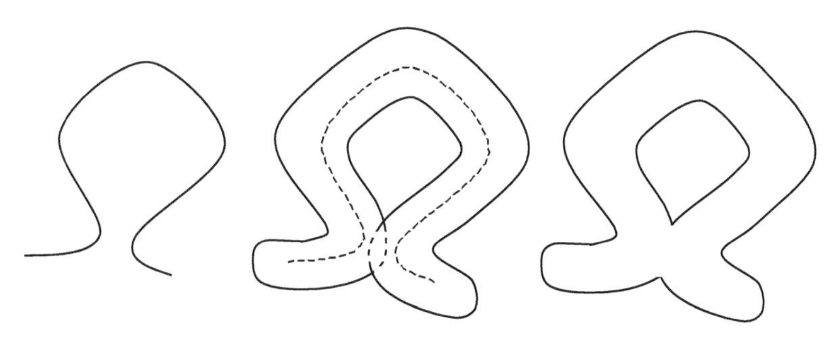

图 4.26 同一特征缓冲区的重叠

2. 不同缓冲区宽度时的处理

有时,特征具有不同的缓冲区宽度。例如,沿河流绘出的环境敏感区的宽度,与各段河流的类型及其特点有关，可以通过建立河流属性表，根据不同属性确定其不同的缓冲区宽度，生成所需要的缓冲区。图 4.27 表示不同宽度的缓冲区。

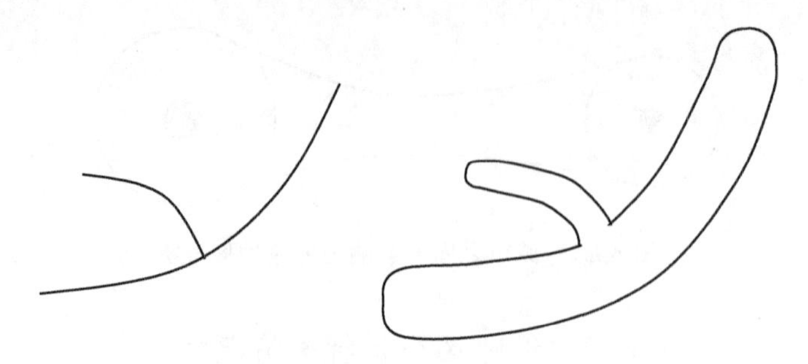

图 4.27　不同宽度的缓冲区示例

对于缓冲区还有许多特殊情况，详细可见王家耀(2001)、黄杏元等(2001)。

4.4　三维空间目标的缓冲区

随着 3DGIS 的发展，空间三维目标的研究得到了重视和发展。目前，三维空间目标的缓冲区分析的研究还较少。

三维空间目标包括三维空间点、线、面及体。三维空间点、线、面目标是二维平面上点、线、面的推广，而体目标则是三维空间特有的目标形式。

下面定义三维空间目标的缓冲区定义。

4.4.1　三维空间目标缓冲区分析的一般定义

一般地，设有空间目标 T，其缓冲距为 R，则其对应的缓冲区定义为与目标 T 距离不超过 R 的所有点的集合，即

$$V = \{(x,y,z) \mid \sqrt{(x-x_T)^2+(y-y_T)^2+(z-z_T)^2} \leqslant R; (x_T,y_T,z_T) \in T\}$$

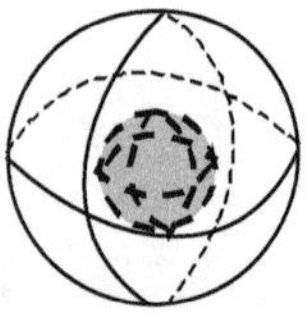

从几何上看，三维空间目标的缓冲区是以 T 为中心外推距离 R 的空间的体。

图 4.28　空间球面的缓冲区

例如，半径为 r 的空间球面的缓冲区(缓冲距 R)是半径为 $r+R$ 的球，如图 4.28 所示。

4.4.2　三维空间点目标的缓冲区分析

设有空间点 $P(x_0,y_0,z_0)$，其缓冲距为 r，则其对应的缓冲区定义为与 P 点距离为不超过 r 的所有点的集合，即

$$V = \{(x,y,z) \mid \sqrt{(x-x_0)^2+(y-y_0)^2+(z-z_0)^2} \leqslant r\}$$

从几何上看，三维空间的点目标的缓冲区是以 P 为中心半径为 r 的球体，如图 4.29

所示。对于三维空间的点目标的缓冲区生成可以按二维点目标的缓冲区生成算法进行，但这里是通过计算空间小的面片组合而成。

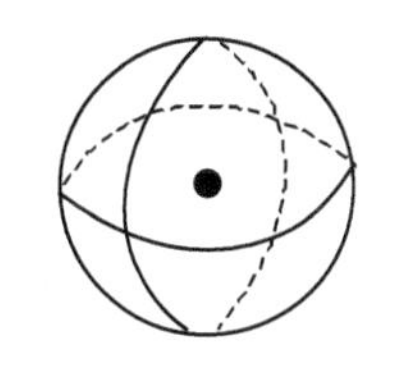

图 4.29　空间点的缓冲区

4.4.3　三维空间线目标的缓冲区分析

1. 直线段的缓冲区

设有空间线段 P_1P_2，端点坐标分别为 $P_1(x_1, y_1, z_1)$，$P_2(x_2, y_2, z_2)$，设缓冲距为 R，则 P_1P_2 的缓冲区定义为与 P_1P_2 距离不超过 R 的所有点的集合。几何上，P_1P_2 的缓冲区以线目标 P_1P_2 的轴线为轴，半径为 R 的圆柱体及端点由两个半径为 R 的半球组成，如图 4.30 所示。

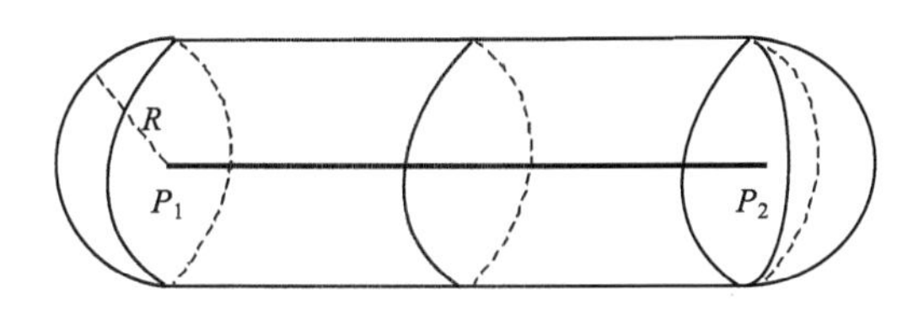

图 4.30　空间直线段的缓冲区

2. 空间线目标的缓冲区

空间线目标是由空间一系列线段组成的复合目标，可类似于二维的方法，例如，角平分线法、凸角圆弧法等。但三维与二维有些不同，角平分线法应改为角平分面法，这里空间两条直线是由面分开的。凸角圆弧法应改为凸角圆柱法，在轴线转折点处，是两个圆柱相交而不是两条直线相交。

1)角平分面法

角平分面法的基本步骤是：

(1) 确定线状目标的缓冲半径 R。

(2) 沿线状目标轴线前进方向，依次计算轴线转折点 $P_i(x_i, y_i, z_i)$ 的角平分面，线段起始点和终止点处的角平分面取为起始线段或终止线段的垂面。确定角平分面方法是(图 4.31)：① 由转折点 P_i 及左右相邻点 P_{i-1}、P_{i+1} 确定一个平面，转折点左右两条线段 $P_{i-1}P_i$、P_iP_{i+1} 在该平面 L 上；② 在平面 L 上，计算转折点左右两条线段的角平分线；③ 过角平分线作垂直于平面 L 的平面 H，则平面 H 即是所求的转折点 $P_i(x_i, y_i, z_i)$ 角平分面。

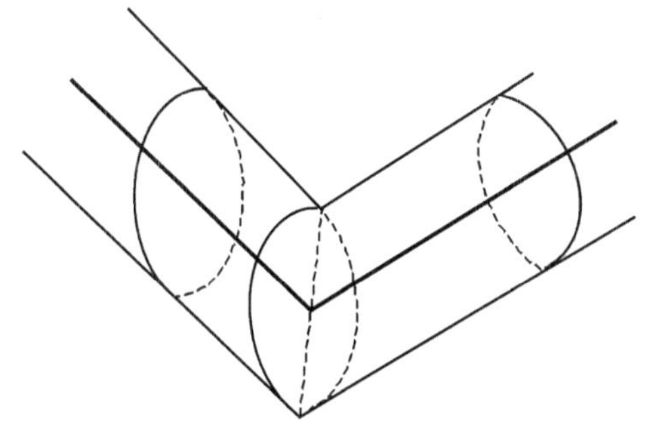

图 4.31　角平分面法示例

(3) 在转折点的角平分面上以转折点为圆心作半径为 R 的圆，则该圆即是转折

点相邻两线段 $P_{i-1}P_i$、P_iP_{i+1} 对应的缓冲圆柱的交线。

(4) 将转折点左右线段对应的缓冲圆柱顺序相连，即构成该线状目标的缓冲区的基本部分。

(5) 在线状目标的起始端点和终止端点处，以 $2R$ 为直径，以线段垂面为半球底面分别向外作外接半球。

(6) 将外接半球分别与左右缓冲边界的基本部分相连，即形成该线状目标的缓冲区。

角平分面法本质是由一系列等半径的圆柱连接而成的系列圆柱体。当凸角进一步变锐时，角平分面法对应的凸侧角点可能产生与二维类似的尖角现象，其改进方法是在侧角点用圆球代替。即下面的凸角圆柱法。

2) 凸角圆柱法

凸角圆柱法的基本步骤是：

(1) 判断轴线转折点的凹凸性。轴线转折点的凹凸性决定何处用圆球弥合，何处用圆柱求交。这个问题可以转化为两个矢量的叉乘来判断。设有沿轴线方向顺序三个点 $P_{i-1}(x_{i-1},y_{i-1},z_{i-1})$，$P_i(x_i,y_i,z_i)$，$P_{i+1}(x_{i+1},y_{i+1},z_{i+1})$，把与转折点相邻的两个线段看成两个矢量 $\boldsymbol{P}_{i-1}\boldsymbol{P}_i$，$\boldsymbol{P}_i\boldsymbol{P}_{i+1}$，则 $\boldsymbol{P}_{i-1}\boldsymbol{P}_i\times\boldsymbol{P}_i\boldsymbol{P}_{i+1}$ 在 z 方向的正负号决定轴线转折点的凹凸性。由于

$$\boldsymbol{P}_{i-1}\boldsymbol{P}_i\times\boldsymbol{P}_i\boldsymbol{P}_{i+1}=\begin{vmatrix}\boldsymbol{i} & \boldsymbol{j} & \boldsymbol{k}\\ x_i-x_{i-1} & y_i-y_{i-1} & z_i-z_{i-1}\\ x_{i+1}-x_i & y_{i+1}-y_i & z_{i+1}-z_i\end{vmatrix}$$

$\boldsymbol{P}_{i-1}\boldsymbol{P}_i\times\boldsymbol{P}_i\boldsymbol{P}_{i+1}$ 在 z 方向的值为

$$S=(x_i-x_{i-1})(y_{i+1}-y_i)-(x_{i+1}-x_i)(y_i-y_{i-1})。$$

若 $S<0$，P_i 为凸点。若 $S=0$，则三点共线。若 $S>0$，P_i 为凹点。如图 4.32 所示。

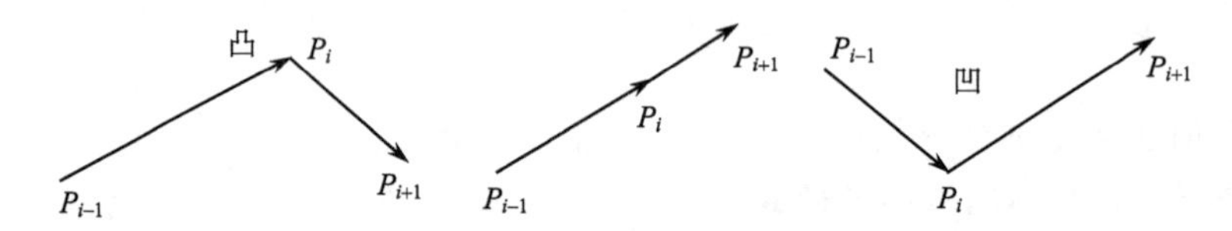

图 4.32　转折点的凹凸性与矢量的叉乘

(2) 计算缓冲圆柱交线。线段 $P_{i-1}P_i$、P_iP_{i+1} 确定一个平面，在该平面上，如二维情形根据凹凸性计算内侧缓冲距 R 的缓冲点 P。在该点 P，线段 $P_{i-1}P_i$、P_iP_{i+1} 对应的缓冲圆柱相交此点，如图 4.33 所示。过该点，分别作垂直于 $P_{i-1}P_i$、P_iP_{i+1} 的平面 $L_{i-1,i}$、$L_{i,i+1}$，则平面 $L_{i-1,i}$ 与 $P_{i-1}P_i$、$L_{i,i+1}$ 与 P_iP_{i+1} 对应的缓冲圆柱的交线 $l_{i-1,i}$、$l_{i,i+1}$ 即为缓冲圆柱的交线。两个交线方程 $l_{i-1,i}$、$l_{i,i+1}$ 可由 $L_{i-1,i}$ 的方程与 $P_{i-1}P_i$ 对应的缓冲圆柱方程联立解得，以及 $L_{i,i+1}$ 的方程与 $P_{i-1}P_i$、P_iP_{i+1} 对应的缓冲圆柱方程联立解得。

(3) 连接缓冲圆柱。在转折点 $P_i(x_i,y_i,z_i)$ 的角平分面上，以 $P_i(x_i,y_i,z_i)$ 为球心，以 R 为半径作球，球与 $P_{i-1}P_i$、P_iP_{i+1} 对应的缓冲圆柱相交于交线 $l_{i-1,i}$、$l_{i,i+1}$，两交线间的球面部分即是缓冲区在转折点处的部分。如图 4.34 所示。

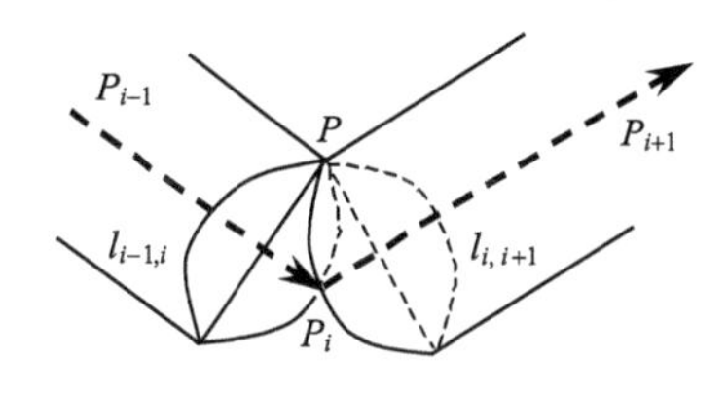

图 4.33 缓冲圆柱交线

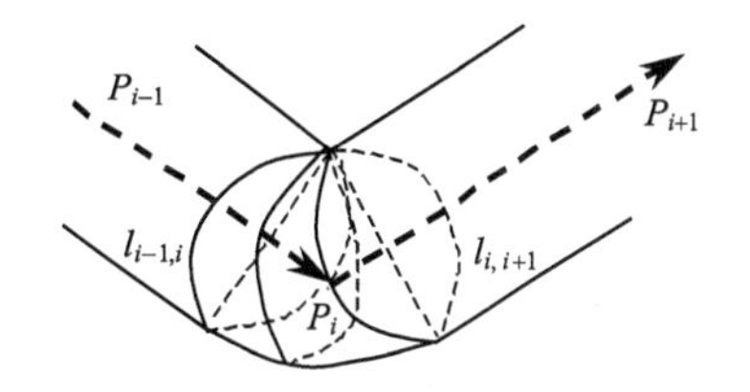

图 4.34 连接缓冲圆柱

4.4.4 三维空间面目标缓冲区边界生成算法

三维空间面目标的缓冲区是由面目标向外扩展而得到的。对于三维空间平面目标，其缓冲区是由面的两边各向面的垂直方向外移一个缓冲距得到的平面、面的外侧形成的半圆柱以及面的顶点形成的部分球体形成的体状目标。图 4.35 显示了一个空间长方形平面形成的三维面目标的缓冲区。

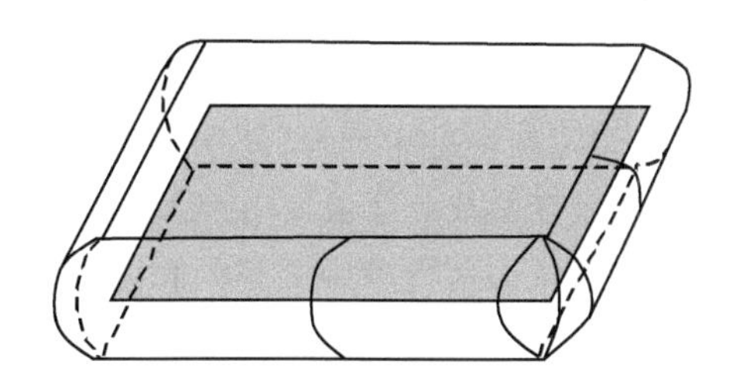

图 4.35 三维长方形平面目标的缓冲区示例

对于不在同一平面的面目标，其缓冲区计算比较复杂，例如，在不同平面交接处的缓冲区的连接。

4.4.5 三维空间体目标的缓冲区

如图 4.1 中的定义，可得空间体目标的缓冲区，此缓冲区实际上也是空间的体，只是原来空间体目标的外扩。对于简单体目标，其缓冲区容易求得，例如，图 4.1 是空间球目标的缓冲区。而对于复杂目标的缓冲区，则其体目标比较难求。

第5章 统计分析模型

数据是GIS空间分析的基础，有许多分析和表达GIS数据的方法，统计分析是其中的一种方法。统计分析是通过某种统计方法对数据表示、分类、分析和处理，揭示数据所反映的自然规律，进而获得解决问题的方法。

本章统计分析模型包括统计图表分析、描述统计分析、主成分分析、聚类分析、关键变量分析、典型相关分析、层次分析等。

统计图表分析是统计分析中的一种直观的分析方法，通过图表，能发现数据规律，从而进一步的分析。描述统计即是对数据加以总结、概括、简化，提取表达数据特征的数量指标，使问题变得易于理解，便于处理。主成分分析寻找一个变换，将原来存在相关关系的一组变量变换成一个互不相关的变量，是一种提炼数据的主要成分的统计分析方法。聚类分析是依据某种准则对空间物体的集群性进行分析，将其分为几个不同的子类。关键变量分析即是利用变量之间的相关矩阵，通过由用户确定的阈值，从数据库变量全集中选择一定变量的关键独立变量，以消除其他冗余的变量。典型相关分析在每组变量中选择有代表性的综合变量，通过综合变量的研究反映原来变量间的相关关系。层次分析方法是一种决策思维方式，把复杂的问题按其主次或支配关系分组而形成有序的递阶层次结构，然后对每一层次的相对重要性给予定量表示，通过排序结果的分析来解决所考虑的问题。

统计分析模型具有严格的数学理论基础和广泛的应用，是GIS中重要的分析工具。

5.1 统计图表分析

统计图表分析是数据统计分析中的一种较为直观的方法。本节主要对统计图表进行探讨，并讨论基于统计图表的数据拟合。

5.1.1 统 计 图

统计图即是根据给定的数据以某种图形的形式反映出来。统计图能直观地表示信息，易于观察和理解。统计图有许多类型，如柱状图、扇形图、折线图、散点图等，如图5.1所示。Microsoft Excel有很强的图形表示能力，可以根据给定的数据给出各种图形形式。

不同的图形形式能表示不同的功能，用哪种形式的图示，要根据具体问题的需要。如柱状图能反映出数据值的大小。扇形图将圆划分为若干个扇形，能很好地表示各种成分的比重。折线图通过点的分布情况，能反映出数据点的变化情况。散点图能较好地表示两个属性间的相互关系，并有可能从中可以观察到互相间的函数关系，为进一步的分析提

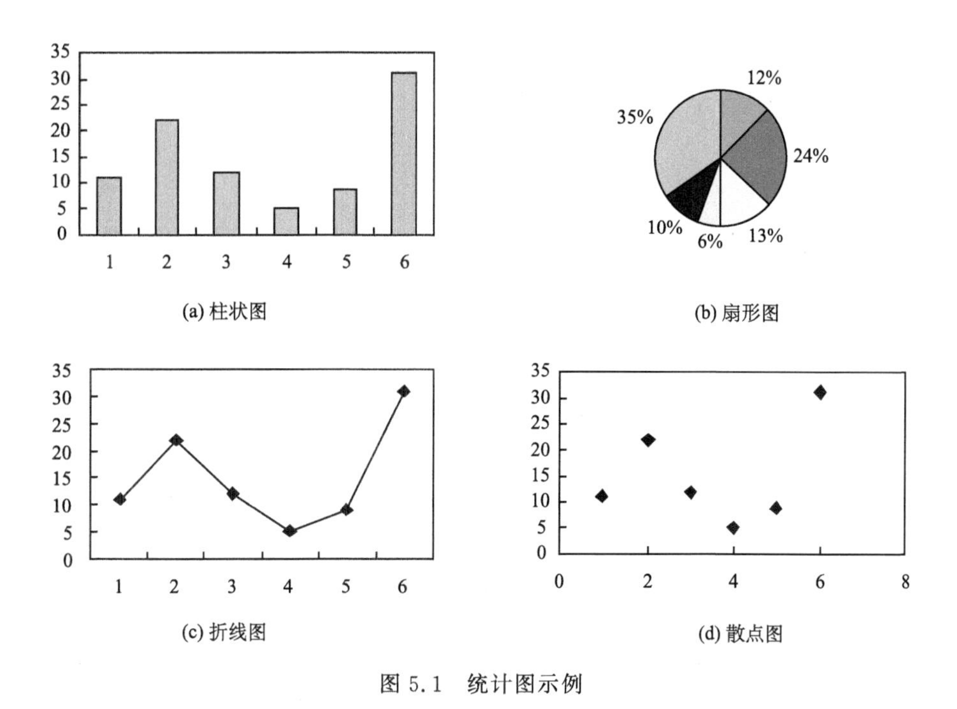

图 5.1 统计图示例

供思想。例如,图 5.2 的数据具有线性关系,图 5.3 的数据具有指数函数关系。

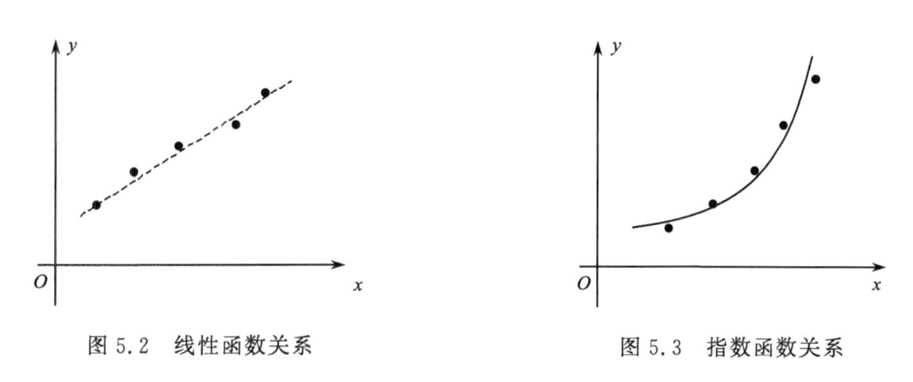

图 5.2 线性函数关系

图 5.3 指数函数关系

实际应用中,应根据问题的需要,选用合适的统计图。选择的不好,可能产生不出应有的效果。

5.1.2 统 计 表

统计表即将所给的数据用表格形式列出。统计表可提供详细准确的数据,特别有利于数据之间的比较。在许多研究中,一个问题可能由多种方法进行试验,不同的方法得出不同的试验结果,为了分析结果的优劣,必须对数据进行分析,而统计表能清楚地列出相关数据,便于比较。例如,DEM 内插中,不同方法具有不同的误差,通过将误差列表的形式可以比较出哪一种内插方法更好。在精度评估中经常使用表来说明问题。表 5.1 表示基于不同方法的误差结果,从表中可以见到方法 2 具有更好的效果。

表 5.1 基于不同方法的结果

方法	误差
1	1.2231
2	0.4563
3	2.2357

表 5.2 上半年的收入统计

月份	收入次数
1	11
2	22
3	12
4	5
5	9
6	31

统计表的缺点是不太直观。统计表有时单独使用,有时结合图一起使用。表 5.2 是某部门上半年的收入统计情况。对应的图如图 5.1 所示。

5.1.3 基于统计图表的数据拟合

统计图表给出直观的数据,但并没给出进一步的分析功能。经常地,需要根据统计图表对数据进行进一步的分析,特别是进行数据拟合,以得到更多的结果。

例如,已知一项实验中分辨率与误差的试验数据,见表 5.3。

表 5.3 简化比率与误差统计数据

简化比率	误差
0.2	0.9284
0.4	2.0901
0.6	4.7120
0.8	8.3755

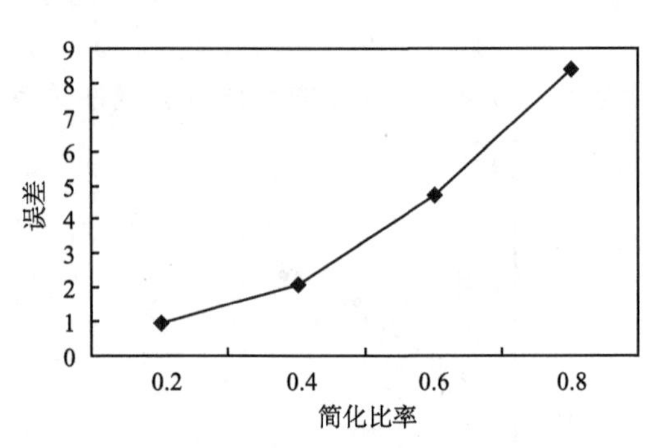

图 5.4 表 5.2 的图形显示

从表 5.3 中难以看到数据之间的关系。根据表中数据,用折线图 5.4 表示,可见数据具有指数函数 $y=ae^{bx}$ 的形式。

根据表 5.3 中的数据,利用数值拟合的方法,可得下列拟合公式

$$y = 0.4638e^{3.7057x}$$

通过上述公式,可以内插得到其他分辨率对应的误差。

基于图表的分析中,数据的表现形式如坐标轴的尺度选取,拟合函数的选择等,要正确处理,否则难以得出正确的结果或得不到结果。

例如,表 5.3 及图 5.4 的数据用线性函数拟合方式,得出的结果就会比指数函数拟合差。

再如对于表 5.4 的数据,如果只对误差数据用图形表示,如图 5.5 所示,则从图中难以发现变化情况。但是,如果改变表示方式将分辨率与误差结合表示,改变表示方式,将 x 轴用等间距表示,就得到图 5.6。从图可见,数据具有指数函数的形式,于是,利用数值

拟合方法可得相应的拟合公式。由此可见,对于同样的数据,不同的图形表示方式会产生不同的效果。

表 5.4 分辨率与误差

分辨率	误差
1	0.3558
2	0.7471
5	3.0678
15	5.2871
25	13.4126
35	15.6652
50	16.2234

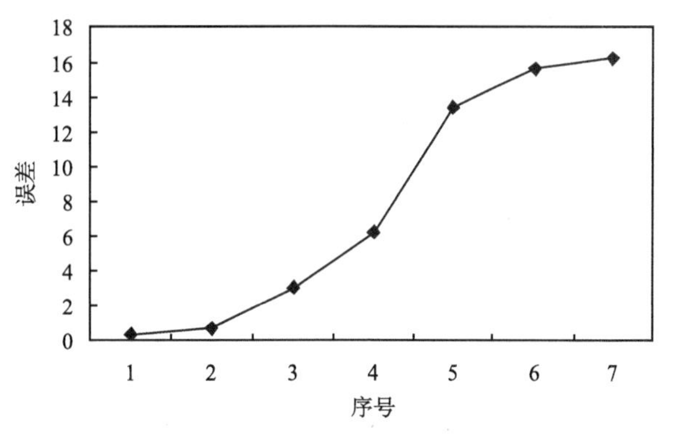

图 5.5 表 5.4 的误差表示

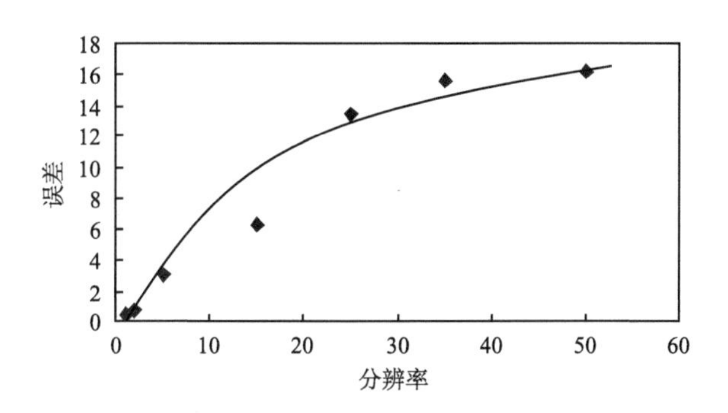

图 5.6 表 5.4 的数据结合分辨率的误差表示

5.2 描述统计分析

描述统计即是将数据本身的信息,加以总结、概括、简化,使问题变得更加清晰、简单,易于理解,便于处理。数据的基本统计量即是描述统计。有许多统计量可以定量化地表示空间数据,例如,分布密度、均值、分布中心、距离等。

5.2.1 分布密度

分布密度是指单位区域内对象的数量,它是两个比率尺度数据的比值。在分布密度计算中有两个计量问题:一是分布对象即分子的计量;二是分布区域即分母的计量。

对于分子的计量通常有:

(1) 对分布对象发生频数的计算。

(2) 对分布对象几何度量的计算,即①对点状要素以频数计算;②对线状要素以长度计算;③对面状要素以面积计算;④对体状要素以体积计算。

(3) 对分布对象的某种属性的计算。

对于分母的计量通常有：

(1) 对线状分布区域以长度计算；

(2) 对面状分布区域以面积计算；

(3) 对体状分布区域以体积计算。

例如，一个地区平均人口，定义为

$$\text{一个地区的平均人口} = \frac{\text{该地区的人口总数}}{\text{该地区的面积}}$$

5.2.2 均　　值

均值是针对数据分布现象或其属性的，是某种平均意义上的度量。不同意义的均值具有不同的意义。

1. 算术平均值

平均值是一种最简单的均值。设有数据 $x_1, x_2, \cdots, x_n$，其平均值定义为

$$\bar{x} = \frac{\sum_{i=1}^{n} x_i}{n}$$

2. 几何平均值

若数据 $x_1, x_2, \cdots, x_n$ 都是正数，则其几何平均值是

$$\bar{x}_g = \sqrt[n]{x_1 x_2 \cdots x_n}$$

几何平均值与算术平均值之间具有关系

$$\sqrt[n]{x_1 x_2 \cdots x_n} \leqslant \frac{\sum_{i=1}^{n} x_i}{n}$$

3. 算术加权平均值

实际中，经常使用的是加权平均值，即对于每一个数据根据其重要性的不同，赋予不同的权值。对于数据 $x_1, x_2, \cdots, x_n$，相应的每个数据的权值为 $\omega_1, \omega_2, \cdots, \omega_n$，则其算术加权平均值定义为

$$\bar{x}_w = \frac{\sum_{i=1}^{n} \omega_i x_i}{\sum_{i=1}^{n} \omega_i}$$

加权平均值中，权重需要进行适当的选取。

4. 中位数

对于数据 $x_1, x_2, \cdots, x_n$，其中位数是其中间的数据。若 n 为偶数，则中位数是其中间

的两个数。

例如，对于数据{1,2,4,3,6,5,7}，其中位数是3。对于数据{1,2,4,3,6,5}，其中位数是4、3。

5. 众数

对于数据$x_1, x_2, \cdots, x_n$，其众数是出现次数最多的数。

例如，对于数据{1,2,2,3,2,4,7}，其众数是2。

6. 极值和最值

最值有最大值和最小值。对于数据$x_1, x_2, \cdots, x_n$，其最大值

$$x_{\max} = \{x_i \mid x_i \geqslant x_j, j \neq i, j = 1,2,\cdots,n\}$$

最小值

$$x_{\min} = \{x_i \mid x_i \leqslant x_j, j \neq i, j = 1,2,\cdots,n\}$$

最大最小值是相对于全局而言的。局部范围内的最值称为极值。极值相对于局部区域，是局部区域的最大或最小值。

7. 极差、四分位极差

极差

$$R = \text{最大值} - \text{最小值} = x_{\max} - x_{\min}$$

四分位极差

$$QR = Q_3 - Q_1$$

其中，Q_3 为第三个四分位数(75%的点)；Q_1 为第一个四分位数(25%的点)。

5.2.3 分布中心

对于沿面状分布的离散点，其分布中心可以概略表示分布总体的位置。

设平面上有n个离散点P_i，其平面位置是(x_i, y_i)，由此可以计算其各种分布中心。

1. 算术平均中心

算术平均中心定义为

$$\bar{x} = \sum x_i / n$$

$$\bar{y} = \sum y_i / n$$

算术平均中心没有考虑点之间的差异，是一种简单的平均。在一些研究中，可能不太适用。常用的是加权平均中心。

2. 加权平均中心

加权平均中心定义为

$$\bar{x}_w = \sum x_i W(P_i) / \sum W(P_i)$$
$$\bar{y}_w = \sum y_i W(P_i) / \sum W(P_i)$$

加权平均中心对于每个数据带有权重,表示数据的重要程度。对于权重,需要结合实际问题确定。

3. 中位中心

中位中心即为满足下式的点(x_m, y_m)

$$\sum_{i=1}^{n} \sqrt{(x_i - x_m)^2 + (y_i - y_m)^2} = \min$$

中位中心类似于中位数概念,它表示的点与其他所有点的距离之和为最小。

求中位中心实际上是一个最优化问题,有许多解法。

中位中心在实际中特别是选址方面很有用处。例如,商业网点分布,应该尽可能使到附近居民区的距离最小。中位中心也涉及权的问题,用来表示不同数据的重要性。

4. 极值中心

极值中心定义为:若点(x_e, y_e)对于$(x, y) \neq (x_e, y_e)$,有下式成立

$$\max\sqrt{(x - x_i)^2 + (y - y_i)^2} > \max\sqrt{(x_e - x_i)^2 + (y_e - y_i)^2}$$

或

$$\max\sqrt{(x_e - x_i)^2 + (y_e - y_i)^2} = \min, \quad i = 1, 2, \cdots, n$$

成立,则称(x_e, y_e)为极值中心。

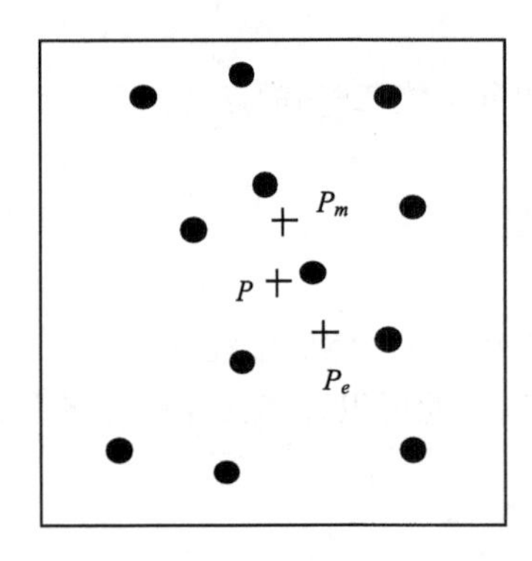

图 5.7 平均中心、中位中心、极值中心

极值中心的意义在于:在点群中设置一个点位,使该点到点群中的所有点都不致过远,因此极值中心倾向于外围远离中心的点。

极值中心的计算同样也是一个优化问题。可以证明,极值中心就是点群的最小外接圆的圆心。极值中心有时也有权的问题。

不同的分布中心具有不同的意义,也具有不同的应用。图 5.7 表示了一个点群的平均中心(P)、中位中心(P_m)、极值中心(P_e)。

5.2.4 距　　离

距离是衡量面状区域上离散点分布的一个重要统计量,是对分布中心和分布轴线的补充。在分布中心相同或相近的情况下,不同的距离反映不同的分布特征。

距离又是分布密度的补充,同样的分布密度因为离散度的不同可以反映完全不同的分布特性。

1. 平均距离

平均距离定义为

$$\bar{d} = \frac{\sum \omega(P_i)\sqrt{(x_i - \bar{x})^2 + (y_i - \bar{y})^2}}{\sum \omega(P_i)}$$

其中,$\omega(P_i)$为 P_i 的权重;$(\bar{x},\bar{x})$为分布中心。

2. 标准距离

标准距离定义为

$$d_s = \sqrt{\frac{\sum W(P_i)(x_i - \bar{x})^2 + (y_i - \bar{y})^2}{\sum W(P_i)}}$$

3. 极值距离

极值距离定义为

$$d_e = \max(d_1, d_2, \cdots, d_n)$$

其中,$d_i = \sqrt{(x_i - \bar{x})^2 + (y_i - \bar{y})^2}$。

4. 平均邻近距离

平均邻近距离定义为

$$d_n = (1/n)\sum_{i=1}^{n} \min(d_{ij} \mid i \neq j, j = 1, 2, \cdots, n)$$

其中,$d_{ij} = \sqrt{(x_i - x_j)^2 + (y_i - y_j)^2}$。平均邻近距离反映了点群内各点间的离散情况。

5.3 主成分分析

随着数据采集技术的不断提高,数据越来越多,涉及的要素也越来越多,这些数据和要素之间往往是互相关联的。对于众多的要素中,有必要提取重要的要素、减少不重要的信息、消除冗余信息,从而简化数据,以利于进一步的分析研究。主成分分析即是一种提炼数据主要成分的统计分析方法。

主成分分析的基本思想是:寻找一个变换,将原来存在相关关系的一组变量变换成一个互不相关的变量,然后根据新变量方差的大小及在所有方差变量总和所占的份额,删除一些变量,即以损失少量信息为代价来换取变量个数的减少。

5.3.1 主成分分析问题的转化

设有一定相关关系的 p 个变量 $x_1, x_2, \cdots, x_p$,每个变量有 n 个样本,即有原始数据

矩阵

$$\boldsymbol{X}=\begin{bmatrix} x_{11} & x_{12} & \cdots & x_{1p} \\ x_{21} & x_{22} & \cdots & x_{2p} \\ \vdots & \vdots & & \vdots \\ x_{n1} & x_{n2} & \cdots & x_{np} \end{bmatrix}$$

记

$$\bar{x}_j=\frac{\sum_{i=1}^{n} x_{ij}}{n}, \qquad j=1,2,\cdots,p$$

$$z_{ij}=x_{ij}-\bar{x}_j, \qquad i=1,2,\cdots,n;\ j=1,2,\cdots,p$$

$$\boldsymbol{Z}=\begin{bmatrix} z_{11} & z_{12} & \cdots & z_{1p} \\ z_{21} & z_{22} & \cdots & z_{2p} \\ \vdots & \vdots & & \vdots \\ z_{n1} & z_{n2} & \cdots & z_{np} \end{bmatrix}$$

则变量 $x_1,x_2,\cdots,x_p$ 的协方差矩阵是

$$\boldsymbol{C}=\frac{1}{n}\boldsymbol{Z}^T\boldsymbol{Z}$$

其中,$\boldsymbol{Z}^T$ 为 $\boldsymbol{Z}$ 的转置矩阵。且

$$\boldsymbol{Z}=\boldsymbol{X}-\begin{bmatrix} \bar{x}_1 & \bar{x}_2 & \cdots & \bar{x}_p \\ \bar{x}_1 & \bar{x}_2 & \cdots & \bar{x}_p \\ \vdots & \vdots & & \vdots \\ \bar{x}_1 & \bar{x}_2 & \cdots & \bar{x}_p \end{bmatrix}$$

于是主成分分析归结为问题:寻找一个变换,将变量 $z_1,z_2,\cdots,z_p$(也即 $x_1,x_2,\cdots,x_p$,因为 $z_1,z_2,\cdots,z_p$ 和 $x_1,x_2,\cdots,x_p$ 有相同的相关性,而 $z_1,z_2,\cdots,z_p$ 的研究更方便)变换成一个互不相关的变量 $y_1,y_2,\cdots,y_p$。

5.3.2 主成分分析问题的求解

设所寻找的变换为

$$y_i=\sum_{j=1}^{p} v_{ij}z_j, \qquad i=1,2,\cdots,p$$

记

$$\boldsymbol{Y}=\begin{bmatrix} y_1 \\ y_2 \\ \vdots \\ y_p \end{bmatrix}, \quad \boldsymbol{V}=\begin{bmatrix} v_{11} & v_{12} & \cdots & v_{1p} \\ v_{21} & v_{22} & \cdots & v_{2p} \\ \vdots & \vdots & & \vdots \\ v_{p1} & v_{p2} & \cdots & v_{pp} \end{bmatrix}$$

则有

$$\boldsymbol{Y}^T = \boldsymbol{V}\boldsymbol{Z}^T$$

对于变量 $y_1, y_2, \cdots, y_p$，其协方差矩阵就是

$$\frac{1}{n}\boldsymbol{Y}^T\boldsymbol{Y}$$

若要 $y_1, y_2, \cdots, y_p$ 互不相关，即要它们的协方差矩阵是对角型矩阵，也即要变换矩阵 $\boldsymbol{V}$ 满足条件

$$\boldsymbol{V}\boldsymbol{C}\boldsymbol{V}^T = \frac{1}{n}\boldsymbol{Y}^T\boldsymbol{Y} = \begin{bmatrix} \lambda_1 & & & \\ & \lambda_2 & & \\ & & \ddots & \\ & & & \lambda_p \end{bmatrix}$$

另外，要变换前后空间中两点距离不变，$\boldsymbol{V}$ 应是正交矩阵，即

$$\boldsymbol{V}^T = \boldsymbol{V}^{-1}$$

结合上面两个条件，变换矩阵 $\boldsymbol{V}$ 满足条件

$$\boldsymbol{V}\boldsymbol{C}\boldsymbol{V}^{-1} = \begin{bmatrix} \lambda_1 & & & \\ & \lambda_2 & & \\ & & \ddots & \\ & & & \lambda_p \end{bmatrix}$$

即

$$\boldsymbol{C}\boldsymbol{V}^{-1} = \boldsymbol{V}^{-1}\begin{bmatrix} \lambda_1 & & & \\ & \lambda_2 & & \\ & & \ddots & \\ & & & \lambda_p \end{bmatrix}$$

于是，λ_i 满足

$$(\boldsymbol{C} - \lambda I)\begin{bmatrix} v_{i1} \\ v_{i2} \\ \vdots \\ v_{ip} \end{bmatrix} = 0 \tag{5.1}$$

于是，从线性代数可知，λ_i 是 $\boldsymbol{C}$ 的特征值，$(v_{i1}, v_{i2}, \cdots, v_{ip})$是属于 λ_i 的特征向量。

因此，变换矩阵 $\boldsymbol{V}$ 可以通过计算矩阵 $\boldsymbol{C}$ 的特征值与特征向量得到。实际计算特征值与特征向量可用逐次逼近的 Jocobi 算法。

利用得到的 λ_i 及相应的单位特征向量

$$\boldsymbol{v}_i = (v_{i1}, v_{i2}, \cdots, v_{ip}), \qquad i = 1, 2, \cdots, p$$

λ_i 就是新变量

$$y_i = \sum_{j=1}^{p} v_{ij} z_j, \qquad i = 1, 2, \cdots, p$$

的方差。事实上,从式(5.1)有

$$\boldsymbol{C}V_i = \lambda_i V_i$$

则左乘 V_i',有

$$V_i'\boldsymbol{C}V_i = V_i'\lambda_i V_i = \lambda_i V_i' V_i = \lambda_i$$

将特征值 λ_i 从大到小排列,不妨设 $\lambda_1 \geqslant \lambda_2 \geqslant \cdots \geqslant \lambda_p$,选取前 m 个 λ_i,使得

$$\sum_{i=1}^{m} \lambda_i / \sum_{i=1}^{p} \lambda_i$$

大于某个比值(如大于 85%)。

这样确定后,减少了变量 $y_{m+1}, y_{m+2}, \cdots, y_p$,只取 m 个新变量 $y_1, y_2, \cdots, y_m$。原来样本中的第 i 个样本就由新的变量值($y_{i1}, y_{i2}, \cdots, y_{im}$)来描述,这样减少了变量的个数,方便进一步的研究。

这里,最大的特征值对应的变量称为第一主成分,次大的特征值对应的变量称为第二主成分,依次类推。

5.3.3 主成分分析问题的计算过程

综上所述,主成分分析的具体计算过程是:

(1) 计算样本的协方差矩阵 $\boldsymbol{C}$;

(2) 计算 $\boldsymbol{C}$ 的特征值和特征向量;

(3) 确定消除的较小的特征值(方差);

(4) 利用保留的特征值对应的特征向量得到新变量。

总体上,主成分分析就是用损失少量信息(如小于总的信息量的 15%)来换取减少 $p-m$ 个变量的方法,其优点是能为后续计算如空间聚类分析减少工作量,但缺点是新变量的物理意义难以搞清楚。

5.4 聚类分析

聚类分析是依据某种准则对空间物体的集群性进行分析,将其分为几个不同的子类。聚类分析是多元统计分析的一种,也是非监督模式识别的一个重要分支。

聚类分析的基本思想是首先对要进行分类的个体之间定义一种能够反映各个个体之间亲疏程度的量,然后依这些量为依据,将一些相似程度较大的个体聚为一类,将另一些相似程度较大的个体聚为另一类,直到把所有的类别聚合起来。

根据聚类分析的基本思想,发展了许多聚类分析的方法,这些方法大致上可以归结为以下三大类:

(1) 聚合法。先设各个点自成一类,然后将距离最近的逐步合并,使类别越来越少,达到一个适当的分类数目为止。

(2) 分解法。先将所有点合成一类,然后逐步分解,使类别越来越多,达到一个适当的分类数目为止。

(3) 判别法。先确定若干聚类中心，然后逐点比较以确定样本点的归宿。

聚类分析在很多领域都具有重要应用。除了地学领域，聚类分析在通信、医学、农业等领域发挥具有作用。在图像处理领域，聚类分析在图像分割、边缘检测、图像增强、图像压缩、图像平滑、图像匹配等取得很好的应用。

5.4.1 空间物体的距离

要用数量化的方法对空间物体进行分类，就必须用数量化方法描述物体之间的相似和亲疏程度。由于聚类时物体抽象成点，因此，一般用距离来描述空间物体间的相似程度。

1. 点间的距离

在聚类分析中，对于两个点 $X=(x_1,x_2,\cdots,x_p)$，$Y=(y_1,y_2,\cdots,y_p)$，有如下的常用距离。

(1) 欧氏距离

$$d_2(X,Y)=\left[\sum_{i=1}^{p}(x_i-y_i)^2\right]^{\frac{1}{2}}$$

(2) 绝对值距离

$$d_1(X,Y)=\sum_{i=1}^{p}|x_i-y_i|$$

(3) 切比雪夫(Chebyshev)距离

$$d_\infty(X,Y)=\max_{1\leqslant i\leqslant p}|x_i-y_i|$$

2. 类间的距离

聚类时，也涉及到类别之间的距离。设有类别 $G_1,G_2,\cdots,G_k$，有如下的距离定义。

1) 最短距离

设有两个类别 G_p、G_q，则它们之间的最短距离定义为

$$D_{pq}=\min_{X\in G_p,Y\in G_q}\{d(X,Y)\}$$

最短距离直观上表示两个类中最近两点的距离。如图 5.8 所示。

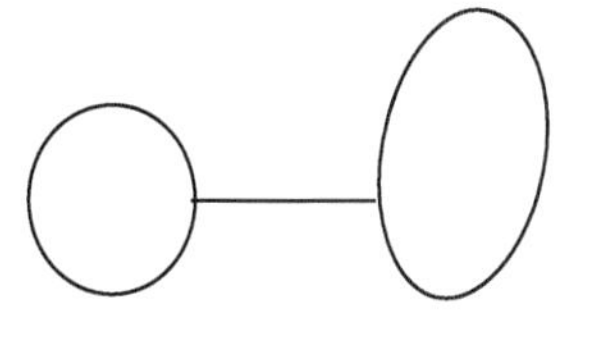

图 5.8 最短距离

2) 最长距离

设有两个类别 G_p、G_q，则它们之间的最长距离定义为

$$D_{pq}=\max_{X\in G_p,Y\in G_q}\{d(X,Y)\}$$

最长距离直观上表示两个类中最远两点的距离。如图 5.9 所示。

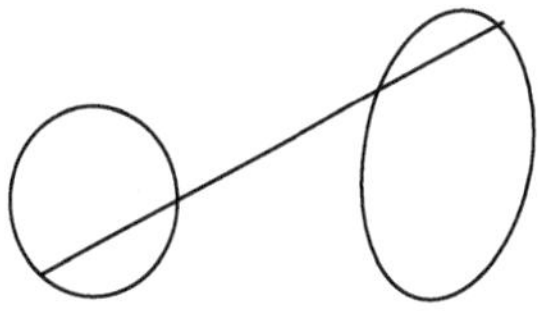

图 5.9 最长距离

3）重心距离

$$D_{pq} = d(\overline{X}_p, \overline{Y}_q)$$

其中，$\overline{X}_p$，$\overline{Y}_q$ 分别为类别 G_p、G_q 的重心。重心距离直观上表示两个类中重心两点的距离。如图 5.10 所示。

图 5.10 重心距离　　　　图 5.11 类平均距离

4）类平均距离

$$D_{pq} = \frac{1}{n_p n_q} \sum_{X_i \in G_p} \sum_{Y_j \in G_q} d(X_i, Y_j)$$

其中，n_p、n_q 分别为类别 G_p、G_q 中的样本个数。类平均距离直观上表示 G_p、G_q 中两两样本点距离的平均。如图 5.11 所示。

5）离差平方和距离

离差平方和的思想来源于方差分析。如果分类正确，则同类间的样本之间的离散平方和较小，而类与类间的离散平方和较大。

设有 n 个样本分成 k 类 $G_1, G_2, \cdots, G_k$，用 $X_t^{(i)}$（m 维向量）表示 G_t 中的第 i 个样本，n_t 表示 G_i 中的样本个数，$\overline{X}_t$ 分别表示类别 G_t 的重心，则在 G_t 中的样本和离差平方和是

$$S_t = \sum_{i=1}^{n_t} (X_t^{(i)} - \overline{X}_t)^T (X_t^{(i)} - \overline{X}_t)$$

整个类内的平方和是

$$S = \sum_{t=1}^{k} \sum_{i=1}^{n_t} (X_t^{(i)} - \overline{X}_t)^T (X_t^{(i)} - \overline{X}_t)$$

当 k 固定时，要选择使 S 达到极小的分类比较困难。通常找局部最优的方法，如 Ward 方法。其基本思想是：先将 n 个样本各自成一类，然后每次缩小一类，每缩小一类离差平方和就要增大，选择使 S 增加最小的两类合并，直到所有的样本归为一类为止。当把两类合并所增加的离差平方和看成平方距离，则有距离公式：

$$D_{pq}^2 = \frac{n_p n_q}{n_r} (\overline{X}_p - \overline{X}_q)^T (\overline{X}_p - \overline{X}_q)$$

其中，$n_r = n_p + n_q$。

5.4.2 系统聚类法

系统聚类法是先把 n 个样本看作 n 个子群，然后根据所用的聚类统计量计算 n 个子

群的距离，将距离最小的合并成一类，再计算合并后的新类与其他类的距离，再将距离最小的合并成一类，如此下去，直到所有样本合并成一类为止，最后将上述合并过程画成一张聚类图，按一定的原则决定分成几类。由于类与类之间的距离定义方法不同，因而产生不同的系统聚类方法。

1. 最短距离法

由最短距离的定义，两个类别 G_p、G_q 之间的最短距离为

$$D_{pq} = \min_{X \in G_p, Y \in G_q} \{d(X,Y)\}$$

基于最短距离的聚类方法的具体过程为：

(1) 规定样本之间的距离，计算样本两两之间的距离 $d_{ij}(i,j=1,2,\cdots,n)$，得对称阵 $D_{(0)}$。开始每个样本自成一类，因此 $D_{pq}=d_{pq}$。

(2) 选择 $D_{(0)}$ 中最小非零元素，设为 D_{uv}，并将 G_u，G_v 合并，记为 $G_r=\{G_u,G_v\}$。

(3) 计算新类 G_r 与其他类 $G_k(k\neq u,v)$ 的距离

$$D_{rk} = \min_{\substack{X \in G_r \\ Y \in G_k}}\{d(X,Y)\} = \min\{\min_{\substack{X \in G_u \\ Y \in G_k}}\{d(X,Y)\}, \min_{\substack{X \in G_v \\ Y \in G_k}}\{d(X,Y)\}\} = \min\{D_{uk}, D_{vk}\}$$

$$k = 1,2,\cdots,n$$

并将 $D_{(0)}$ 中的第 u、v 行及第 u、v 列删去，再将 D_{rk} 放在第 u 行第 v 列，得到的矩阵记为 $D_{(1)}$。

(4) 对 $D_{(1)}$ 重复上面的步骤(2)和(3)，直到所有样本成一类为止。

在整个聚类过程中，如果在某一步 $D_{(k)}$ 最小元素不止一个时，则对应的最小元素类可以同时合并。

2. 最长距离法

最长距离法即将类与类之间的距离用最长距离表示。即

$$D_{pq} = \min_{X \in G_p, Y \in G_q} \{d(X,Y)\}$$

最长距离法与最短距离法并类方法一致，只是类与类之间的距离不同。设某一步将 G_u，G_v 合并，记为 $G_r=\{G_u,G_v\}$。则 G_r 与其他类 $G_k(k\neq u,v)$ 的距离

$$D_{rk} = \max_{\substack{X \in G_r \\ Y \in G_k}}\{d(X,Y)\} = \max\{\max_{\substack{X \in G_u \\ Y \in G_k}}\{d(X,Y)\}, \max_{\substack{X \in G_v \\ Y \in G_k}}\{d(X,Y)\}\} = \max\{D_{uk}, D_{vk}\}$$

$$k = 1,2,\cdots,n$$

再找距离最小的合并，直到所有样本合并为一类。

3. 重心法

重心法的距离用重心距离定义。即

$$D_{pq} = d(\bar{X}_p, \bar{Y}_q)$$

有如下的递推公式

$$D_{kr}^2 = \frac{n_u}{n_r}D_{ku}^2 + \frac{n_v}{n_r}D_{kv}^2 - \frac{n_u n_v}{n_r^2}D_{uv}^2$$

4. 类平均法

类平均法的距离用类平均距离定义。

递推公式为

$$D_{kr}^2 = \frac{n_u}{n_r}D_{ku}^2 + \frac{n_u}{n_r}D_{kv}^2$$

若递推公式则可改写为

$$D_{kr}^2 = \frac{n_u}{n_r}(1-\beta)D_{ku}^2 + \frac{n_u}{n_r}(1-\beta)D_{kv}^2 + \beta D_{uv}^2 \qquad (\beta < 1)$$

则相应的方法称为可变类平均法。

5. 中间距离法

如果在类与类之间既不采用两类之间的最近距离，也不采用两类之间的最远距离，而是采用介于两类之间的最近距离，这样的方法称为中间距离法，其递推公式为

$$D_{kr}^2 = \frac{1}{2}D_{pk}^2 + \frac{1}{2}D_{qk}^2 - \frac{1}{4}D_{pq}^2$$

6. 离差平方和法

离差平方和法采用离差平方和距离。

递推公式

$$D_{kr}^2 = \frac{n_u + n_k}{n_r + n_k}D_{ku}^2 + \frac{n_v + n_k}{n_r + n_k}D_{kv}^2 - \frac{n_k}{n_r + n_k}D_{uv}^2$$

初始时，$n_u = n_v = 1, n_r = 2$，则有

$$D_{uv}^2 = \frac{1}{2}(\overline{X}_u - \overline{X}_v)^T(\overline{X}_u - \overline{X}_v)$$

7. 系统聚类参数表

上述几种聚类方法并类的原则和步骤基本一致，不同的是类与类之间的距离定义不同，因而得到不同的递推公式。Wishart 于 1969 年发现这几种聚类方法可以表达成一个统一的形式

$$D_{kr}^2 = \alpha_u D_{ku}^2 + \alpha_v D_{kv}^2 + \beta D_{uv}^2 + \gamma \mid D_{ku}^2 - D_{kv}^2 \mid$$

其中，系数 α_u、α_v、β、γ 对不同的方法取不同的值，具体见表 5.5。

表 5.5　系统聚类参数表

方法	α_u	α_v	β	γ	说明
最短距离法	1/2	1/2	0	−1/2	
最长距离法	1/2	1/2	0	1/2	
重心法	n_u/n_r	n_v/n_r	$-\alpha_u\alpha_v$	0	只能用欧氏距离

续表

方法	α_u	α_v	β	γ	说明
类平均法	n_u/n_r	n_v/n_r	0	0	
中间距离法	1/2	1/2	0	$-1/4$	
离差平方和法	$\frac{n_u+n_k}{n_r+n_k}$	$\frac{n_v+n_k}{n_r+n_k}$	$-\frac{n_k}{n_r+n_k}$	0	只能用欧氏距离

8. 聚类图

聚类图是根据聚类结果生成的一个图系，它将每一步并类的结果用图形的形式表示出来。下面结合一个例子说明聚类图。

例如，设有六个样本，每个样本只测一个指标，它们分别等于 1,2,5,7,9,13。试用最短距离法进行分类。

样本间采用绝对值距离。由最短距离法聚类步骤，可得矩阵 $\boldsymbol{D}(0)$、$\boldsymbol{D}(1)$、$\boldsymbol{D}(2)$ 如下：

$\boldsymbol{D}(0)$

	G_1	G_2	G_3	G_4	G_5	G_6
G_1	0					
G_2	1	0				
G_3	4	3	0			
G_4	6	5	2	0		
G_5	8	7	4	2	0	
G_6	9	8	5	3	1	0

$\boldsymbol{D}(1)$

	G_7	G_3	G_4	G_8
G_7	0			
G_3	3	0		
G_4	5	2	0	
G_8	7	4	2	0

$\boldsymbol{D}(2)$

	G_7	G_9
G_7	0	
G_9	3	0

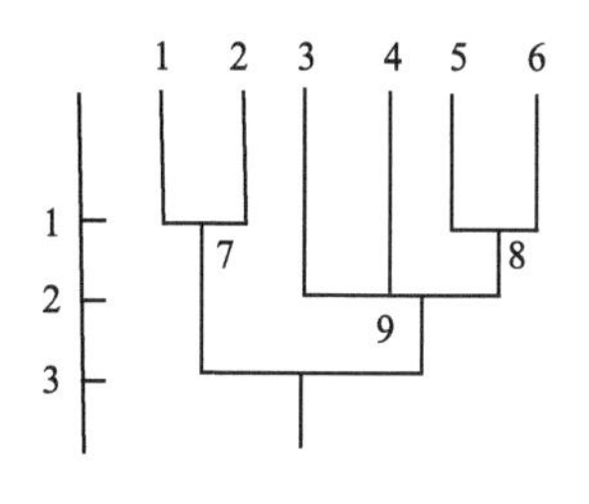

图 5.12　聚类图

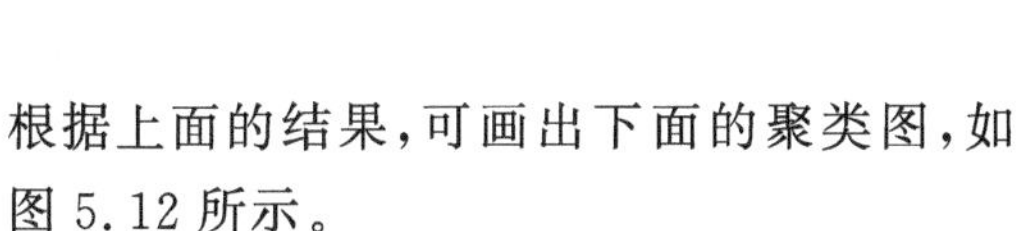

根据上面的结果，可画出下面的聚类图，如图 5.12 所示。

5.4.3　动态聚类法

系统聚类法的方法灵活，计算方便，它可以通过聚类图直接指出由粗到细的多种分类情况。然而，当样本点数量十分庞大时，要求绘制聚类图，则是件很繁重的工作，且计算速度也很慢。而动态聚类法可以较好地解决大数据量的问题。

动态聚类法的目标是对于 n 个样本点集 Ω，将把它们分成的 K 类（K 是预先给定的数）。聚类的基本思想是：先在 n 个样本中，任选 K 个作为分类的聚核，同时计算每个样本与聚核的距离，每个样本归结为与它最近的聚核的哪一类，这样将样本分为 K 类，从而得到第一次分类的结果。然后计算每一类的重心，作为下一步分类的聚核，同第一次分类一样，对所有样本再进行一次分类，继续下去。这里具有动态的思想。

动态聚类的具体过程是：

(1)随机选取 K 个点作为 K 个聚核(为计算收敛更快起见，实际操作时可根据经验或直观判断选取更有利的 K 个聚核)，记为

$$L^0 = \{A_1^0, A_2^0, \cdots, A_K^0\}$$

根据 L^0，将其中的点分为 K 类，记为

$$P^0 = \{P_1^0, P_2^0, \cdots, P_K^0\}$$

其中

$$P_i^0 = \{x \in \Omega \mid d(x, P_i^0) \leqslant d(x, P_j^0),\ j = 1,2,\cdots,K, j \neq i\}$$

(2) 由 P^0 出发，将 P^0 中每一类的中心作为新的聚核 L^1

$$L^1 = \{A_1^1, A_2^1, \cdots, A_K^1\}$$

其中

$$A_i^1 = \frac{1}{n_i} \sum_{X_i \in P_i^0} x_i$$

从 L^1 出发，进行新的分类

$$P^1 = \{P_1^1, P_2^1, \cdots, P_K^1\}$$

其中

$$P_i^1 = \{x \in \Omega \mid d(x, P_i^1) \leqslant d(x, P_j^1),\ j = 1,2,\cdots,K, j \neq i\}$$

然后继续进行下去。

自然有这样的问题，分类什么时候结束？

从上面的分类过程可见，随着分类的进行，每一类相对固定，从直观上看，随着分类的进行，每个类中点与该类中的聚核的距离越来越小，并趋于稳定。因此，可以将每个类中点与该类中的聚核的距离之和作为判断分类停止的标准。

记

$$u_t = \sum_{i=1}^{K} \sum_{x \in P_i^t} d^2(x, A_i^{(t)})$$

其中，P_i^t 为第 t 次分类中的第 i 类；$A_i^{(t)}$ 为第 t 次分类中 i 类的聚核。

显然 $A_i^{t+1} = A_i^t (i=1,2,\cdots,t)$ 时，$P_i^{t+1} = P_i^t (i=1,2,\cdots,t)$，有 $u_{t+1} = u_t$，算法停止。实际上，当 u_{t+1}，u_t 接近到一定时候时，就可以停止。因此，算法停止准则可以规定为

$$\frac{|u_{t+1} - u_t|}{u_{t+1}} < \varepsilon$$

其中，ε 为一个充分小的允许误差。

可以证明，当计算次数 t 逐渐增加时，u_t 将单调下降。而显然 $u_t \geqslant 0$ 是有下界的，所以，u_t 会随着循环计算而逐步趋于稳定，因此，分类结果也将逐步稳定。换言之，动态聚类法的算法是具有收敛性的。

动态聚类法使得每一类内的元素都是聚合的，并且类与类之间还能很好地区别开来。动态聚类法主要适用于大型数据表，这时它的计算速度要比系统聚类法快许多。

5.4.4 判别聚类

判别聚类的基本思想是：先确定各子群中心或初步分类，然后将样本点与这些中心或初始类逐一作比较，判别点的归属。

在判别聚类中根据子群(中心)的确定方法和判别依据(距离或离差)可派生出多种算法。

设有 n 个样本点集 $\Omega=\{x_1,x_2,\cdots,x_n\}$，判别聚类的具体过程是：

(1) 计算点群平均中心 $\overline{A}$

$$\overline{A}=\frac{1}{n}\sum_{i=1}^{n}x_i$$

(2) 计算点 x_i 到平均中心 $\overline{A}$ 的距离 $d_i(i=1,2,\cdots,n)$

$$d_i=d(x_i,\overline{A})$$

(3) 选取与 $\overline{A}$ 最远的一个点 S 作为第一个聚类中心。

(4) 计算其余点与 S 的距离 d_{iS} 与 d_i 之和：$d_{iS}+d_i$。选取 $d_{iS}+d_i$ 最大者，得第二聚类中心 V。

(5) 进一步计算其余点与 V 的距离，进而计算 $d_{iV}+d_{iS}+d_i$，选取 $d_{iV}+d_{iS}+d_i$ 最大者，同样可得第三聚类中心。如此重复，直到选出全部 m 个聚类点。

(6) 对样本分类，将样本点归入最近的聚类点所代表的子类。

判别聚类方法的结果，只是初步分类结果，可作为进一步分类的初始值。例如，可以作为动态聚类法的第一次聚核。

5.4.5 最小(大)支撑树聚类方法

最小(大)支撑树聚类方法是由 Zahn 于 1971 年提出的，又称为图论聚类方法。其基本思想是利用图论中的最小(大)支撑树概念，将待分类的点集 $X=(x_1,x_2,\cdots,x_n)$作为一个全连接的无向图 $G=(X,E)$的结点，然后给每一条边赋以权值，例如，可以用任意两个结点的距离定义边的权值，然后进行聚类分析。

最小(大)支撑树聚类方法的基本步骤是：

(1) 利用 Prim 算法在图 $G=(X,E)$上构造最大支撑树 MST

$$\mathrm{MST}=\{(A,T)\mid A=X,T=\{e_1,e_2,\cdots,e_{n-1}\}\}$$

$$\omega(\mathrm{MST})=\min\{\omega(\mathrm{Tree})\mid \mathrm{Tree}=(X,T')\}$$

(2) 给定一个阈值 γ，从 MST 中移去权值大于阈值的边，形成 X 上的森林 F

$$F=\{(X,E')\mid E'=T-\{e'\mid\omega(e')>\gamma\}\}$$

(3) 获得包含在森林 F 中的所有树$\{(X_i,T_i)\mid i=1,2,\cdots,m\}$

$$F=\bigcup_{i=1}^{m}(X_i,T_i)$$

其中，$\bigcup_{i=1}^{m} X_i = X$，$\bigcup_{i=1}^{m} T_i = E'$。

(4) 每棵树(X_i, T_i)被称为一个聚类。

5.5 关键变量分析

关键变量分析即是利用变量之间的相关矩阵，通过由用户确定的阈值，从数据库变量全集中选择一定变量的关键独立变量，以消除其他冗余的变量。

设有一定相关关系的 m 个变量 $x_1, x_2, \cdots, x_m$，每个变量有 n 个样本，即有原始数据矩阵

$$\boldsymbol{X} = \begin{bmatrix} x_{11} & x_{12} & \cdots & x_{1m} \\ x_{21} & x_{22} & \cdots & x_{2m} \\ \vdots & \vdots & & \vdots \\ x_{n1} & x_{n2} & \cdots & x_{nm} \end{bmatrix}$$

变量 x_i, x_j 之间的关系可由相关系数表示

$$r_{ij} = \frac{\sum_{k=1}^{n} (x_{ki} - \bar{x}_i)(x_{ki} - \bar{x}_j)}{\sqrt{\sum_{k=1}^{n} (x_{ki} - \bar{x}_i)^2 (x_{ki} - \bar{x}_j)^2}}, \qquad i, j = 1, 2, \cdots, m$$

根据相关系数的意义，$|r_{ij}|$ 越接近于 1，说明变量之间关系越密切；$|r_{ij}|$ 越接近于 0，则变量之间关系越疏远。于是选定某一阈值 t，就可以从相关矩阵中将关系疏远的变量逐个挑选出来。

关键变量分析的计算步骤为：

(1) 将相关矩阵中对角线之下$(j>i)$的所有元素 r_{ij} 的值取平方 r_{ij}^2；

(2) 在新的平方矩阵中，选取 r_{ij}^2 的最小值所对应的两个变量 x_i 和 x_j 为两个关键变量；

(3) 将其他所有与变量 x_i 和 x_j 有联系，且 $r_{ij}^2>t$ 的变量均从变量表中删除；

(4) 将剩余变量中与 x_i 和 x_j 有联系，在平方矩阵中相关系数最小的变量选为关键变量，同时将与此变量有联系，且 $r_{ij}^2>t$ 的变量均从变量表中删除；

(5) 重复下去，直到全部变量均经过处理，或者关键变量个数已满足要求为止。

5.6 典型相关分析

在研究两组变量的相关关系时，通常是对每组变量进行研究，求出两组变量之间的全部相关系数，但这样做既烦琐又不容易抓住问题的本质。那么，能否类似于主成分分析那样，在每组变量中选择有代表性的综合变量，通过综合变量的研究，反映原来变量间的相关关系？典型相关分析能达到这样的目的，它是研究两组变量之间相关关系的一种统计方法。

设有两组具有联合分布的变量

$$X^{(1)} = (X_1^{(1)}, X_2^{(1)}, \cdots, X_p^{(1)})$$

$$X^{(2)} = (X_1^{(2)}, X_2^{(2)}, \cdots, X_p^{(2)})$$

典型相关分析的基本思想是：在第一组变量中提出一个线性组合，在另一组变量中也提出一个线性组合，并使其具有最大的相关；然后又在每一组中提出第二个线性组合，使得在与第一个线性组合不相关的线性组合中，这两个线性组合之间的相关是最大的。将此过程继续下去，直到两组变量间的相关性被提取完毕为止。

5.6.1 典型相关分析基本算法

对于任意的两组系数：$a_1=(a_{11}, a_{12}, \cdots, a_{p1})$和$b_1=(b_{11}, b_{12}, \cdots, b_{q1})$，构造线性组合

$$U_1 = a_{11}X_1^{(1)} + a_{21}X_2^{(1)} + \cdots + a_{p1}X_p^{(1)} = a'_1X^{(1)}$$

$$V_1 = b_{11}X_1^{(2)} + b_{21}X_2^{(2)} + \cdots + b_{q1}X_q^{(2)} = b'_1X^{(2)}$$

通过对两组系数的适当选择，使得综合变量U_1和V_1的相关性最大(5.6.2节给出具体计算步骤)。

进一步地，考虑新的线性组合

$$U_2 = a_{12}X_1^{(1)} + a_{22}X_2^{(1)} + \cdots + a_{p2}X_p^{(1)} = a'_2X^{(1)}$$

$$V_2 = b_{12}X_1^{(2)} + b_{22}X_2^{(2)} + \cdots + b_{q2}X_q^{(2)} = b'_2X^{(2)}$$

这里U_2、V_2与U_1、V_1独立，但U_2和V_2相关。

继续下去，当进行到第r步时($r \leqslant \min(p, q)$)时，可得到两组新的变量

$$U = (U_1, U_2, \cdots, U_r) \text{ 和 } V = (V_1, V_2, \cdots, V_r)$$

(1) 对U和V进行标准化处理，使得对于$j=1,2,\cdots,r$，U_j和V_j的均值都为0，方差为1。

(2) 使得$j \neq j'$时，有U_j和$U_{j'}$，V_j和$V_{j'}$，U_j和$V_{j'}$，$U_{j'}$和V_j不相关。

(3) U_j和V_j的相关系数ρ_j满足关系：$\rho_1 \geqslant \rho_2 \geqslant \cdots \geqslant \rho_r$。这时称$U_j$和$V_j$为第$j$典型变量，称$\rho_j$为第$j$典型相关系数。

5.6.2 典型相关分析计算步骤

设两组变量$X^{(1)}=(X_1^{(1)}, X_2^{(1)}, \cdots, X_p^{(1)})$和$X^{(2)}=(X_1^{(2)}, X_2^{(2)}, \cdots, X_q^{(2)})$的协方差阵为

$$\Sigma = \begin{pmatrix} \Sigma_{11} & \Sigma_{12} \\ \Sigma_{21} & \Sigma_{22} \end{pmatrix} \begin{matrix} p \text{ 维} \\ q \text{ 维} \end{matrix}$$

$$\quad p \text{ 维} \quad q \text{ 维}$$

对于两组系数：$a=(a_1, a_2, \cdots, a_p)$和$b=(b_1, b_2, \cdots, b_q)$，使得线性组合

$$U = a_1X_1^{(1)} + a_2X_2^{(1)} + \cdots + a_pX_p^{(1)} = a'X^{(1)}$$

$$V = b_1X_1^{(2)} + b_2X_2^{(2)} + \cdots + b_qX_q^{(2)} = b'X^{(2)}$$

之间的相关系数最大。

对于U和V的相关系数，若U和V分别乘以常量C_1和C_2，则C_1U和C_2V的相关系数与U和V的相关系数一致。因此，可以标准化后使其方差为1。不失一般性，从而可以考虑在下列条件下，求得系数a和b。

$$a'\sum_{11}a=1 \tag{5.2}$$

$$b'\sum_{22}b=1 \tag{5.3}$$

$$\text{Cov}(U,V)=a'\sum_{12}b$$

由高等数学中条件极值求法，令

$$Q=a'\sum_{12}b-\frac{\lambda_1}{2}(a'\sum_{11}a-1)-\frac{\lambda_2}{2}(b'\sum_{22}b-1)$$

其中，λ_1，λ_2为拉格朗日乘数。将上式对a和b求导，并令其为0，则有

$$\frac{\partial Q}{\partial a}=\sum_{12}b-\lambda_1\sum_{11}a=0 \tag{5.4}$$

$$\frac{\partial Q}{\partial b}=\sum_{21}a-\lambda_2\sum_{22}b=0 \tag{5.5}$$

将上两式分别左乘a'，b'，并利用式(5.2)和式(5.3)，有

$$a'\sum_{12}b=\lambda_1 a'\sum_{11}a=\lambda_1$$

$$b'\sum_{12}a=\lambda_2 b'\sum_{22}b=\lambda_2$$

且有

$$\lambda_1=\lambda_2=a'\sum_{12}b=\lambda \tag{5.6}$$

利用上式对式(5.4)、式(5.5)整理，有

$$-\lambda\sum_{11}a+\sum_{12}b=0$$

$$\sum_{12}a-\lambda\sum_{22}b=0$$

将上两式分别左乘$\sum_{11}^{-1}$，$\sum_{22}^{-1}$，然后消去b或a，则得

$$(\sum_{12}\sum_{22}^{-1}\sum_{21}-\lambda^2\sum_{11})a=0$$

$$(\sum_{21}\sum_{11}^{-1}\sum_{12}-\lambda^2\sum_{22})b=0$$

于是问题转化为求特征值和特征向量问题，λ^2是上面两式的特征值。求出全部特征值并按从大到小排序，$\lambda_1^2\geqslant\lambda_2^2\geqslant\cdots\geqslant\lambda_r^2$，其中$r=\min(p,q)$。则式(5.6)的$\lambda^2$表示了$U$和$V$的相关系数。因此求最大相关系数即转化为求最大特征值。

利用最大相关系数对应的最大特征值λ_1^2所对应的特征向量a_1和b_1，可以构造线性组合U_1和V_1，使U_1和V_1的相关性最大，$U_1=a'_1X^{(1)}$和$V_1=b'_1X^{(2)}$称为第一典型变量，λ_1为第一典型相关系数，即为U_1和V_1的相关系数。

同样地计算第二典型变量及典型相关系数，即选择系数a_2和b_2构造线性组合$U_1=a'_2X^{(1)}$和$V_2=b'_2X^{(2)}$，并使它们有最大相关。继续下去，可得全部典型变量及典型相关系数。

5.7 层次分析法

在对数据进行分析决策时，常常会面对大量相关联、相互制约的复杂因素和难以用确切的定量方式描述的相互关系。

例如，在旅游信息中，有3个旅游胜地供你选择，你会根据景色、费用、居住、饮食、旅途条件等方面因素考虑，但很难用定量方式确定，而是对众多因素作比较、判断、评价，最后做出决策，当然在比较、判断过程中人的主观选择(当然要根据客观实际)会起着相当主要的作用，这就给用一般的数学方法解决问题带来本质上的困难。

美国著名运筹学家T. L. Saaty于20世纪70年代中期提出了层次分析法，就是能有效处理这样一类问题的一种实用方法，是一种定性和定量相结合的、系统化、层次的分析方法。它的本质是一种决策思维方式，基本思想是把复杂的问题按其主次或支配关系分组而形成有序的递阶层次结构，使之条理化，然后根据对一定客观现实的判断就每一层次的相对重要性给予定量表示，利用数学方法确定表达每一层中所有元素的相对重要性的权值，最后通过排序结果的分析来解决所考虑的问题。

5.7.1 层次分析结构模型

应用层次分析法，首先要把系统中所要考虑的各因素或问题按其属性分成若干组；每一组作为一层，同一层次的元素作为准则对下一层的某些元素起着支配作用，它又同时受上一层次元素的支配，这种从上而下的支配关系就构成了一个递阶层次结构，通常划分为：

(1) 最高层。表示解决问题的目标或理想结果。

(2) 中间层。表示采用某种措施和政策来实现预定目标所涉及的中间环节，一般又可称为策略层、约束层或准则层。

(3) 最低层。表示决策的方案或解决问题的措施和政策。

一般地，一个层次分析结构模型可用图5.13表示。

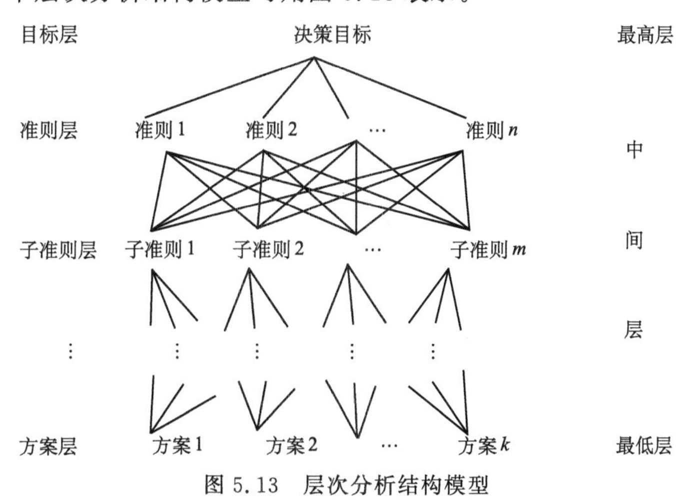

图5.13 层次分析结构模型

5.7.2 层次分析结构模型的计算

在建立了问题的层次结构模型的基础上，如果知道对于最高层下面的第二层的所有元素 $A_1,A_2,\cdots,A_m$ 的总排序(或权)，设其权值分别为 $a_1,a_2,\cdots,a_m$，而且还知道(或可计算出)与 A_i 对应的下一层元素 $B_1,B_2,\cdots,B_n$ 的相对权重 $b_1^i,b_2^i,\cdots,b_n^i(i=1,2,\cdots,m)$，这里，若 B_i 与 A_i 无关，令 $b_j^i=0$，则下一层次所有元素 $B_1,B_2,\cdots,B_n$ 的总排序(或权)为：$\sum_{i=1}^{m}a_ib_1^i,\sum_{i=1}^{m}a_ib_2^i,\cdots,\sum_{i=1}^{m}a_ib_n^i$，如此从上到下逐层计算，最后得到方案层所有元素的总排序，根据方案层中各方案的权的大小，选择权最大(或最小)者，一般来说，这些权不容易确定，要通过适当的方法来计算。

层次分析的基本计算过程有：构造判断矩阵、计算层次单排序、计算各层元素的组合权重(即层次的总排序)、一致性检验等。

1. 构造判断矩阵

对于上一层的某一准则，需要确定在这一准则下有关的各元素相对重要性的权重，在没有确定统一尺度下，对于事物的认识总是通过两两比较来进行。

假设 A 层中元素 A_k 与下一层次中元素 $B_1,B_2,\cdots,B_n$ 有联系，则构造判断矩阵如下：

A_k	B_1	B_2	$\cdots$	B_n
B_1	b_{11}	b_{12}	$\cdots$	b_{1n}
B_2	b_{21}	b_{22}	$\cdots$	b_{2n}
$\vdots$	$\vdots$	$\vdots$	$\vdots$	$\vdots$
B_n	b_{n1}	b_{n2}	$\cdots$	b_{nn}

其中，b_{ij} 为对于 A_k 而言，B_i 与 B_j 相对重要性的数值表现形式。根据心理学研究表明，进行成对比较的等级，最多为 9，即通常 b_{ij} 取 1，2，3，…，9 及它们的倒数。其含义为：1 表示 B_i 与 B_j 一样重要；3 表示 B_i 比 B_j 重要一点；5 表示 B_i 比 B_j 重要，7 表示 B_i 比 B_j 重要得多；9 表示 B_i 比 B_j 极端重要；它们之间的数 2，4，6，8 则表示介于其间的重要性判断。

若 B_i 与 B_j 比较得 b_{ij}，则 B_j 与 B_i 比较的判断为 $1/b_{ij}$。

2. 计算层次单排序

层次单排序是根据判断矩阵计算对上一层某元素而言本层次与之有联系的元素的重要性次序的权值，可以通过计算判断矩阵的特征根和特征向量来求得。

设判断矩阵 $\boldsymbol{B}$，计算满足 $\boldsymbol{B}x=\lambda_{\max}x$ 的特征根和特征向量，$\lambda_{\max}$ 为 $\boldsymbol{B}$ 的最大特征根，x 的分量即为相应元素的单排序权值(x 归一化后)。

判断矩阵最大特征值和特征向量有许多求法，用特征值、特征向量定义求解是一种方法，但计算较困难，特别阶数较高时。在层次分析法中一般采用近似方法，通常有和法、幂法和根法，这里介绍最简单的和法，和法的基本步骤是：

(1)对矩阵 $\boldsymbol{B}$ 的每一列向量归一化；

(2)按行求和；

(3)归一化即得特征向量的近似值；

(4) $\lambda=\frac{1}{n}\sum_{i=1}^{n}\frac{(\boldsymbol{B}x)_i}{x_i}$ 作为 $\lambda_{\max}$ 的近似值，$(\boldsymbol{B}x)_i$ 表示 $\boldsymbol{B}x$ 的第 i 个分量。

若 $b_{ij}=\frac{b_{ik}}{b_{jk}}$，则称 B_i、B_j、B_k 具有一致性。对判断矩阵 $\boldsymbol{B}$，若 $b_{ij}=\frac{b_{ik}}{b_{jk}}$ $(i,j,k=1,2,\cdots,n)$，则称 $\boldsymbol{B}$ 具有完全一致性。

从理论上讲，对任何一个判断矩阵 $\boldsymbol{B}$ 都应具有一致性，但由于比较是两两进行的，可能会造成不一致，为了检验判断矩阵 $\boldsymbol{B}$ 的有效性，需对其进行一致性检验。

一致性指标 CI 为

$$\mathrm{CI}=\frac{\lambda_{\max}-n}{n-1}$$

当 $\boldsymbol{B}$ 具有完全一致性时，$\lambda_{\max}=n$，即 $\mathrm{CI}=0$。

由于主观判断会造成不一致，为了检验矩阵是否具有满意的一致性，需将 CI 与平均随机一致性指标 RI 进行比较：

对 1～9 阶矩阵，RI 如表 5.6。

表 5.6　一致性指标 RI

阶数	1	2	3	4	5	6	7	8	9
RI	0	0	0.58	0.90	1.12	1.24	1.32	1.41	1.45

对于一、二阶判断矩阵，RI 只是形式上的，因此定义一、二阶判断矩阵总是完全一致的，当 $n>2$ 时，计算一致性比例 CR

$$\mathrm{CR}=\mathrm{CI}/\mathrm{RI}$$

若 $\mathrm{CR}<0.1$ 时，一般认为判断矩阵具有满意的一致性，否则就要对判断矩阵进行调整。

3. 计算各层元素的组合权重

利用同一层次中所有层次单排序的结果，就可以计算对上一层而言本层所有元素重要性的权值，这就是层次总排序。

层次总排序是从上而下逐层进行计算的。假设上一层次所有元素 $A_1,A_2,\cdots,A_m$ 的总排序已完成，分别为 $a_1,a_2,\cdots,a_m$，而已经计算出 A_i 与对应的本层次 $B_1,B_2,\cdots,B_n$ 的单排序权值为 $b_1^i,b_2^i,\cdots,b_n^i$，则可以得 B 层的总排序，见表 5.7。

表 5.7　B 层的总排序

	A_1	A_2	…	A_m	B 层次总排序
	a_1	a_2	…	a_m	
B_1	b_1^1	b_1^2	…	b_1^m	$\sum_{i=1}^{m} a_i b_1^i$
B_2	b_2^1	b_2^2	…	b_2^m	$\sum_{i=1}^{m} a_i b_2^i$
⋮	⋮	⋮	⋮	⋮	⋮
B_n	b_n^1	b_n^2	…	b_n^m	$\sum_{i=1}^{m} a_i b_n^i$

4. 一致性检验

在层次分析的整个计算中，除了对判断矩阵进行一致性检验，还要对层次进行一致性检验。

设 CI 为层次总排序一致性指标，RI 为层次总排序随机一致性指标，CR 为层次总排序一致性比例，它们具有如下表达方式

$$\mathrm{CI} = \sum_{i=1}^{m} a_i \mathrm{CI}_i$$

$$\mathrm{RI} = \sum_{i=1}^{m} a_i \mathrm{RI}_i$$

$$\mathrm{CR} = \frac{\mathrm{CI}}{\mathrm{RI}}$$

其中，CI_i、RI_i 分别为与 A_i 对应的 B 层次中判断矩阵的一致性指标和随机一致性指标。

同样，当 $\mathrm{CR} < 0.10$ 时，可以认为层次总排序的计算结果具有满意的一致性。

第6章 网络分析模型

网络是由点、线构成的系统，通常用来描述某种资源或物质在空间中的运动。GIS 中的地理网络除了具有图论中网络的边、结点、拓扑等特征外，还具有空间定位上的地理意义、目标复合上的层次意义和地理属性意义。例如，交通网络中除了道路网络外，还涉及车站、路面状况、通行能力等。

网络分析就是对地理网络和城市基础设施网络等网状事物以及它们的相互关系和内在联系进行地理分析和模型化。网络分析主要研究内容包括最短路径分析、资源分配、连通分析、流分析等。

网络分析的基本研究对象是线状目标，线状目标是在基本弧段基础上生成的，弧段通过结构化的组织构成了目标意义的网络体系。

网络分析中，路径是具有较完整地理意义的特征子类，它是由线状弧段和点目标组成的，是网络分析结果的存储和显示形式，路径可以与各种事件直接关联，通过路径分析可以更好地表达和分析现实世界的地理网络。

网络分析的基础是数学中的图论与运筹学，它通过研究网络的状态、模拟和分析资源在网络上的流动及分配情况，对网络结构及其资源的优化等问题进行研究。基于图论的思想，网络可表示为由网络结点集 V、网络边集 E 和事件点集 P 组成的集合，即有

$$D = \{V, E, P\}$$

网络分析在城市规划、土地管理、电力、通信、地下管网、交通、军事作战等领域都具有重要的应用。

6.1 网络分析基础

6.1.1 网络中的基本元素及属性

网络主要由线状目标及其附属的点状目标组成，每种目标又有各自的属性。网络的基本元素包括网络中心、边、结点、站、拐角和障碍等，如图 6.1 所示。网络属性通常包括资源需求量及阻碍强度。资源需求量是网络元素自身需要的或能分配给其他元素的资源量，阻碍强度是网络元素所需要的花费如时间、流量等。

1. 资源

资源是网络中传输的物质、能量、信息等。资源通过在网络中的流动实现传输和分配。资源可能是有形的，如公路上流动的车辆、货物等；也可能是无形的，如电流、信息流等。

资源的属性取决于资源本身的种类。资源的某些属性只是对资源自身的说明和描

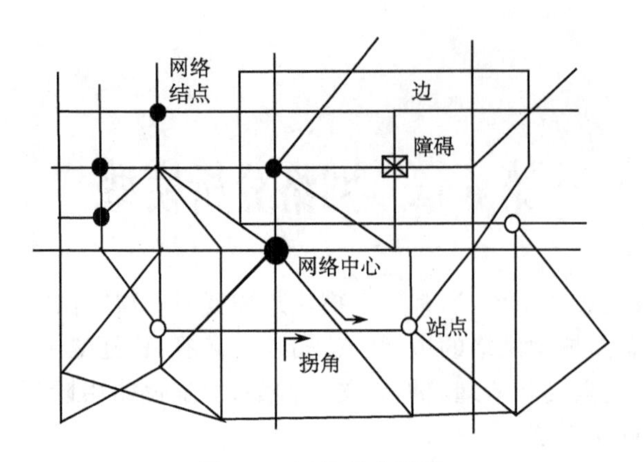

图 6.1　网络基本元素

述，与网络环境无关。而资源的某些属性直接与网络的某些性质发生作用，影响其在网络中的流动。例如，桥梁限制通过车辆的载重量，天桥限制其下通行车辆的高度。资源的属性与网络的通行规则的联合作用将直接影响资源在网络中的流动情况。

2. 链

网络中链是构成网络模型的最主要的几何框架，对应着图或网络中的各种线状要素，表现的是网络中的地理实体和现象，通常用中心线代表地理实体和现象本身，基本属性存放在中心线上。链代表的对象可以是有形的，如公路、铁路、河流、输电线路等；也可以是无形的，如航空线、航海线等。

链有图形信息和属性信息。属性信息有三种：一种是网络链的阻碍强度，即一条网络链所花费的时间、费用等，例如，资源流动的时间、速度等；第二种是网络链的资源需求量，即沿该网络链可以收集的或可以分配给一个中心的资源总量，如学生人数、水流量等；第三种是资源流动的约束条件，即表达了除几何条件外的链自身对资源通行的限制，如载重量限制等。

3. 结点

网络链的两个端点即为网络结点，网络中链与链之间通过结点相连。如果结点参与资源分配，结点也有资源需要量，如结点的方向数。结点也具有是否允许通行的约束能力，例如，人行天桥规定了其下通行车辆的限高。

4. 站点

站点是网络中装载或卸下资源的结点位置，在网络中传输的物质、能量、信息等都是从一个站出发，到达另一个站。例如，车站、码头等。

站的属性主要有两种：一是站的资源需求量，表示资源在站上增加或减少，正值表示装载资源，负值表示卸下资源；另一属性是站的阻碍强度，代表与站有关的费用或阻碍，如某个车站上下车的时间。

5. 中心

中心是网络中具有一定的容量，能够从链上获取资源或发送资源的结点所在地。例如，水库属于河网的中心，它能容纳一定量的水资源，同时，它能将水沿不同的渠道输送出去。

中心的属性主要有两种：一种是中心的资源容量，它是从其他中心可以流向该中心或从该中心可以流向其他中心的资源总量。资源总量分配给一个中心的所有弧段的资源需求量之和不能超过中心的资源容量。中心的另一属性是阻碍强度，是指中心沿某一路径分配给它的所有弧段间总的允许阻碍程度的最大值，如最大服务半径等。资源沿某一路径分配给一个中心的或由该中心分配出去的过程中，在各弧段上以及各路径转弯处所受到的总阻碍不能超过该中心所承受的阻碍强度。

6. 障碍

障碍是指对资源传输起阻断作用的结点或链，它阻碍了资源在与其相连的链间的流动，代表了网络中元素的不可通行状态。如破坏的桥梁、禁止通行的关口等。

一般认为障碍只是指状态临时设为阻断，不表示任何属性的网络元素，但对于一些元素如交通网络中的交通灯，也可认为是障碍。例如红灯，尽管红灯可以换算为交通的阻碍强度，但是红灯仍然是一种障碍，因为红灯亮时是严格禁止车辆通行的。但红灯又不同于一般的阻碍，它具有周期性，因此，障碍也有相应的属性，可以用障碍持续来表达。例如，交通红灯、抢修的道路、空中禁飞区等。

7. 拐角

拐角指网络结点处，所有资源流动的可能的转向。例如，在十字路口禁止车辆左拐，便形成拐角。

拐角描述了网络中相互连接的网络链在结点处的关系。拐点的属性主要是拐角的阻碍强度，表示在一个结点处资源流向某一弧段所需的时间或费用。阻碍强度为负值时，表示资源禁止流向该弧度。一个拐角定义了某一资源从一条弧段通过某个结点流向另一条弧段的通道。

8. 权值

权值是用于存储通过一条链或结点时所需要的成本，如链的长度。权值可以有方向的，用于交通网络中。权值可能是定值，也可能是动态变化的，例如，上下班高峰时，道路的通行能力是变化的。权值可能是单一的，也可能是复合的，如城市道路的通行能力是路面宽度、当前车流量、天气的晴雨等因素复合作用的结果。复合权值可以通过基于特定模型的函数来获得。

6.1.2 网络的空间数据模型

地理网络模型是客观世界中地理网络系统的抽象表达。在地理网络中，涉及到的要素较多，与图论中一般的图及网络在内容、形式、特征上有较大的差别。因此，图论中的网络模型已不能完全表达地理网络模型。在基于图论模型和方法基础上，地理网络模型将结合 GIS 中实际问题的效用、效率及精度，通过对地理网络要素的分析、组合来描述网络中的实体、现象以及它们之间的相互关系和空间相对位置的特征。

地理网络模型主要有概念数据模型、逻辑数据模型、物理数据模型。

1. 概念数据模型

概念数据模型就是从所有实体集合中确定需要处理的空间对象或实体，明确空间对象或实体之间的相互关系，从而决定数据库的存储内容。概念模型包括几何数据模型和语义数据模型。

几何数据模型即是以纯几何的观点看待地理空间，将地理空间抽象成几何对象的集合。几何网络对象描述了地理要素的形状、空间位置、空间分布及空间关系等信息，并封装了对这些信息进行操作的空间方法。

语义数据模型是基于空间信息的语言学模型，将空间信息系统作为语言单位(几何分布)、语法规则(空间关系)和语义规则(专题描述信息及非空间关系)三位一体形成的系统。语义数据模型可用于描述空间实体或现象的包括非空间关系在内的专题信息。

2. 逻辑数据模型

逻辑数据模型是概念数据模型所确定的空间实体及关系的逻辑表达，可以分为面向结构模型和面向操作模型。

面向结构模型表达了数据实体之间的关系，它包括层次数据模型、网络数据模型和面向对象数据模型。层次数据模型是按树形结构组织数据记录，以反映数据之间的隶属或层次关系，它能很好地表达 $1:n$ 的关系，但表达共享点线的拓扑结构较困难。网络数据模型是层次数据模型的一种广义形式，通过指针连接来表达 $m:n$ 的关系，其缺点是目标关系复杂时，指针将变得相当复杂。面向对象数据模型通过把需要处理的空间目标抽象成不同的对象，建立种类对象的联系图，并将种类对象的属性与操作予以封装。

面向操作的逻辑数据模型包括关系数据模型和扩展关系模型。关系数据模型通过满足一定条件的二维表的形式来表达数据之间的逻辑结构。扩展数据模型是利用面向对象的方法，对传统的关系模型进行改进，使其能处理变长字段属性，支持空间操作。

3. 物理数据模型

物理数据模型是通过一定的数据结构，完成空间数据的物理组织、空间存取及索引方法的设计。在物理数据模型阶段，除了要考虑如何选择合适的矢量与栅格几何数据结构来实现所设计的概念几何模型外，还要考虑如何实现对专题信息的操作，即实现专题与语义数据模型的方法。此外，还要考虑几何数据模型与专题、语义数据模型的关联问题。

6.2 最短路径分析

在网络分析中，路径分析是核心问题。路径分析即是在指定网络的结点间找出最佳路径。最佳路径即是满足某种最优化条件的一条路径。这时最“佳”可能是距离最短、时间最少、费用最小、线路利用率最高等。

路径分析主要包括两类：一类是有确定轨迹的网络路径问题，如交通网络中最优路径分析，这类分析的特点是空间中的移动对象只能沿确定的轨迹运动，它是目前主要研究的类型；另一类是无确定轨迹的路径分析，没有明确的路径限制，如通过沼泽地的路径选择，这类路径分析目前研究较少。

路径分析的关键是对路径的求解，即如何求出满足条件的最优路径。而最优路径的求解常常可转化为最短路径的求解，最短路径指网络图中一个点对之间总边权最小的连接起讫点的边的序列。最短路径问题是网络分析中的最基本问题，不仅可以将许多最佳路径问题转化为最短路径的问题，同时网络最优化中的其他许多问题也可以转化为最短路径问题或用最短路径算法为基础。最短路径算法的效率直接影响网络最优化问题的效率。

在实际中常见的最短路径问题，如司机用汽车运输货物从A城到B城，他就会考虑走路程最短或者时间最少的道路。又如，要在A地到B地之间铺设煤气管道。如何铺设才能使总的造价最小，这是考虑费用的最短路径问题。另外，在城市规划、机器人行走、操作分析、线路安排、设备更新、厂区布局、电子导航、交通转车等方面均需要考虑到最短路径问题。

6.2.1 最短路径的数学模型

设$G=\langle V,E\rangle$是一个非空的简单有限图，V为结点集，E为边集。对于任何$e=(v_i,v_j)\in E$，$w(e)=a_{ij}$为边(v_i,v_j)的权值。P是G中的两点间的一条有向路径，定义P的权值

$$W(P)=\sum_{e\in E(P)}w(e)$$

则G中两点间权最小的有向路径称为这两点的最佳路径。

最短路径的数学模型为

$$\begin{cases}\min\sum\limits_{(v_i,v_j)\in E}a_{ij}x_{ij}\\ x_{ij}\geqslant 0\\ \sum\limits_{(v_i,v_j)\in E}x_{ij}-\sum\limits_{(v_j,v_i)\in E}x_{ji}=\begin{cases}0,\ i=1\\ 0,\ 2\leqslant i\leqslant n-1\\ -1,i=n\end{cases}\end{cases}$$

其中，x_{ij}为(v_i,v_j)在有限路径中出现的次数。求最短路径的问题实际上就是求解上述模型的最优解。

6.2.2 最短路径分类

最短路径是运筹学、图论等应用数学领域中的一个基本概念，关于它的算法研究已得到这些领域的学者长期关注，并已经取得很多研究成果。按研究的目标可有不同的分类

(李圣权,2004)。图 6.2 是按问题类型的最短路径分类,图 6.3 是按网络特征的最短路径分类,图 6.4 是按实现技术的最短路径分类。

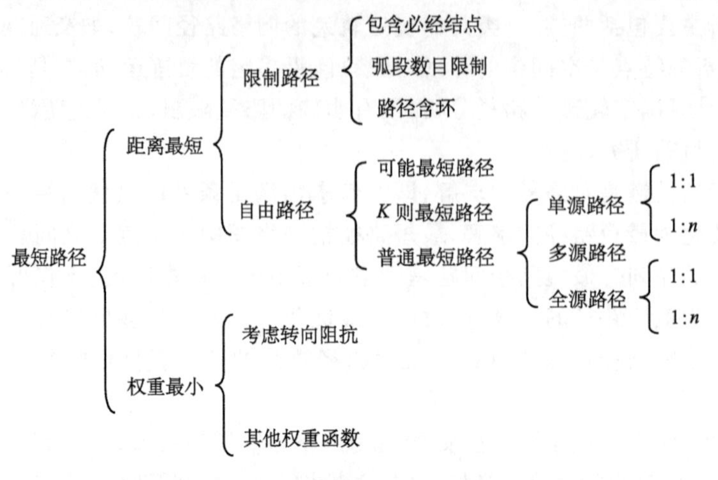

图 6.2 基于问题类型的最短路径分类

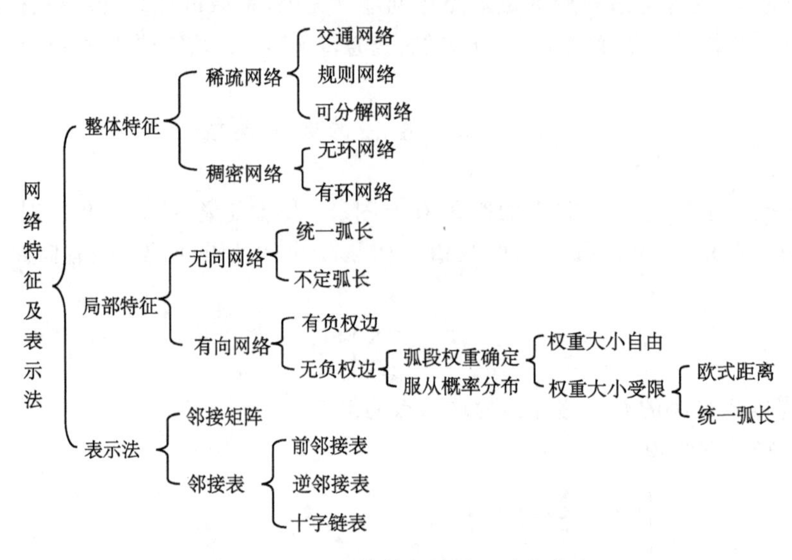

图 6.3 基于网络特征的最短路径分类

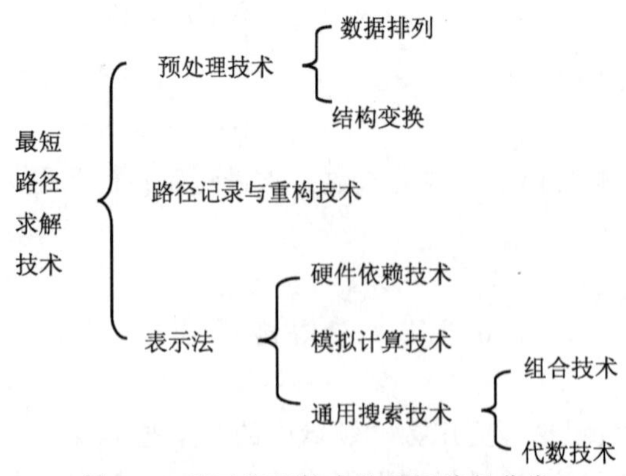

图 6.4 基于实现技术的最短路径分类

最短路径的求解方法主要分为两大类：一类是单源点间的最短路径问题，即求网络系统中一个点到其他点的最短路径；另一类是所有点对间的最短路径，即在整个运算过程中，求得所有点对间的最短路径。

6.2.3 最短路径的Dijkstra算法

最短路径的最经典的算法是Dijkstra于1959年提出的按路径长度递增的次序产生最短路径的方法，它是一个适用于所有弧的权为非负的最短路径算法，可以给出从某定点到图中其他所有顶点的最短路径。

Dijkstra算法的基本思想是标记源点到已得到点的最短路径，再寻找到一个点的最短路径。如图6.5所示，若已知图中对总长度最接近于顶点 s 的 m 个顶点，以及从顶点 s 到这些顶点中每一个顶点的最短路径，对顶点 s 和这 m 个顶点标记。然后，最接近于 s 的 $m+1$ 个顶点可求之如下：对于每一个未着色的顶点 y，考虑所有已着色顶点 x，将弧 (x,y) 接在从 s 到 x 的最短路径后面，这样，就构成从 s 到 y 的 m 条不同路径。选出这 m 条路径中的最短路径，它就是从 s 到 y 的最短路径。究竟哪一个未着色的顶点是最接近于 s 的第 $m+1$ 个顶点呢？从 s 到某一个未着色的顶点使它按以上所述算出的路径最短，则这个顶点就是最接近于 s 的第 $m+1$ 个顶点。因为所有弧的长度都是非负值，所以，从 s 到最接近于 s 的第 $m+1$ 个顶点的最短路径必然只使用已着色的顶点作为其中间顶点，由此即得所求到的顶点确为所要的顶点。所以，如果最接近于 s 的 m 个顶点为已知，则第 $m+1$ 个顶点可按上述方法确定。从 $m=0$ 开始，将这个过程重复进行下去，直至求得从 s 到 t 的最短路径为止。

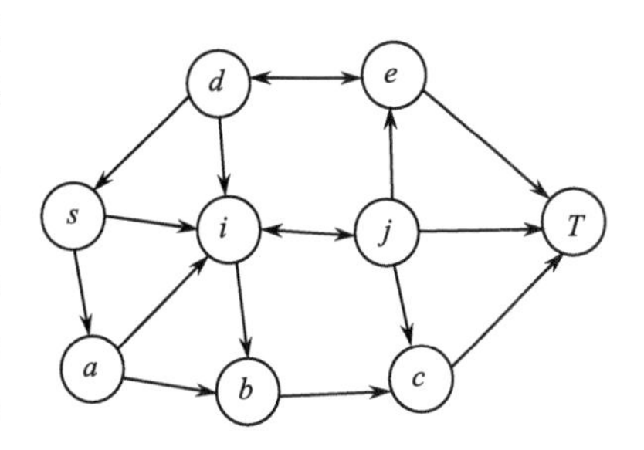

图6.5 路径树示例

Dijkstra算法具体步骤为：

(1)初始化

设置源 s 点：$d_s=0, p_s=\varnothing$；

其他点：$d_s=\infty, p_s=?$（未知）

将起源点 s 标号，记 $k=s$，其他点尚未处理。

(2)距离计算。计算从所有标记的点 k 到其他直接连接的未标记的点 j 的距离 l_{kj}，并令

$$d_j = \min\{d_j, d_k + l_{kj}\}$$

(3) 选取下一点。从上述结点集中，选取 d_j 最小所对应的点为最短路径中的下一连接点 i，并作标记。

(4)找到点 i 的前一点。从已标记的点中找到直接连接到点 i 的前一点 j^*，并令 $i=j^*$ 作为前一点。

(5)标记点 i。如果所有点已标记，则算法完全退出，否则，记 $k=i$，转到(2)再继续，直到所有点都已标记。

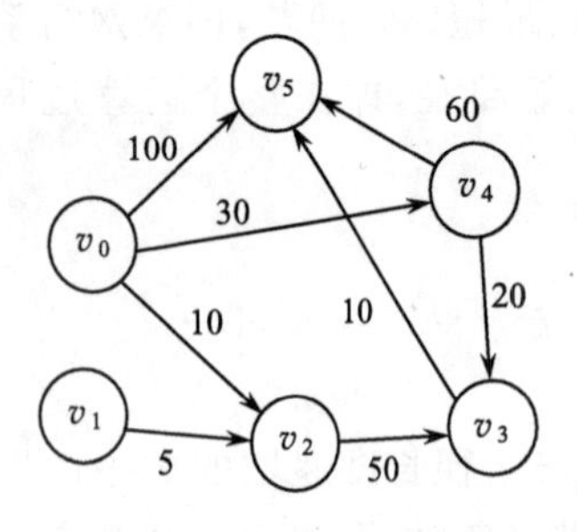

图 6.6　求最短路径示例

Dijkstra 算法是全向搜索方法，其时间复杂度为$O(n^2)$，其中 n 为结点个数。

例:求解如图 6.6 所示的最短路径。

下面按 Dijkstra 算法求最短路径。

(1) 令 $d(0)=0, d(i)=\infty$，　$(i=1,2,3,4,5)$

(2) 计算 $k=1$，

$$d(1) = \min\{d(1), d(0) + l(0,1)\} = \min\{\infty, 0 + \infty\} = \infty$$

$$d(2) = \min\{d(2), d(0) + l(0,2)\} = \min\{\infty, 0 + 10\} = 10$$

$$d(3) = \min\{d(3), d(0) + l(0,3)\} = \min\{\infty, 0 + \infty\} = \infty$$

$$d(4) = \min\{d(4), d(0) + l(0,4)\} = \min\{\infty, 0 + 30\} = 30$$

$$d(5) = \min\{d(5), d(0) + l(0,5)\} = \min\{\infty, 0 + 100\} = 100$$

显然

$$d(2) = \min\{d(1), d(2), d(3), d(4), d(5)\} = 10$$

于是，标记(v_0, v_2)，即(v_0, v_2)是 v_0 到 v_2 的最短路径。

(3) $k=2$，

$$d(1) = \min\{d(1), d(2) + l(2,1)\} = \infty$$

$$d(3) = \min\{d(3), d(2) + l(2,3)\} = 60$$

$$d(4) = \min\{d(4), d(2) + l(2,4)\} = 30$$

$$d(5) = \min\{d(5), d(2) + l(2,5)\} = \infty$$

显然

$$d(4) = \min\{d(1), d(3), d(4), d(5)\} = 30$$

于是，标记(v_0, v_4)，即(v_0, v_4)是 v_0 到 v_4 的最短路径。

(4) $k=4$，

$$d(1) = \min\{d(1), d(4) + l(4,1)\} = \infty$$

$$d(3) = \min\{d(3), d(4) + l(4,3)\} = 50$$

$$d(5) = \min\{d(5), d(4) + l(4,5)\} = 90$$

显然

$$d(3) = \min\{d(1), d(3), d(5)\} = 50$$

于是，标记(v_4, v_3)，即(v_4, v_3)是 v_4 到 v_3 的最短路径。

(5) $k=3$，

$$d(1) = \min\{d(1), d(3) + l(3,1)\} = \infty$$

$$d(5) = \min\{d(5), d(3) + l(3,5)\} = 60$$

显然

$$d(5) = \min\{d(1), d(5)\} = 60$$

于是，标记(v_3, v_5)，即(v_3, v_5)是 v_3 到 v_5 的最短路径。

(6) $k=5$，

$$d(1)=\min\{d(1),d(5)+l(5,1)\}=\infty$$

由于 $d(1)=\infty$，即最后一个未标记的点为∞。于是，算法停止，即所有点都标记完毕。

反向追踪，可得 v_0 到 $v_i(i=1,2,3,4,5)$的最短路径。最短路径及其权值如下表示：

(v_0,v_1)	∞
(v_0,v_2)	10
(v_0,v_4)，(v_4,v_3)	50
(v_0,v_4)	30
(v_0,v_4)，(v_4,v_3)，(v_3,v_5)	60

6.2.4 Floyd 算法

Dijkstra 算法都是假设边的长度(权)是非负的，但在一些问题中，有时会出现权为负值的情况，这时 Dijkstra 算法就不能用，而 Floyd 算法能解决这类问题。Floyd 算法是 Floyd 于 1962 年提出的，它是一个求图中所有结点间最短路径的算法，它可以解决权值为负的情况。

Floyd 算法基本思想：假设求从结点 v_i 到 v_j 的最短路径。如果 v_i 与 v_j 邻接，则从 v_i 到 v_j 存在一条长度为 $\omega(v_i,v_j)$的路径，但该路径不一定是最短路径，尚需进行 n 次试探。首先考虑路径(v_i,v_1,v_j)是否存在，即判别弧(v_i,v_1)和(v_1,v_j)是否存在。如果存在，则比较(v_i,v_1)和(v_1,v_j)的路径长度，取较小者为从 v_i 到 v_j 的中间结点的序号不大于 1 的最短路径。假如在路径上再增加一个结点 v_2，也就是说，如果$(v_i,\cdots,v_2)$和$(v_2,\cdots,v_j)$分别是当前找到的中间结点的序号不大于 1 的最短路径，那么$(v_i,\cdots,v_2,\cdots,v_j)$就有可能是从 v_i 到 v_j 的中间结点序号不大于 2 的最短路径，将其与已经得到的从 v_i 到 v_j 的中间结点的序号不大于 1 的最短路径相比较，选其中较小者为从 v_i 到 v_j 的中间结点序号不大于 2 的最短路径。然后再增加一个结点 v_3，继续进行试探，并依次类推。一般地，若$(v_i,\cdots,v_k)$和$(v_k,\cdots,v_j)$分别是从 v_i 到 v_k 和从 v_k 到 v_j 的中间结点的序号不大于 $k-l$ 的最短路径，则将$(v_i,\cdots,v_k,\cdots,v_j)$与已经得到的从 v_i 到 v_j 的中间结点的序号不大于 $k-l$ 的最短路径相比较，其中较小者即为从 v_i 到 v_j 中间结点序号不大于 k 的最短路径。这样，在经过次试探和比较之后，最后求得的必是从结点 v_i 到 v_j 的最短路径。

按照该方法，可以同时求得所有结点对间的最短路径。该算法在实际运算时，需定义一个 n 阶方阵 A，在计算过程中产生方阵序列 $A^{(0)}$，$A^{(1)}$，$\cdots$，$A^{(k)}$，$\cdots$，$A^{(n)}$，其定义分别为

$$A_{ij}^{(0)}=w(v_i,v_j)$$

$$A_{ij}^{(k)}=\min\{A_{ij}^{(k-1)},A_{ik}^{(k-1)}+A_{kj}^{(k-1)}\}\quad 1\leqslant k\leqslant n$$

其中，$A^{(0)}$为所计算网络的邻接矩阵；$A_{ij}^{(k)}$为从 v_i 到 v_j 的中间结点的序号不大于 k 的最短路径的长度；$A_{ij}^{(n)}$为从 v_i 到 v_j 的最短路径的长度。

Floyd 算法步骤为：

(1)设置初值,令 $A_{ij}=w(v_i,v_j)$,若 $w(v_i,v_j)<\infty$,且 $i\neq j$,则令 $P_{ij}=[i]+[j]$;

(2)对 $k=1,2,\cdots,n,i=1,2,\cdots,n,j=1,2,\cdots,n$,判断是否有 $A_{ik}+A_{kj}<A_{ij}$,若是,置 $A_{ij}=A_{ik}+A_{kj},P_{ij}=P_{ik}+P_{kj}$;

(3)迭代 n 次之后,算法结束,A_{ij} 即为从 v_i 到 v_j 的最短路径的长度,P_{ij} 即为相应的最短路径。

Floyd 算法的最差运行时间复杂度为 $O(n^3)$,Dijkstra 算法执行 n 次(每一次取不同结点为起始结点),同样可达到求解所有结点对之间最短路径的目的。对稠密图而言,其时间复杂度为 $O(n^3\log n)$。相比而言,Floyd 算法为佳。

6.2.5 A* 算法

Dijkstra 算法有许多改进方法,例如,基于方向策略的限制搜索区域方法,角度优先搜索思想可确定多大的限制区域才合适,层次空间推理的限定语层次搜索方法可使算法效率提高达数倍以上,最大邻接点法改进算法的存储空间,采用四叉堆优先级队列、二叉堆优先级队列、快速排序的 FIFO 队列来改进算法的效率等。

在改进算法中,A* 算法是效果较好的启发式搜索算法。该算法的创新之处在于选择下一个被检查的结点时引入了已知的全局信息,对当前结点距终点的距离作出估计,作为评价该结点处于最优路线上的可能性的量度,这样就可以首先搜索可能性较大的结点,从而提高了搜索过程的效率。

A* 算法引入了当前结点 j 的估计函数 f^*,当前结点 j 的估计函数定义为

$$f^*(j)=g(j)+h^*(j)$$

其中,$g(j)$为从起点到当前结点 j 的实际费用的量度;$h^*(j)$为从当前结点 j 到终点的最小费用的估计。注意到若 $h^*(j)=0$,即没有利用任何全局信息,这时 A* 算法就变成了 Dijkstra 算法。这表示 Dijkstra 算法可看作 A* 算法的特例。

算法可以依据实际情况选择 $h^*(j)$的具体形式,但 $h^*(j)$要满足一个要求,即不能高于结点 j 到终点的实际最小费用,这一条件称为相容性条件。可以证明,如果估计函数满足相容性条件,且原问题存在最优解,则 A* 算法一定能够求出最优路径。

为了 A* 算法的顺利执行,引入两个链表。用 T 表示已经生成但尚未扩展的结点集合,S 为已经扩展的结点集合。算法执行完毕之后,S 即为已找到从 v_s 出发的最短路径的结点集合。

A* 算法的基本步骤如下:

(1)设置初值。对起始结点 v_s,令 $g_{v_s}=0$;对其余结点 $\forall v\neq v_s$,令 $g_v=\infty$,令 $S=\Phi,T=\{v_s\}$,显然此时 v_s 是 T 中具有最小 f^* 值的结点。

(2) 若 $T=\Phi$,则算法失败;否则,从 T 中选出具有最小 f^* 值的结点 v,即令 $v=\min\{f_u^*\}$。令 $S:=S\cup\{v\},T:=T-\{v\}$。

判断 v 是否为目标结点。若是目标结点,转步骤(4);否则,生成 v 的后继结点。继续执行步骤(3)。

(3)对于每一个后继结点 w,计算 $g_v+\omega(v,w)$,根据 w 所处的位置,有三种情况,①若 $w\in T$,判断是否有 $g_w>g_v+\omega(v,w)$。若是,置 $g_w=g_v+\omega(v,w),p_w=v$。②若 $w\in$

S,判断是否有 $g_w > g_v + \omega(v,w)$。若是,置 $g_w = g_v + \omega(v,w)$,$p_w = v$。③若 $w \notin T$ 且 $w \notin S$,令 $g_w = g_v + \omega(v,w)$,$p_w = v$,$T: T \cup \{w\}$。计算结点 w 的估计函数 $f_w^* = g_w + h_w^*$。转步骤(2)。

(4)从结点 v 开始,根据 p_v 利用回溯的方法输出起始结点 v_s 到目标结点 v 的最优路径,以及最短距离 g_v,算法终止。

A^* 算法占用的存储空间少于 Dijkstra 算法。若将结点的平均出度(即所有结点出度的平均值)记为 b,从起点到终点的最短路径的搜索深度(即搜索算法为了寻找最优解而必须遍历的树的层数)记为 d,则 A^* 算法的时间复杂度为 $O(b^d)$。

由于 A^* 算法具有较为合理而有效的搜索过程,故其搜索深度 d 较小,所以即使拥有相同的时间复杂度,一般的最短路径的实际运算效果也不如 A^* 算法。

6.2.6 所有点对间的最短路径

上面算法是求一点到其他点间的最短路径,有时还需要求点对间的最短路径,即求解每一对顶点之间的最短路径。

求点对间的最短路径问题可转化为求一点到其他点间的最短路径问题,即对每一个点,重复利用求一点到其他点间的最短路径算法,即可得到点对间的最短路径。但是,这样计算的算法计算量巨大,如应用 Dijkstra 算法,要重复执行 n 次,其时间复杂度都为 $O(n^3)$。若在计算机上加以实现,当数据量稍大一些时,它对内存的需求就会很大。

关于最短路径的算法已有数十种,结合实际问题的算法则更多并且不断有新的算法出现。在算法的实现和改进中,主要涉及 3 个方面的问题:

(1)网络描述,即网络的物理数据模型,包括网络部件的相对内存与高效存取相关信息的指针信息;

(2)标记方法,它决定了待扫描点的集合;

(3)选择规则与结点集数据结构,选择规则决定了下一个待扫描的结点。

实际中应用得较多的还是以 Dijkstra 算法为基础的结合实际问题的各种改进算法。

6.3 最佳路径分析

在地理网络中,除了最短路径外,还有通行时间最短、运输费用最低、行驶最安全、容量最大等,这些都统称为最佳路径问题。最短路径是最佳路径的最常见的一种。此外,还有最大可靠路径、最大容量路径等。

6.3.1 最大可靠路径

设 $G=\langle V,E\rangle$ 是一个非空的简单有限图,V 为结点集,E 为边集。对于任何 $e=(v_i, v_j)\in E$,$w(e)=p_{ij}$ 为边 (v_i, v_j) 的完好概率。P 是 G 中的两点间的一条有向路径,定义 P 的完好概率

$$p(P) = \prod_{e \in E(P)} p_{ij} \tag{6.1}$$

则 G 中这两点间完好概率最大的有向路径称为这两点的最大可靠路径。

最大可靠路径求解可以转化为最短路径求解。实际上，对式(6.1)取对数，有

$$\ln p(P) = \ln\left(\prod_{e \in E(P)} p_{ij} \right) = \sum_{e \in E(P)} \ln p_{ij} \tag{6.2}$$

由于 $0 \leqslant p_{ij} \leqslant 1$，则 $\ln p_{ij} \leqslant 0$。定义 $\omega_{ij} = -\ln p_{ij}$，则 $\omega_{ij} \geqslant 0$。于是将 ω_{ij} 作为边(v_i, v_j)对应的权值，则根据式(6.1)求最大可靠路径，即为根据式(6.2)求最短路径。即求得基于式(6.2)的最短路径，可得到基于式(6.1)的最大可靠路径。

由于

$$\sum_{e \in E(P)} \omega_{ij} = \sum_{e \in E(P)} (-\ln p_{ij}) = -\ln \prod_{e \in E(P)} p_{ij}$$

则

$$\prod_{e \in E(P)} p_{ij} = \exp\left(-\sum_{e \in E(P)} \omega_{ij} \right)$$

因此，最大可靠路径的完好概率是 $\exp\left(-\sum_{e \in E(P)} \omega_{ij} \right)$。

6.3.2 最大容量路径

设 $G=\langle V,E \rangle$ 是一个非空的简单有限图，V 为结点集，E 为边集。对于任何 $e=(v_i, v_j) \in E$，c_{ij} 为边(v_i, v_j)的容量。P 是 G 中的两点间的一条有向路径，定义 P 的容量为 P 中边的容量的最小值，即

$$C(P) = \min_{e \in E(P)} c_{ij}$$

则 G 中这两点间容量最大的有向路径称为这两点的最大容量路径。

交通网络中，最大容量可用来表示道路的最大通行能力。

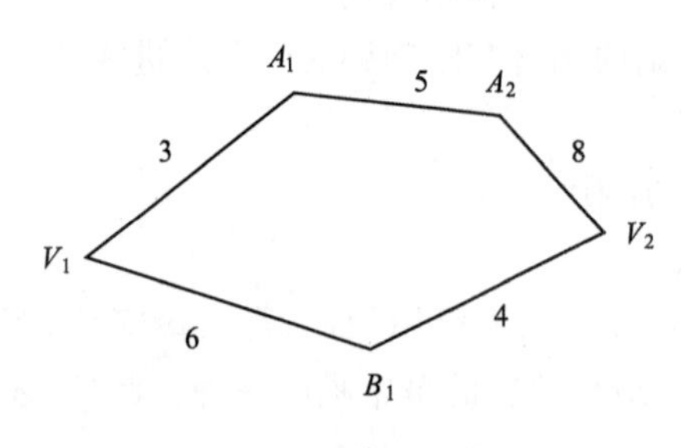

图 6.7 最大容量路径

例如，图 6.7 表示的从 V_1 到 V_2 的两条路径，每条边上的容量如图所示。由图可见，过结点 A_1 与 A_2 的路径的容量是 3，过结点 B_1 的路径的容量是 4。于是，从 V_1 到 V_2 的路径是最大容量是 4。

类似地，可以定义其他的最佳路径。例如，将网络中每条弧的权值定义为通过该弧的时间，就可定义通行时间最短的路径；将网络中每条弧的权值定义为通过该弧的费用，就可定义通行费用最少的路径。

最佳路径本质上是通过定义在每条弧上的权值来定义的，其求解要根据具体的权值转化为图论中的最佳化问题。

6.3.3 最佳路径的表现形式

对于任一种最佳路径，其表现形式有多种多样，如图 6.8 至图 6.13 所示，其中包括两点间的最佳路径，多点间指定顺序最佳路径，多点间最佳顺序最佳路径，回到起始结点最佳路径，两源最佳路径，多源最佳路径等。

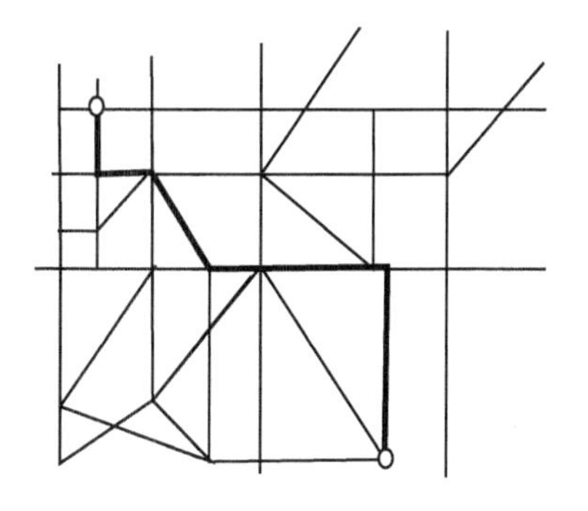

图 6.8　两点间的最佳路径

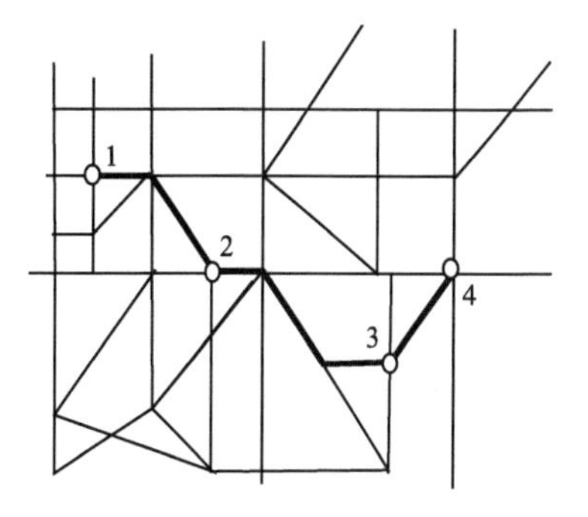

图 6.9　多点间指定顺序最佳路径

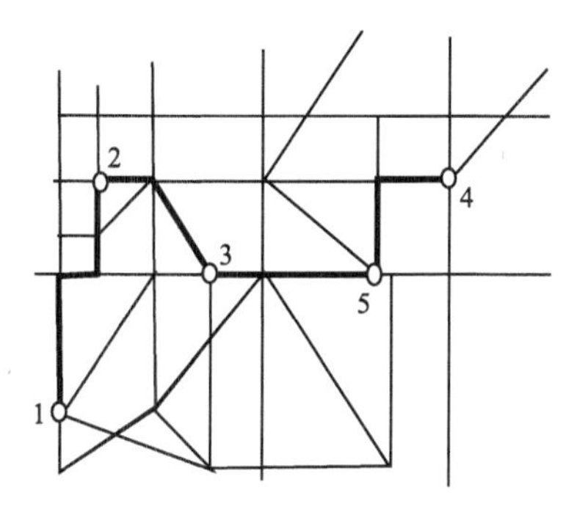

图 6.10　多点间最佳顺序最佳路径

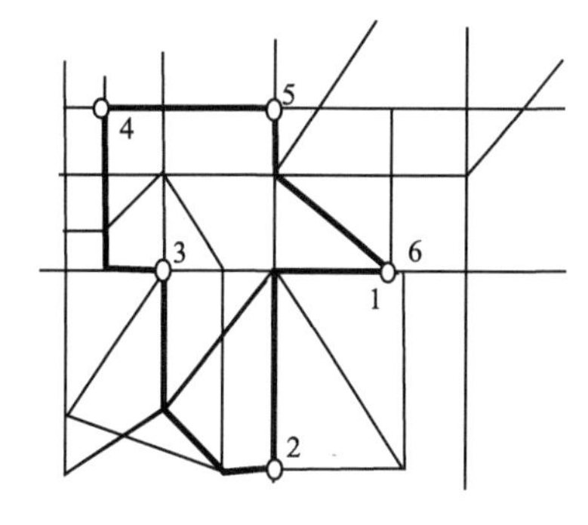

图 6.11　回到起始结点最佳路径

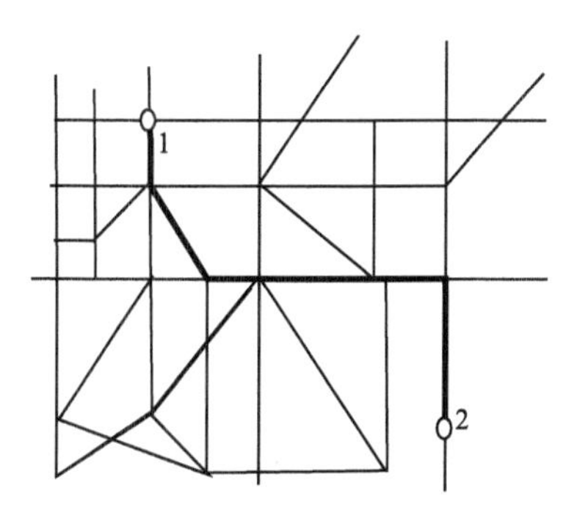

图 6.12　两源最佳路径

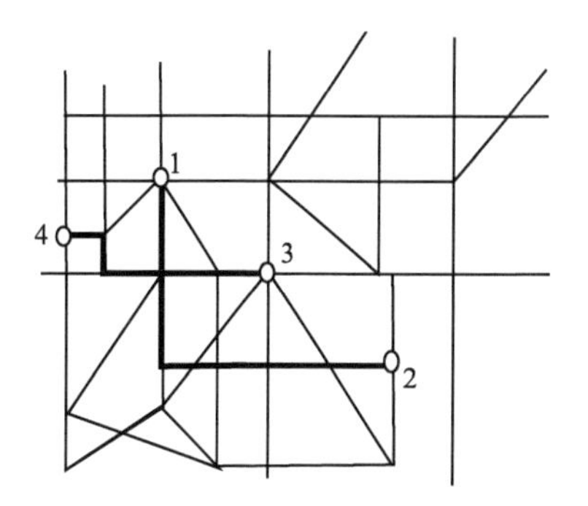

图 6.13　多源最佳路径

6.4 资源分配

6.4.1 基本概念

在地理网络中，经常涉及资源分配的问题，即在网络中根据应用需求将资源分配到所需的地点。例如，学校、商场选址，电力分配、物资调配等，都涉及到资源如何分配的问题。

资源分配中，研究问题包括：①需求点和供应点都确定的情况下，现有资源的分配，如物资配送；②新增供应点，如新的变电所选址；③新增需求点，如新建居民点。

资源分配的核心是资源的定位及分配。

资源的定位即是指已知需求，确定在哪里布设最合适的供应点，即寻找最佳的供应点。资源的分配问题则是确定这些需求源分别受哪个供应点服务的问题。在应用中，这两个问题通常是必须同时解决的问题，即在网络中根据需求点的要求，选定合适的供应点和供应方案，即在网络中选取相应的边和结点，使得在网络覆盖范围内供应点与需求点的关系在一定意义上达到最优，例如，距离最小、费用最小等。因此，资源分配是网络设施布局、规划中的一个优化问题，本质上是需求点和供应点的优化配置。

资源分配的数学模型是：

设有 n 个需求点 $P_i(x_i, y_i)(i=1,2,\cdots,n)$，$b_i(i,=1,2,\cdots,n)$是每个需求点的需求量。又设有 m 个供应点 $Q_j(u_j, v_j)(j=1,2,\cdots,m)$。设 t_{ij} 和 d_{ij} $(i=1,2,\cdots,n; j=1,2,\cdots,m)$分别是供应点 $Q_j(u_j, v_j)$对需求点 $P_i(x_i, y_i)$提供的供应量和两点间的距离。

如果所有的需求点都受到供应点的服务，则有

$$\sum_{j=1}^{m} t_{ij} = b_i, \quad i = 1,2,\cdots,n$$

若每个需求点都分配给与之最近的一个供应点，则对于 $i=1,2,\cdots,n; j=1,2,\cdots,m$，有

$$t_{ij} = \begin{cases} b_i, & \text{当 } d_{ij} < d_{ik}(k = 1,2,\cdots,m; k \neq j) \\ 0, & \text{其他情况} \end{cases}$$

此外，需求点 $P_i(x_i, y_i)$的需求是否由供应点 $Q_j(u_j, v_j)$供给可用矩阵($\boldsymbol{X}_{ij}$)表示，且

$$\boldsymbol{X}_{ij} = \begin{cases} 1, & P_i \text{ 受 } Q_j \text{ 供给} \\ 0, & \text{其他情况} \end{cases}$$

i \ j	1	2	3	4	5	6	7
1	0	0	1	0	0	0	0
2	0	0	1	0	0	0	0
3	0	0	1	0	0	0	0
4	0	0	1	1	1	0	0
5	0	0	0	0	0	0	0
6	0	0	0	0	1	0	0
7	0	0	0	0	1	0	0
8	0	0	1	0	0	0	0

图 6.14　一个资源供给例子

通过矩阵($\boldsymbol{X}_{ij}$)能确定供应点对需求点的配置情况。图 6.14 表示了一个资源供给的例子。

6.4.2 资源分配目标方程

资源分配要求供应点与需求点在一定意义下满足最优化条件。

如果资源分配要求供应点与需求点之间总的加权距离为最小,则相应的目标方程是

$$\sum_{i=1}^{n}\sum_{j=1}^{m}\omega_i d_{ij} = \min$$

这里权可能是运输费用、交通通行能力等。

如果要求距离最小时,目标方程是

$$\sum_{i=1}^{n}\sum_{j=1}^{m}d_{ij} = \min$$

如果要求所有的需求点在一给定的服务半径 s 内,则目标方程是

$$\sum_{i=1}^{n}\sum_{j=1}^{m}c_{ij} = \min$$

其中

$$c_{ij} = \begin{cases} \omega_i d_{ij}, & d_{ij} \leqslant s \\ +\infty, & d_{ij} > s \end{cases}$$

根据不同的应用,还可以产生许多目标方程。有时,目标方程可能有多个,即分配要求满足多种组合条件,但是这些问题一般可分解为多个单目标的问题。

求解目标方程还需要适当的边界条件。由目标方程和边界条件可以利用最优化的理论和方法解决。随着优化理论的发展,资源分配的求解算法也会得到不断的发展。

6.4.3 *P*-中心定位与分配问题

下面具体讨论一种资源分配问题,即要求所有需求点到供应点的加权距离最小,通常称为 *P*-中心定位问题(*P*-Median Location Problem),它是定位与分配的基础问题。

P-中心定位与分配最初是由 Hakimi 于 1964 年提出的。在这个模型中,网络结点代表了需求点或是潜在的供应点,而网络弧段则表示可到达供应的通路或连接。

1970 年,Revelle 和 Swain 将此问题表达成为一个整数规划的模型。

1. 目标方程和约束条件

在 m 个候选点中选择 p 个供应点为 n 个需求点服务,使得为这 n 个需求点服务的总距离(或时间、费用等)最少。若 ω_i 记为需求点 i 的需求量,d_{ij} 记为从候选点 j 到需求点 i 的距离,x_{ij} 为权系数,则目标方程为

$$\min\Big(\sum_{i=1}^{n}\sum_{j=1}^{m}x_{ij}w_i d_{ij}\Big)$$

相应的约束条件是

$$\sum_{i=1}^{n} x_{ij} = 1, \quad i = 1,2,\cdots,n$$

$$\sum_{j=1}^{m} \left(\prod_{i=1}^{n} x_{ij} \right) = p, \quad p \leqslant m \leqslant n$$

上述两个约束条件是为了保证每个需求点仅受一个供应点服务，并且只有 p 个供应点。所有 P-中心问题的解都表现为以下三条性质：

(1)每一个供应点都位于其所服务的需求点的中央；

(2)所有的需求点都分配给与之最近的供应点；

(3)从最优的解集中移去一个供应点并用一个不在解集中的候选点代替，会导致目标函数值的增加。

两种基本的方法可以用于 P-中心的模型求解：最优化方法和启发式方法。

最优化方法实现比较复杂，在目前情况下，其最好的应用方法也只能解决 800～900 个结点的问题，因此在解决更大型的问题方面，最优化方法还有待于研究。启发式方法则更适应大型问题的求解，并能得到较为合理的结果。

2. 全局/区域性交换式算法

全局/区域性交换式算法是一种效率较高的启发式方法，它通过供应点的全局和区域的不断调整来实现目标方程。其实现步骤为：

1) 选取初始供应点集

即先选取 p 个候选点作为起始供应点集，并将所有需求点分配到与之最近的供应点，计算目标方程值，即总的加权距离。

2) 供应点全局性调整

(1) 检验当前解中的所有供应点，选定一个供应点准备删去，它的删去仅引起最小的目标方程值的增加。

(2) 从不在当前解的 $m-p$ 个候选点中，寻找一个来代替(1)中选出的点，使其可以最大限度地减少目标方程的值。

(3) 如果(2)中选择的点所减少的目标方程的值大于(1)中选择的点所增加的目标方程的值，用(2)中的点代替(3)中的点，并更新目标方程值，返回(1)继续检验；否则转入(3)。

3) 供应点区域性调整

(1) 如果不是固定的供应点，用它的邻近的候选点来代替检验；

(2) 如果这一代替可以最大限度地减少目标方程的值，则进行替换，直到 $p-1$ 个供应点都被检验，并无新的替换为止。

4) 重复第 2 步和第 3 步直到两步都无新的替换为止。

在这一过程中,完成全局调整后的结果满足 P 中心问题的第一、二条性质,但并不满足第三条性质,即用任一不在当前解中的候选点来代替解中的供应点都会使目标函数值增加。为了满足这个条件,还必须进行区域性调整。这里的区域性调整利用空间邻近相关性的特性,每个供应点只被其服务范围内的候选点进行替换检测,所以每个候选点只被检验了一次,避免了很多不必要的计算,在一定程度上提高了计算效率。

但是,由于启发式方法自身的局限性,此方法还存在着以下不足:

(1) 并不保证全局的最佳结果,但非常接近;

(2) 并不平衡供应点间的负担;

(3) 并不限制供应点的容量;

(4) 初始点集的不同会影响最终结果。

6.5 流 分 析

地理网络中不断地进行着各式各样的资源如电力、运输资源的流动,如何使资源合理、快速地流动,是网络分析中的重要问题。这样的资源流动问题即是网络中的流分析,流就是资源在网络中的传输能力。

网络流优化即是根据某种优化指标(如时间最少,费用最低,路径最短、运量最大等),找出网络物流的最优方案的过程。网络流优化的关键是根据最优化标准扩充网络模型,即对结点、弧等地理要素进行性质细分和属性扩充。如结点可细分为发货点、收货点,中心可细分为发货中心、收货中心等。

6.5.1 最大流模型

地理网络流问题可以转化为一个有向图 $D(V,E,C)$,其中 C 对应网络边的容量的集合,它表示对应的边能运输的资源的最大数量。另外,网络中还有两个特殊的结点:发点 v_s 和收点 v_t,其中发点表示资源的运出点(源),收点表示资源的运入点(汇)。c_{ij} 表示网络弧(v_i, v_j)的容量,是一个非负的数。c_j 表示网络结点 v_j 的结点容量。

图 6.15 表示一个地理网络流的例子。

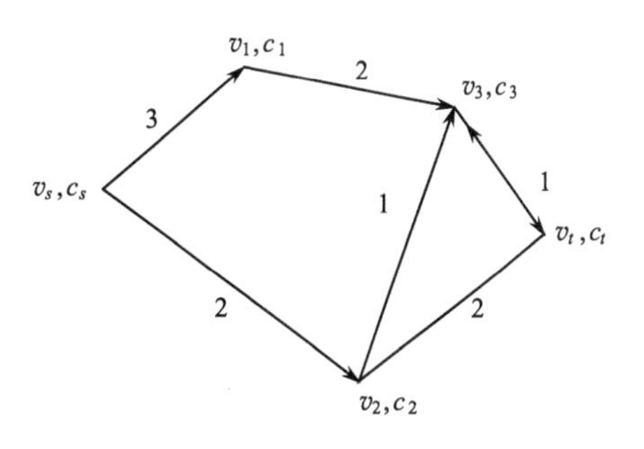

图 6.15 地理网络示例

地理网络中的流是指定在弧集合 E 中的实值函数 $f=\{x_{ij}\}$,x_{ij} 称为对应网络边(v_i,v_j)的流量。

如果流 $f=\{x_{ij}\}$满足如下两个条件,则称 f 为G 的可行流

(1) $\sum_{i}(x_{ij}-x_{ji})=\begin{cases}H, & i=s\\0, & i\neq s,t;\\-H & i=t\end{cases}$

(2)对于所有弧(v_i,v_j),有$0\leqslant x_{ij}\leqslant c_{ij}$。

条件(1)称为守恒方程,要求对于任何中间点,资源的流入量等于流出量。条件(2)称为容量限制,表示沿一条弧的流量不能超过这条边的容量。H 称为 $f=(x_{ij})$ 的流值,表示 v_s 到 v_t 的运输量。

若 $f=\{x_{ij}\}$满足下列条件,则称 f 为零流

$$(v_i,v_j)\in E,\quad x_{ij}=0$$
$$v_j\in V,\quad x_j=0$$

零流记为 $f\equiv 0$。

网络流问题中,通常要求在满足(1)和(2)的流中找出流值最大者,这即为最大流问题。

最大流问题可以转化为如下的优化模型

$$\begin{cases}\max H\\ \sum_{i}(x_{ij}-x_{ji})=\begin{cases}H, & i=s\\0, & i\neq s,t\\-H & i=t\end{cases}\\ x\leqslant x_{ij}\leqslant c_{ij}\end{cases}\tag{6.3}$$

6.5.2 最大流解法——标号法

求解最大流问题即求式(6.3)的最优解,其中一个基本的算法称为标号法,其基本思想是:首先给一个可行流 $f=\{x_{ij}\}$,一般来说,初始可行流取零流,表示网络开始不运输任何资源;然后在满足条件(1)、(2)的情况下,逐渐增加流量,直到无法增加流量为止,这时的可行流便是最大流。

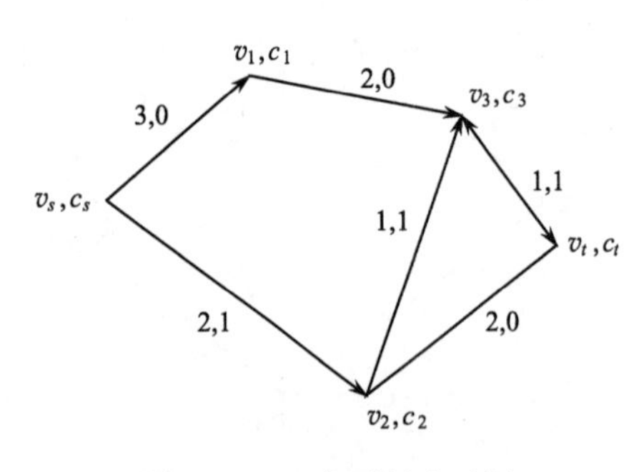

图 6.16　一个可行流示例

对于连接发点与收点的链,规定从发点 v_s 到收点 v_t 的方向为该链的方向,于是链上与链方向相同的弧称为前向弧,而与链方向相反的弧称为反向弧。例如在图 6.15 中,$P=\{v_s,v_1,v_3,v_2,v_t\}$为一条链,且弧$(v_s,v_1)$,$(v_1,v_3)$,$(v_2,v_t)$,是前向弧,$(v_3,v_2)$是反向弧。

对于图 6.15 所示的地理网络,设有一个可行流,如图 6.16 所示。弧上的第二个数字为该弧上的流量。

如果一条链中的每条前向弧(v_i,v_j)都有 $x_{ij}<c_{ij}$,每条反向弧(v_k,v_l)都有 $x_{kl}>0$,则称这样的链为该可行流的可增流链。

对于图 6.16 所给的可行流,链 $P=\{v_s,v_1,v_3,v_2,v_t\}$就是一条可增流链,因为前向弧

(v_s,v_1),(v_1,v_3),(v_2,v_t)上流量 $x_{s1}=x_{13}=x_{2t}=0$ 均小于它们的容量,而反向弧(v_3,v_2)上流量 $x_{32}=1>0$。

对于上述流,可以逐渐增加流量,直到无法增加流量为止,求出最大流。下面给出用标号法求最大流的步骤。

标号法的基本步骤是:

第一步,标号与检查。

网络中的顶点分已标号点和未标号点。

首先发点标号$(0,+\infty)$,这时发点是标号而未检查的点,其余都是未标号点。

(1) 如果所有已标号点都已被检查,而收点没有得到标号,则进行第三步。

(2) 找到一个标号而未检查的顶点 v_i,对它进行如下检查

对每条弧(v_i,v_j),如果 $x_{ij}<c_{ij}$,且 v_j 末标号,则给 v_j 一个标号$(+v_i,\delta_j)$,其中

$$\delta_j = \min\{c_{ij} - x_{ij}, \delta_i\}。$$

对每条弧(v_j,v_i),如 $x_{ji}>0$,且 v_j 末标号,则给 v_j 一个标号$(-v_i,\delta_j)$,其中

$$\delta_j = \min\{x_{ji}, \delta_i\}。$$

(3) 如果收点已得到标号,则进行第二步;否则返回(1)。

第二步,增流。

这时收点 v_t 已得标号,则按 v_t 标号中的第一个量,逆向追踪找出可增流链 P,如设 v_t 标号(v_k,δ_t),则弧(v_k,v_t)是链 P 上的前向弧,接下来看 v_k 的标号中的第一个量,依次下去,直到发点 v_s 为止。如设 v_t 标号$(-v_k,\delta_t)$,则弧(t_t,v_k)是链 P 上的反向弧,接下来看 v_k 的标号,直到发点 v_s 为止,构成一条可增量流。

再按下述关系调整网络中的可行流:

$$x'_{ij} = \begin{cases} x_{ij} + \delta_t, & (v_i,v_j) \text{ 是 } P \text{ 的前向弧} \\ x_{ij} - \delta_t, & (v_i,v_j) \text{ 是 } P \text{ 的反向弧} \\ x_{ij}, & \text{其他弧} \end{cases}$$

去掉图中所有标号,对可行流$\{x'_{ij}\}$重新进行第一步。

第三步,当标号无法进行下去,收点 v_t 无标号时,这时的可行流已是最大流,按下式求最大值 H^*

$$H^* = \sum_j x_{sj}$$

应用上述标号法求最大流时,要求每条弧的容量都为非负整数,且初始可行流也都是整数,因为如不作这样的要求,对某些情况算法不能保证在有限步结束。若每条弧的容量都是有理数时,可将每条弧的容量都扩大同样大的倍数,使其都为整数即可。

6.5.3 最小费用最大流问题

最小费用最大流(或称最小代价最大流)问题是考虑在最大流的基础上使其费用最小,类似于这样的实际问题很多。

设一个网络 $G(V,E,C,A)$,c_{ij} 表示弧(v_i,v_j)上的容量,a_{ij} 表示弧(v_i,v_j)上的输送单

位流量所需的费用。

最小费用最大流问题就是

$$\min_{(x_{ij})\in X^*}\sum_{(v_i,v_j)\in E} a_{ij}x_{ij}$$

其中，X^* 为 G 的最大流的集合，即在最大流集合中寻找一个费用最小的最大流。

确定最小费用最大流的基本思想是：从初始可行流（一般取零流）开始，在每次迭代过程中对每条弧赋予与 c_{ij}，a_{ij}，x_{ij} 有关的权 ω_{ij} 构成一个有向赋权图 $G(V,E,W)$，再用求最短路径的方法确定 v_s 到 v_t 的费用最小的可增流链，沿着该链增加流量得到相应新的可行流，重复上述过程，直至求得最大流。

上述方法的关键在于构造权数，构造方法是：对任意弧 (v_i,v_j)，现有流 $\{x_{ij}\}$，弧上的流量可增加 $(x_{ij}<c_{ij})$，也可能减少 $(x_{ji}>0)$，因此，每条边赋予前向费用权 ω_{ij}^+ 与反向费用权 ω_{ij}^-

$$\omega_{ij}^+=\begin{cases}a_{ij}, & \text{若 } x_{ij}<c_{ij}\\ +\infty, & \text{若 } x_{ij}=c_{ij}\end{cases}$$

$$\omega_{ij}^-=\begin{cases}-a_{ij}, & \text{若 } x_{ij}>0\\ +\infty, & \text{若 } x_{ij}=0\end{cases}$$

这样构成了有向赋权图 $G(V,E,W)$，确定 v_s 到 v_t 的费用最小的可增流路径，等价于确定从 v_s 到 v_t 的最短路径。

有了可增流链后，要确定最大可增流量，确定每条弧前向可增流量及反向可增流量

$$\delta_{ij}^+=\begin{cases}c_{ij}-x_{ij}, & \text{若 } x_{ij}<c_{ij}\\ 0, & \text{若 } x_{ij}=c_{ij}\end{cases}$$

$$\delta_{ij}^-=\begin{cases}x_{ij}, & \text{若 } x_{ij}>0\\ 0, & \text{若 } x_{ij}=0\end{cases}$$

于是，可得最小费用最大流的算法步骤如下：

(1) 从零流开始，$\{x_{ij}\}=\{0\}$。

(2) 赋权

当 $x_{ij}<c_{ij}$ 时，$\omega_{ij}^+=a_{ij}$，$\delta_{ij}^+=c_{ij}-x_{ij}$；

当 $x_{ij}=c_{ij}$ 时，$\omega_{ij}^+=+\infty$，$\delta_{ij}^+=0$；

当 $x_{ij}>0$ 时，$\omega_{ij}^-=-a_{ij}$，$\delta_{ij}^-=x_{ij}$；

当 $x_{ij}=0$ 时，$\omega_{ij}^-=+\infty$，$\delta_{ij}^-=0$。

(3) 确定 v_s 到 v_t 的最短路径（可增流链）

$$P(v_s,v_t)=\{(v_s,v_{ij}),\cdots,(v_{lk},v_t)\},$$

若路长为 $+\infty$，结束，当前流已是最小费用最大流，否则转(4)。

(4) 沿最短路径确定最大可增流量

$$\delta=\min\{\delta_{si1},\cdots,\delta_{sit}\}$$

δ_{ij} 取 δ_{ij}^+ 还是 δ_{ij}^- 取决于 (v_i,v_j) 在 P 中是前向弧还是反向弧。

(5) 调整

$$x'_{ij}=\begin{cases}x_{ij}+\delta_t, & (v_i,v_j)\text{ 是 }P\text{ 的前向弧}\\ x_{ij}-\delta_t, & (v_i,v_j)\text{ 是 }P\text{ 的反向弧}\\ x_{ij}, & \text{其他弧}\end{cases}$$

然后转(2)。

算法结束。

例:最小费用最大流的一个运输问题。

设某产品有 m 个产地,第 i 个产地的月最大产量和单位产品的成本分别为 c_i 单位/月和 $a_i(i=1,2,\cdots,m)$,该产品有 n 个需求地,分别为 b_j 单位/月,又已知从第 i 个产地到第 j 个需求地的最大可能运量为 ω_{ij}/月,单价 l_{ij}。问各地应生产多少产品,如何调运才能尽可能满足需求,并使总费用最小?

虚设一个发点 v_s 到收点 v_t,从发点到第 i 产地的权数设为 c_i, $a_i(i=1,2,\cdots,m)$,从第 i 产地到第 j 需求地的权数量 ω_{ij}、$l_{ij}(i=1,\cdots,m;j=1,2,\cdots,n)$,从第 i 需求地到收点的权数 b_j、$0(j=1,2,\cdots,m)$,这样一个运输问题就转化成最小费用最大流问题,如图 6.17 所示。

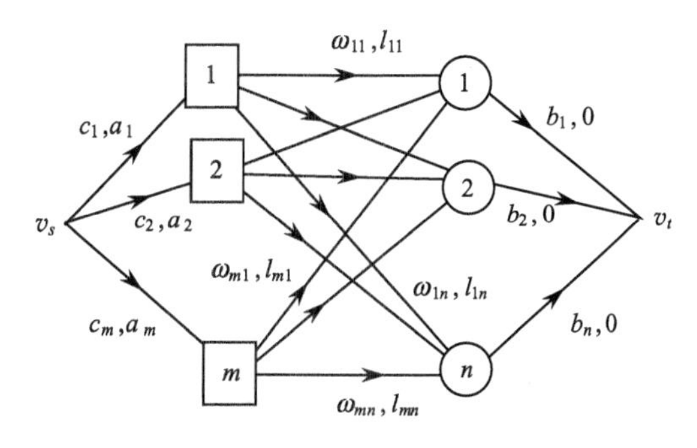

图 6.17 一个运输问题

将运输问题建立最小费用最大流模型的技巧在于虚设一个发点 v_s 和收点 v_t,以及确定相应的权数。

第7章　DEM表面建模及精度分析模型

数字高程模型(Digital Elevation Model,DEM)是对地形的数字化描述和表示。DEM是GIS空间分析的重要基础,许多GIS空间分析是基于DEM进行的。因此,建立好DEM相关模型尤其重要,其可靠性、精确性等直接关系到GIS空间分析的成败。目前,随着诸多高新技术的应用,在DEM数据采集方法与数据精度上有了长足的进步,然而,对DEM精度的研究却相对落后于应用的要求。各类DEM误差的存在,不同程度的降低了GIS分析与应用结果的精确性。因此,加强DEM精度的研究具有重要意义。

本章将对DEM中的一些模型和方法特别是理论模型进行研究。主要有DEM表面建模,DEM内插模型、基于正方形格网的DEM精度模型和高阶插值传递误差模型、基于不规则三角网(Triangulated Irregular Network,TIN)的DEM传递误差模型、地形描述误差模型等。

7.1　数字高程模型概念

7.1.1　基 本 概 念

1958年,Miller和Laflamme提出了数字地形(面)模型(Digital Terrain Model,DTM)的概念用于设计公路线路。

DTM是对某一种或多种地面特性空间分布的数字描述,是叠加在二维地理空间上的一维或多维地面特性向量空间,是地理信息系统空间数据库的某类实体或所有这些实体的总和。数字地面模型的本质共性是二维地理空间定位和数字描述。

数字地形模型本质上是描述地球表面形态多种信息空间分布的有序数值阵列。从数学的角度,DTM可以用二维函数系列取值的有序集合来表示:

$$K_p = f_k(u_p, v_p), \quad (k = 1,2,3,\cdots,m; p = 1,2,3,\cdots,n) \tag{7.1}$$

其中,K_p为第p号地面点(可以是单一的点,但一般是某点及其微小邻域所划定的一个地表面元)上的第k类地面特性信息的取值;u_p、v_p为第p号地面点的二维坐标,可以是采用任一地图投影的平面坐标,或者是经纬度和矩阵的行列号等;$m(m \geqslant 1)$为地面特性信息类型的数目;n为地面点的个数。

在DTM中,当$m=1$且f_1为对地面高程的映射,式(7.1)表达的数字地面模型即所谓的数字高程模型。显然,DEM是DTM的一个子集。实际上,DEM是DTM中最基本的部分,它是对地球表面地形地貌的一种离散的数字表达。DEM是测绘学中最常用的地形表示模型。

从数学上,数字高程模型是表示区域D上的三维向量有限序列,用函数的形式描述为

$$V_i = (X_i, Y_i, Z_i) \quad (i = 1,2,3,\cdots,n) \tag{7.2}$$

其中，X_i，Y_i 是平面坐标；Z_i 是(X_i，Y_i)对应的高程。

数字高程模型是地理信息系统数据库中最为重要的空间信息资料，是 GIS、遥感、虚拟现实、数字化战场等领域赖以进行三维空间数据处理与地形分析的核心数据，是国家地理信息的基础数据之一。目前世界各主要发达国家都纷纷建立了覆盖全国的 DEM 数据系统，我国也完成了基于 1∶25 万地形图的全国地形数据库，其他类型的 DEM 也正在积极建设之中。

与传统地形图比较，DEM 作为地形表面的一种数字表达形式有以下特点：

(1)容易以多种形式显示地形信息。地形数据经过计算机软件处理后，产生多种比例尺的地形图、纵横断面图和立体图。而常规地形图一经制作完成后，比例尺不容易改变，改变或者绘制其他形式的地形图，则需要人工处理。

(2)精度不会损失。常规地图随着时间的推移，图纸将会变形，失掉原有的精度。而 DEM 采用数字媒介，因而能保持精度不变。另外，常规的地图用人工的方法制作其他种类的地图，精度会受到损失，而由 DEM 直接输出，精度可得到控制。

(3)容易实现自动化、实时化。常规地图增加和修改都必须重复相同的工序，劳动强度大而且周期长，不利于地图的实时更新。而 DEM 由于是数字形式的，所以增加或改变地形信息只需将修改信息直接输入到计算机，经软件处理后立即可产生实时化的各种地形图。

因此，数字高程模型便于存储、更新、传播和计算机自动处理；具有多比例尺特性，如 lm 分辨率的 DEM 自动涵盖了更小分辨率如 10m 和 100m 的 DEM 内容；特别适合于各种定量分析与三维建模，是 GIS 空间分析的重要基础。

DEM 数据主要来源于地形图、航空和航天遥感数据、地面实测记录、各种专题地图、统计报表以及行政区域地图等。其中地形图、航空和航天遥感数据是主要数据来源。

DEM 已在测绘、资源与环境、灾害防治、国防等与地形分析有关的各个领域发挥着越来越大的作用，也在国防建设与国民生产中有很高的利用价值。例如，在民用和军用的工程项目中计算挖填土石方量；为武器精确制导进行地形匹配；为军事目的显示地形景观；进行越野通视情况分析；道路设计的路线、地址选择；不同地形的比较和统计分析；计算坡度和坡向，绘制坡度图、晕渲图等；用于地貌分析、计算侵蚀和径流等；与专题数据进行组合分析等，并且还可以由 DEM 派生出平面等高线图、立体等高线图、等坡度图、晕渲图、通视图、景观图、立体透视图等。因此，DEM 具有广泛的应用前景与潜力。

7.1.2 规则格网和不规则三角网 DEM

按结构形式，DEM 可分为规则格网(Grid)DEM、不规则三角网(Triangulated Irregular Network，TIN)DEM、等值线 DEM、曲面 DEM、平面多边形 DEM、空间多边形 DEM 等。但实际中研究和应用最多的是规则格网(Grid)DEM 和不规则三角网(TIN)DEM。

基于规则格网和不规则三角网的 DEM 地形模型，结构相对简单，易于建立拓扑关系，容易对模型进行可视化分析。

1. 规则网格 DEM

规则格网 DEM 即是利用一系列在 X、Y 方向上都是等间隔排列的地形点的高程 Z 表示地形,如图 7.1 所示。

在这种情况下,除了基本信息外,DEM 就变成一组规则网格存放的高程值,在计算机中,它就是一个二维数组或数学上的一个二维矩阵

$$(X_i, Y_j)(i = 1,2,3,\cdots,n;j = 1,2,3,\cdots,m)$$

规则格网 DEM 来源于直接规则格网采样点或由规则或不规则离散数据点内插产生。规则格网 DEM 的优点是数据结构简单、便于管理、易于表达、有利于各种分析和应用等。但规则格网 DEM 也有缺点,例如,地形简单的地区存在大量的冗余数据、难以使用于起伏程度不同的地区、难以精确表示地形的关键特征(如山峰、洼坑、山脊、山谷等)。

2. 不规则三角网(TIN)表示法

为克服规则格网的缺点,可采用附加地形特征数据,如地形线(山脊线、山谷线、断裂线、水涯线等)和地形特征点等,从而构成完整的 DEM。若将按地形特征采集的点按一定规则连接成覆盖整个区域且互不重叠的许多三角形,构成一个不规则三角网表示 DEM,则通常称之为不规则三角网 DEM 或 TIN,如图 7.2 所示。

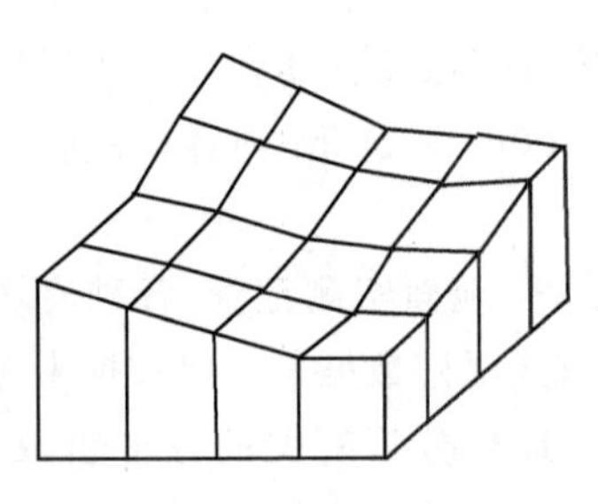

图 7.1　规则格网 DEM

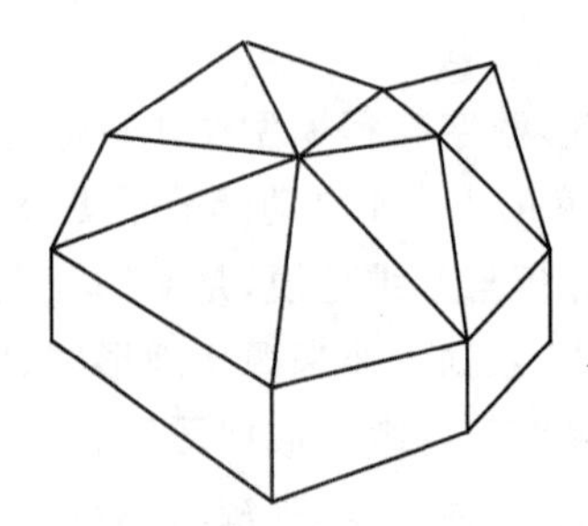

图 7.2　不规则三角网 DEM

不规则三角网 TIN 克服了高程矩阵中冗余数据的问题,其最主要的优点就是可变的分辨率,可根据不同地形,选取合适的采样点数,即当表面粗糙或变化剧烈时,TIN 包含大量的数据点,而当表面相对单一时,在同样大小的区域 TIN 则只需要少量的数据点;另外,TIN 还具有考虑重要表面数据点的能力,能充分利用地貌的特征点、线,较好地表示复杂地形,进行地形分析也很方便。许多年来,它一直是人们的研究热点。但是,TIN 也有一些缺点,主要是其数据存储与操作复杂,不便于规范化管理。

不规则三角网 TIN 和规则格网 DEM 是可以互相转换的。在现今的 GIS 系统中,基本上均支持以上两种数据格式,并提供互相转换功能。当然,转换的过程会产生误差的积累,转换方法的不同也会产生不同程度的误差。

在 TIN 的研究中,构造 TIN 的方法十分重要。构造 TIN 即是通过数据点平面坐标生成的相连但不重合的三角形网络。构造 TIN 模型的基本要求:

(1)TIN 是唯一的(对某种算法);

(2)力求最佳的三角形几何形状,每个三角形尽量接近等边形状;

(3)保证最邻近的点构成三角形,即三角形的边长之和最小。

最常用的 TIN 是狄洛尼(Delaunay)三角网。另外,还有许多方法,如三角网生长算法、数据逐点插入法、带约束条件的狄洛尼三角网、基于栅格的三角网生成算法、基于等高线生成三角网算法等。

7.2 DEM表面建模

DEM 是地形表面的各种地形特征的数字化表示,从数学上看,DEM 实际上是地形的一个数学模型。DEM 表面建模,就是根据 DEM 格网及其高程值,利用函数逼近方法,重建 DEM 表面。利用重建的 DEM 表面,就可以内插计算任意点的高程值。

DEM 格网通常是正方形格网或三角形格网,DEM 重建主要涉及基于给定格网重建表面的光滑性、可靠性、复杂性等。DEM 表面重建的关键是表面数学函数的选取。选取合适的函数,能够使重建的表面与实际地形表面之间十分接近并具有一定的连续性和光滑性。

本节主要讨论基于 TIN 的表面建模、基于正方形格网的表面建模、基于混合格网的表面建模等。表面建模函数主要是代数多项式和样条函数。

7.2.1 基于 TIN 的 DEM 表面建模

不规则三角形格网是由一系列不规则三角形组成的网络。每个三角形对应空间 3 个点。

基于 TIN 的建模一般将 TIN 分解成单个三角形,在每一个三角形上建模,从而得到整个 TIN 的表面模型。如图 7.3 所示。

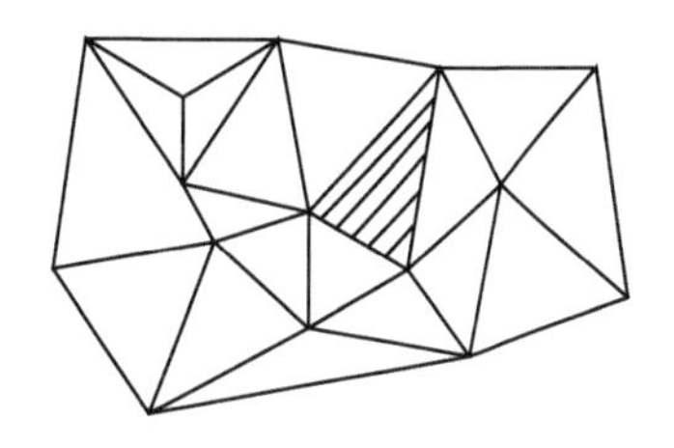

图 7.3 一个不规则三角形格网(TIN)

一个空间三角形的最简单表示是三角形面片,在数学上就是如下的线性函数

$$z(x,y) = a_0 + a_1 x + a_2 y \tag{7.3}$$

利用给定的三角形的 3 个顶点坐标,可以得到系数 a_0,a_1,a_2。实际上,在式(2.58)中还给出其基函数的表达方式。

基于三角形面片的 TIN 的表面建模,是由一系列三角形面片组成,各三角形面片间连续,能很好在表示地形特征,同时计算也特别方便。基于 TIN 的表面建模,基本上都是用这种建模方式。但是,这种表示的表面整体连续但不光滑,逼近精度为 $O(h^2)$,这里 h 是三角形边长的最大值。

对于三角形格网,也可以考虑高阶多项式建模,如采用如下的不完全二次多项式

$$z(x,y) = a_0 + a_1 x + a_2 y + a_3 xy + a_4 x^2 + a_5 y^2 \tag{7.4}$$

这里有 6 个系数,需要 6 个条件才能解出系数。

从 TIN 格网数据,已知 3 个顶点,得到 3 个条件,还需 3 个条件,这 3 个条件可取各

边中点，中点值是两端值之和的一半。在式(2.59)中还给出式(7.4)基函数的表达方式。这种表示的表面在整体上保持连续，但逼近精度提高到$O(h^3)$，这里h是三角形边长的最大值。

基于不完全二次多项式的表面表示，能更好地表示地形起伏变化，精度也较高，但计算稍微复杂，实际中用的还较少。

对于三角形格网，还可以将其转化为正方形格网，用正方形表面建模方式重建其表面。但这种建模增加了格网转换产生的误差。

7.2.2 基于正方形格网的表面建模

正方形格网是一系列正方形及其顶点对应的高程值组成。正方形格网由于结构简单，其表面建模方式较多，主要方式有分块建模、整体建模和三角形建模。

1. 分块建模

将正方形格网分解为单个正方形，对每个正方形分别建立 DEM 表面模型，进而得到整个正方形格网上的地形表面模型，如图 7.4 所示。

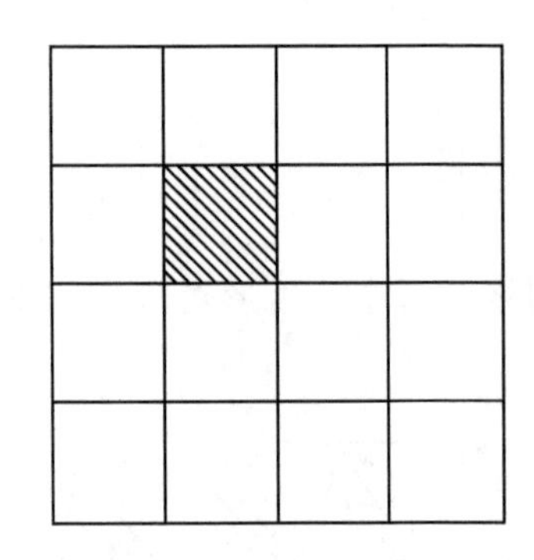

图 7.4 正方形格网

由于每个正方形由 4 个顶点组成，实际上是已知 4 个条件，根据这 4 个条件可以建立正方形上的表面模型。

正方形格网上最常用的模型是双线性多项式

$$z(x,y)=a_0+a_1x+a_2y+a_3xy \tag{7.5}$$

由四个顶点坐标可解得系数。式(2.34)给出双线性多项式的基函数表达式。

由每个正方形上建立的表面模型，就可以得到整个正方形格网上的表面模型。双线性多项式建立的表面模型在交界处是一条直线，在整体上是连续的，但是不光滑。

双线性多项式建立的正方形格网表面模型，形式简单，计算方便，是实际中常用的建模方式。

除了双线性多项式模型外，还可以建立其他表面模型。例如，可以建立不完全双二次多项式模型，对应的多项式是

$$z(x,y)=a_0+a_1x+a_2y+a_3xy+a_4x^2+a_5y^2+a_6x^2y+a_7xy^2 \tag{7.6}$$

这里系数有 8 个，因此需要 8 个条件求解。而已知的只有 4 个条件，需要再增加 4 个条件。这 4 个条件可以取为每边中点值。式(2.36)给出了用基函数表示的公式。

用不完全的双二次多项式作为表面模型，它们在正方形边界上退化为抛物线，相邻两正方形连续，因而整个正方形格网上的表面整体上保持连续。

上面两种表示方式，都保持了整个正方形格网上表面模型的连续，但并不能保持整体的光滑性。而双三次 Hermite 多项式能满足光滑性的要求。双三次 Hermite 多项式具有如下形式

$$z(x,y)=a_0+a_1x+a_2y+a_3xy+a_4x^2+a_5y^2+a_6x^2y+a_7xy^2+a_8x^2y^2$$

$$+a_9x^3+a_{10}y^3+a_{11}xy^3+a_{12}x^3y+a_{13}x^2y^3+a_{14}x^3y^2+a_{15}x^3y^3 \tag{7.7}$$

它共有 16 个系数,因而需要 16 个条件。而每个正方形网格只有 4 个条件,因此,必须再增加 12 个条件,这 12 个条件可以利用导数得到,具体条件为

$$\frac{\partial z(x_i,y_j)}{\partial x},\frac{\partial z(x_i,y_j)}{\partial y},\frac{\partial^2 z(x_i,y_j)}{\partial x^2},\quad i,j=0,1 \tag{7.8}$$

其中,$(x_i,y_j)(i,j=0,1)$为正方形的 4 个顶点在$(x,\ y)$平面上的投影值。上面的 12 个条件,可以根据已知的正方形的 4 个顶点坐标利用数值微分方法得到,具体可见朱长青(1997)。

利用正方形的 4 个顶点坐标及式(7.8),利用乘积型插值方法,可以得到此三次多项式,式(2.43)给出了用基函数表示的公式。

利用双三次 Hermite 多项式得到的正方形格网上的表面模型,能够保持整体上的光滑性,且逼近性也较好,但计算较复杂。

当然,也可以构造更高阶多项式来表示地形表面。但是,多项式次数的增加,必然提高计算的复杂性,导致计算量的增加。可是,Kidner(2003)研究表明,高阶多项式逼近具有更高的精度,另外,高阶多项式具有好的光滑性,因此,高阶多项式逼近还是具有一定优势的。

2. 整体建模

整体建模也是 DEM 表面建模的一种方式,其基本思想是在整个研究区域上,用多项式或样条函数表示。例如,可用如下的代数多项式或样条函数逼近地形表面

$$P(x,y)=\sum_{i=0}^{n}\sum_{j=0}^{m}C_{ij}x^iy^j$$

$$U(x,y)=\sum_{i=-1}^{n+1}\sum_{j=-1}^{m+1}C_{ij}\,\Omega_3\left(\frac{x-x_i}{h}\right)\Omega_3\left(\frac{y-y_i}{h}\right) \tag{7.9}$$

其中,$\Omega_3(x)$为三次等距 B 样条基函数。

实际应用中,由于高阶插值多项式会出现震荡现象,因此较高阶多项式表示地形表面并不多。

但是,对于规则的正方形格网,可用如式(7.9)所示的等距 B 样条插值函数表示地形表面。当然,数据量较大时,求解样条函数的系数也很困难,这时可利用乘积型求解方式,具体可见朱长青(1997)。

对于不规则三角网,也可用不等距样条函数进行整体逼近,但是计算较为复杂。

整体逼近具有光滑性好(二阶导数连续)的优点。但是,计算稍复杂(对等距 B 样条函数可用乘积型插值)。在研究趋势面时,常用表面整体建模。

3. 基于三角形格网的表面建模

三角形建模即是将正方形格网分解为三角形格网,如图 7.5 所示。然后,利用 TIN 表面建模方法建立正方形格网的表面模型。

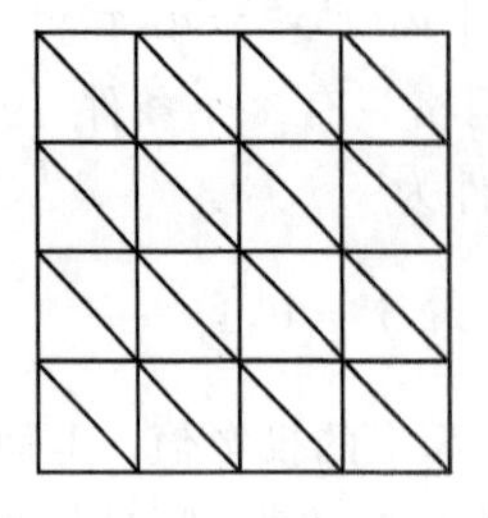
图 7.5　基于三角形格网建模

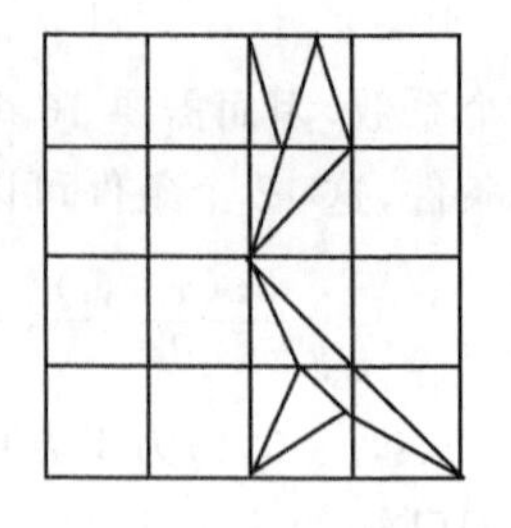
图 7.6　基于混合格网建模

7.2.3　基于混合格网的表面建模

在 DEM 格网中，还存在一种混合格网，它包括 TIN 和正方形格网，如图 7.6 所示。

对于混合格网，分别对 TIN 和正方形格网选用相应的方法建立 DEM 表面模型。这里不同方式混合建立的模型，必须注意整体的连续性，特别是相邻的部分。

7.2.4　表面建模的讨论

建立 DEM 表面模型，要从模型的精度、连续光滑性、计算量等方面考虑。

从格网类型来看，在 TIN 格网，一次多项式模型最简单，也最常用。对于正方形格网，双线性多项式最简单，最常用。但是高阶多项式也具有精度高，光滑性好的优点。与三角形格网相比，正方形格网由于格网形式简单，因而地形表面模型种类多，计算也方便。

从数据来源来看，可以从高程量测数据直接建立。另外，还可以由量测数据派生数据间接建立，即先内插高程点，再建立格网，然后建立表面模型。后一种方法由于内插高程点，所以增加了误差的积累。

DEM 表面建模方式影响到 DEM 模型的精度。表面建模的形式目前还较单一，规则格网上通常是双线性多项式，TIN 格网上通常是线性多项式。Kidner(2003)的研究表明，对于正方形格网，高阶多项式表示地形表面比双线性多项式表示具有更高的精度，大约提高精度 15%左右。因此，实际应用中，可以考虑用高阶多项式建立 DEM 表面模型。

7.3　DEM 内插模型

DEM 内插即是根据已知的 DEM 数据获取新的点的高程。例如，在 TIN 格网向正方形格网的转换中，要从 TIN 格网内插正方形格网的高程值。在数学上，内插属于函数逼近。

按内插点的分布，内插可以分为整体内插、分块内插、逐点内插等。按内插函数的类型，内插可以分为代数多项式内插、样条函数内插等。从计算方法上，内插可分为插值(过已知点)和拟合(不过已知点)。具体分类如图 7.7 所示。

内插的关键在于内插点或内插邻域的确定，以及选择适当的内插函数。内插主要考虑内插的精度、计算的复杂性等。

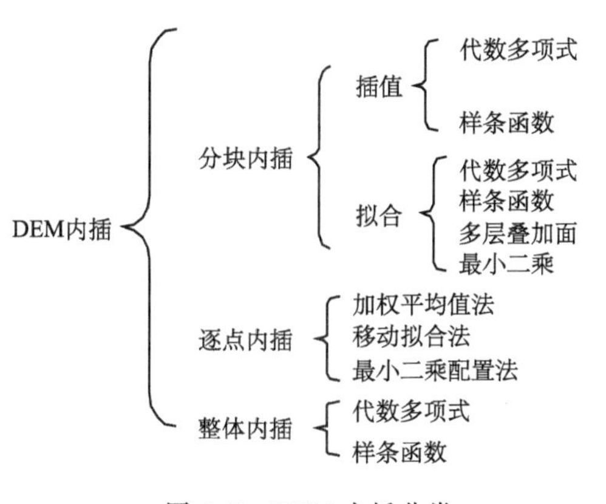

图 7.7　DEM 内插分类

本节主要对内插方法进行研究，包括整体内插、分块内插、逐点内插等。内插函数主要有代数多项式、样条函数等。

7.3.1　整体内插

整体内插即是在 DEM 整个研究区域或部分研究区域上，根据已知数据点，用内插函数表示 DEM 表面，然后再计算需求的点。内插函数通常是如下的多项式或样条函数

$$P(x,y)=\sum_{i=0}^{n}\sum_{j=0}^{m}C_{ij}x^{i}y^{j} \tag{7.10}$$

$$U(x,y)=\sum_{i=-1}^{n+1}\sum_{j=-1}^{m+1}C_{ij}\,\Omega_3\left(\frac{x-x_i}{h}\right)\Omega_3\left(\frac{y-y_j}{h}\right) \tag{7.11}$$

其中，$\Omega_3(x)$为三次等距 B 样条基函数。

整体内插类似于 DEM 表面整体建模，能较好地顾及地形整体特征。

对于多项式，由于高阶插值多项式会出现震荡现象，因此较高阶多项式内插也不适用。通常取较低阶多项式，利用最小二乘法构造拟合曲面，进而内插所要的点。

对于规则的正方形格网，可用如式(7.11)所示的等距 B 样条插值函数作为内插函数。在计算时，也利用乘积型求解方式减少计算量，具体可见朱长青(1997)。

对于不规则三角网，也可用非等距样条函数进行整体拟合，但是计算较为复杂。

整体内插由于顾及的点较多，特别是大数据量时，计算比较复杂，实际中用的较少。

7.3.2　分块内插

分块内插是常用的内插方法，它能较好地顾及内插精度与计算复杂性。分块内插即是将研究区域分成若干块，对每一块建立插值或拟合函数(曲面)，进而求出块中所需若干点的高程。

分块大小根据地形复杂程度、格网点分布形式和分布密度决定，有时要有适当的重叠。内插函数的选取主要依赖于内插点数及分布。

1. 线性内插

线性内插就是利用靠近插值点的 3 个已知点,确定内插函数。由于是 3 个已知点,常用的函数是如下的有 3 个系数的线性函数

$$z(x,y)=a_0+a_1x+a_2y \tag{7.12}$$

根据已知点的坐标,可以确定上述函数的系数。式(2.58)给出函数的基函数表达式。利用得到的线性函数,就可以得到内插区域中内插点的值。

线性内插是利用 TIN 格网进行内插的常用方法。

线性内插计算简单,几何上是用 3 个点确定的平面来内插需求的点。但是,实际地形通常是曲面,因此,这种简单的线性内插由于不能很好地顾及地形的变化,在精度上稍差。

2. 双线性内插

双线性内插是利用靠近插值点的 4 个已知点,确定一个双线性多项式函数,进而求出内插点的高程。双线性多项式是

$$z(x,y)=a_0+a_1x+a_2y+a_3xy \tag{7.13}$$

由于已知 4 个点的坐标,通过解方程容易得到其系数。

当已知点呈正方形分布时,例如,正方形格网点时,可得到利用基函数的表达式,式(2.34)给出双线性多项式的基函数表达式。

双线性内插是正方形格网常用的方法。但是,由于只考虑 4 个点的值,没有考虑地形变化特征,精度稍差。若要考虑地形的变化特征,需要利用更多的点。

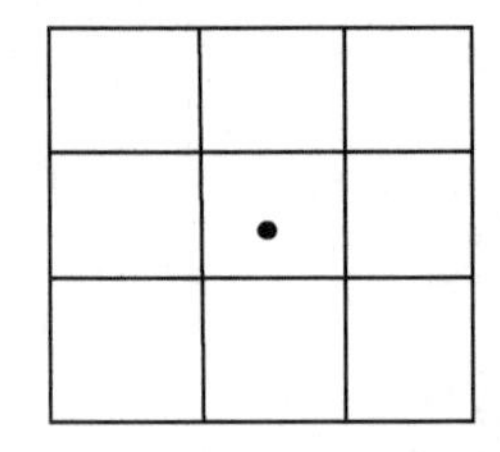

图 7.8 双三次多项式插值

3. 双三次多项式内插

双线性内插利用内插点周围的 4 个格网点。若为了更好地顾及地形的变化特征,可以增加更多的点用于内插。例如,对于正方形格网,考虑内插点周围的 16 个点,如图 7.8 所示,这时可用双三次多项式插值多项式

$$\begin{aligned}z(x,y)=&a_0+a_1x+a_2y+a_3xy+a_4x^2+a_5y^2+a_6x^2y+a_7xy^2+a_8x^2y^2\\&+a_9x^3+a_{10}y^3+a_{11}xy^3+a_{12}x^3y+a_{13}x^2y^3+a_{14}a^3y^2+a_{15}x^3y^3\end{aligned} \tag{7.14}$$

利用给定的 16 个点的坐标,可以解算出上面的双三次多项式的系数。然后,可得到需要内插的点的坐标。

实际上,双三次多项式也能表示成基函数的形式,即不需要通过求解方程组,直接得出表达式。从式(2.32)给出了的矩形区域的插值公式,取 $n=m=3$, 可得

$$z(x,y)=\sum_{i=1}^{3}\sum_{j=0}^{3}u(x_i,y_j)l_{ij}(x,y) \tag{7.15}$$

其中,$l_{ij}(x,y)=l_i(x)\tilde{l}_j(y)$,而 $l_i(x)$,$\tilde{l}_j(y)$分别是以 x、y 为变量的拉格朗日插值基多项式。

双三次多项式内插由于利用较多的点,较好地顾及地形特征,因此能够具有较好的精

度。Kidner(2003)研究表明，对于正方形格网，高阶多项式插值比双线性多项式插值具有更高的精度，大约提高精度15%左右。

对于三角形格网，也可以考虑高阶多项式内插，即在内插点周围选取适量的点，如双三次多项式选取16个点。点数增加，能使插值函数更符合地形的趋势，提高内插的精度和可靠性。

当然，利用的点越多，计算量也会随之增加。另外，高阶多项式不稳定。因此，一般多项式的次数不超过3次。

4. 样条函数内插

上面的内插函数都是代数多项式，当利用的已知点的点数较多时，多项式的次数就会增加，从而计算会产生震荡现象。因而，通常不采用次数较高的代数多项式插值，而利用稳定性好的样条函数插值。

下面研究对于正方形格网、用带边界条件的三次等距B样条函数内插高程点。三次等距B样条函数为

$$z(x,y)=\sum_{i=-1}^{2}\sum_{j=-1}^{2}C_{ij}\,\Omega_3\left(\frac{x-x_i}{d}\right)\Omega_3\left(\frac{y-y_j}{d}\right) \tag{7.16}$$

三次等距B样条函数共有16个系数，因而需要16个条件。而每个正方形网格只有4个条件。因此，必须再增加12个条件，这12个条件可以利用导数得到，具体条件为

$$\frac{\partial z(x_i,y_j)}{\partial x},\frac{\partial z(x_i,y_j)}{\partial y},\frac{\partial^2 z(x_i,y_j)}{\partial x^2},\quad i,j=0,1 \tag{7.17}$$

这里$(x_i,y_j)(i,j=0,1)$为正方形的4个顶点在$(x,\ y)$平面上的投影值。上面的12个条件，可以根据已知的正方形的4个顶点坐标利用数值微分方法得到。

根据正方形的4个顶点坐标及式(7.17)，可以得到此三次多项式。

实际上，利用代数多项式和样条函数，还可以构造更多的内插方法，关键是要选择计算方便、精度好的插值方法。

5. 其他方法

除了代数多项式和样条函数内插外，还有许多分块内插的方法。如多面叠加内插法、有限元法等。

多面叠加内插法的思想是任何一个规则或不规则的连续曲面均可以由若干个简单面(或称单值数学面)来叠加逼近。基本方法是在每个数据点上建立一个曲面，然后在z方向上将各个叠置曲面按一定比例叠加成一张整体的连续曲面，使之严格地通过各个数据点。其优点是能通过设计某一函数增加到多面叠加的函数体内，增加对地形约束和限制。但是实际地形难以用函数表达，因此计算较复杂。

有限元方法的思想是将一定范围的连续整体分割成为有限个单元(如三角形、正方形等)的集合。相邻单元边界的端点称为结点，通过求解各个结点处的物理量来描述物理量的整体分布。通常采用分片光滑的奇次样条(双线性B样条，双三次B样条)作为各个单元的内插函数，其整体解是一系列基函数的线性组合，其计算量取决于分块内结点的个数，算法复杂。

7.3.3 逐点内插

逐点内插是以待插点为中心，定义一个局部函数去拟合周围的数据点，数据点的范围随待插点位置变化而变化，也称为移动曲面法。与分块内插相比，逐点内插法一次只内插一个点，以一个点为中心。而分块内插法一次可能内插多个点。

1. 单点移面法

单点移面法属于逐点内插中的一种，其关键在于解决两个重要问题：一是如何确定待插点的最小邻域以保证有足够的参考点；二是如何确定各参数的权重。当所选中点都位于以待插点为圆心时，该算法又称为动态圆法。动态圆的圆半径取决于原始数据点疏密程度和原始数据点可能影响的范围。对于选取的邻近 n 个数据点可用代数多项式拟合，多项式通常取为如下的二次多项式

$$z = ax^2 + bxy + cy^2 + dx + ey + f$$

其中，a、b、c、d、e、f 为待定的系数，它们可由 n 个选定的参考点用最小二乘法求解。

为了保证方程的解，要有足够的数据点，通常 $n>5$，但又不能太多，否则影响内插精度。为了解决这个问题，可以采用动态圆半径方法，即从数据点的平均密度出发，确定圆内数据点(平均要有 10 个)，经求解圆的半径 R，其公式为

$$\pi R^2 = 10 \times (A/N)$$

其中，N 为总点数，A 为总面积。这种方法考虑了点数和范围两个因素。

2. 加权平均

用多项式曲面来进行拟合往往需要求解误差方程组。在实际应用中，更为常见的是加权平均法。加权平均法在计算待定点 P 的高程时，使用加权平均值代替误差方程

$$Z_P = \frac{\sum_{i=1}^{n} p_i \times Z_i}{\sum_{i=1}^{n} p_i}$$

其中，Z_P 为待定点 P 的高程；Z_i 为第 i 个参考点的高程值；n 为参考点的个数；p_i 是第 i 个参考点的权重，在实际应用中常选用距离平方的倒数为权值，即

$$p_i = \frac{1}{D_i^2}$$

$$D_i = \sqrt{(X - X_P)^2 + (Y - Y_P)^2}$$

为了加快 DEM 的内插速度，常把选取区域从动态圆改为动态矩形，并建立索引文件，以加快所需参考点的选取，从而提高 DEM 的内插速度。

3. 断面法内插 DEM

断面内插法的基本思想是沿某一断面将地表剖分，在此剖面上采样若干个点，然后进

行曲线插值计算，如图 7.9 所示，$x_0, x_1, \cdots, x_n$ 是采样点，对应的高程值不妨设为 $y_0, y_1, \cdots, y_n$。

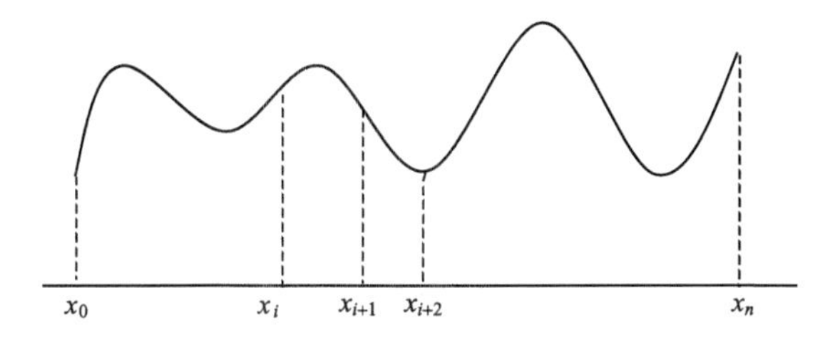

图 7.9　断面内插法

断面内插法从数学上讲就是一元函数逼近，从几何上讲就是曲线插值。关于一元函数逼近，本书第 2 章第 2.1 节进行了简要介绍，有许多方法，如代数多项式插值、分段函数插值、样条函数插值、最小二乘拟合等。

1) n 次代数插值多项式

利用给定的已知点 $x_0, x_1, \cdots, x_n$ 及相应的函数值 $y_0, y_1, \cdots, y_n$，构造唯一的一个次数不超过 n 的代数插值多项式

$$P_n(x) = a_0 + a_1 x + \cdots + a_n x^n$$

满足 $P_n(x_i) = y_i$。例如，可取如式(2.4)的拉格朗日插值多项式

$$L_n(x) = \sum_{k=0}^{n} y_k l_k(x)$$

其中，$l_k(x)$ 为拉格朗日插值基多项式，如式(2.3)所示。

2) 样条函数插值

若 $x_0, x_1, \cdots, x_n$ 是等距的，也可采用如下的等距 B 样条插值函数

$$S_3(x) = \sum_{j=-1}^{n+1} C_j \Omega_3\left(\frac{x - x_j}{h}\right) = \sum_{j=-1}^{n+1} C_j \Omega_3\left(\frac{x - x_0}{h} - j\right)$$

其中，$\Omega_3(x)$ 为等距 B 样条插值基函数，如式(2.15)所示。

3) 最小二乘拟合

即选取拟合函数为

$$\varphi^*(x) = a_0^* \varphi_0(x) + a_1^* \varphi_1(x) + \cdots + a_n^* \varphi_n(x)$$

使 $\varphi^*(x)$ 满足

$$\sum_{i=1}^{m} \omega_i [\varphi^*(x_i) - y_i]^2 = \min_{\varphi(x) \in \Phi} \sum_{i=1}^{m} \omega_i [\varphi(x_i) - y_i]^2$$

最小二乘拟合的解由方程(2.27)得到。这里基函数可取为代数多项式或样条函数。

4) 分段插值

分段插值即将插值区间分成若干个小区间，然后在每个小区间上进行低次插值，这时

在每个小区间上的插值取为次数较低的多项式，这样的插值方法称为分段低次插值。

例如，在小区间$[x_{j-1}, x_j]$用线性多项式插值，相应的插值函数为

$$L_1(x) = y_{j-1}\frac{x - x_j}{x_{j-1} - x_j} + y_j\frac{x - x_{j-1}}{x_j - x_{j-1}}$$

在小区间$[x_{j-1}, x_j]$用三次 Hermite 插值多项式，相应的插值函数为

$$H_3(x) = \left(1 - 2\frac{x - x_{j-1}}{x_{j-1} - x_j}\right)\left(\frac{x - x_j}{x_{j-1} - x_j}\right)^2 y_{j-1} + \left(1 - 2\frac{x - x_j}{x_j - x_{j-1}}\right)\left(\frac{x - x_{j-1}}{x_j - x_{j-1}}\right)^2 y_j$$

$$+ (x - x_{j-1})\left(\frac{x - x_j}{x_{j-1} - x_j}\right)^2 y'_{j-1} + (x - x_j)\left(\frac{x - x_{j-1}}{x_j - x_{j-1}}\right)^2 y'_j$$

这里，端点的导数值需要用数值微分的方法得到。例如，由式(2.63)的两点微分公式或由式(2.64)的三点微分公式得到。

在小区间$[x_{j-1}, x_{j+1}]$上用二次抛物线多项式，相应的插值函数为

$$L_2(x) = y_{j-1}\frac{(x - x_j)(x - x_{j+1})}{(x_{j-1} - x_j)(x_{j-1} - x_{j+1})} + y_j\frac{(x - x_{j-1})(x - x_{j+1})}{(x_j - x_{j-1})(x_j - x_{j+1})}$$

$$+ y_{j+1}\frac{(x - x_{j-1})(x - x_j)}{(x_{j+1} - x_{j-1})(x_{j+1} - x_j)}$$

4. 最大坡度法内插 DEM

最大坡度算法的基本思想是沿多个方向剖分，先求出某个剖分方向的坡度为最大，然后在此剖分方向上进行插值。若格网点 P 在最大坡度方向线上存在不同侧的最近点 A 和 B，且

$$Z_A \neq Z_B$$

则内插点为

$$Z_P = Z_A + \frac{|PA|}{|PB|} \times (Z_B - Z_A)$$

若格网点 P 在最大坡度方向线上仅有一侧存在点 A 和 B，且

$$Z_A \neq Z_B$$

则内插点为

$$Z_P = Z_A - \frac{|PA|}{|PB|} \times (Z_B - Z_A)$$

若格网点 P 在最大坡度方向线上仅有一侧存在点 A 和 B，且

$$Z_A = Z_B$$

则在某侧再取一点 C，用点 A、B、C 进行插值。内插点为

$$Z_P = F_A \times Z_A + F_B \times Z_B + F_C \times Z_C$$

其中

$$F_A = \frac{|PB| \times |PC|}{|AB| \times |AC|}$$

$$F_B = \frac{|PA| \times |PC|}{|BA| \times |BC|}$$

$$F_C = \frac{|PA| \times |PB|}{|CA| \times |CB|}$$

最大坡度算法的关键是快速求出坡度最大的方向，每个方向都进行计算是不可能的，并且在实际应用中也是不现实的。可采用半分法快速求交，先是水平和竖直方向，然后是45°方向，然后是30°方向和60°方向。这样就能保证插值点的精度，同时算法的适应范围更广。

7.3.4 内插方法的讨论

内插法在许多方面都有重要应用，例如DEM表面建模，可以先内插一些点，再建立表面模型。再如由TIN格网向正方形格网转换中，也需要内插正方形格网的高程值。

从内插方法上看，整体内插计算量大，且高次多项式不稳定，二元样条效果虽然好些，但数据量较大时，计算也复杂，因此一般不用。分块内插能一次内插较多的点，同时通过选取合适的内插函数，能保持地形特征，从而内插点能具有好的精度，并且计算也较为方便。逐点内插方法简单灵活，但由于一次内插一个点，计算量较大。逐点内插方法中，加权平均法简单易行。

从格网上看，对于三角形格网，基于三个点的线性内插是十分简单的方法。对于正方形格网，基于四个点的双线性内插是简便易行的方法。但是，线性内插和双线性内插用的点较少，难以反映地形特征，在精度上会存在一些问题。不过，从计算量来看，不失为好的方法，在实际中特别在精度要求不高的情况下是常用的方法。

从内插函数上看，代数多项式比样条函数简单，但样条函数比代数多项式更为稳定。代数多项式的次数一般不超过3次。

从已知点看，通常使用的点数据越多，得到的内插值越精确。当然，计算也越复杂。如果计算效率不是主要考虑因素，应考虑应用较多的点进行内插。

从插值和拟合上看，插值由于通过给定的点，能更好地逼近地形表面，但插值对于已知条件数有严格的要求，条件数必须与内插函数的系数相同。而拟合方法对于已知的条件数较为灵活，当然，条件数太多或太少也不好。

总之，尽管内插方法很多，也很灵活，但总的内插思想是保持较高的精度、较少的计算量。根据问题的实际情况，选取合适的内插方法。

7.4 基于正方形格网的DEM精度模型

在DEM的研究中，DEM精度关系到DEM的使用者与生产者，人们总是希望DEM能够完全准确、客观地反映地球表面的起伏变化，因此，DEM精度成为DEM研究的热点之一，具有十分重要的理论意义和应用价值。

关于DEM精度，李德仁院士指出："近年来，随着诸多高新技术的应用，在DEM数据采集方法与数据精度上有了长足的进步，然而，人们在对DEM数据不确定性问题的研究却相对落后于应用的要求。各类DEM误差的存在，不同程度的降低了GIS分析与应用结果的精确性。加强DEM不确定性的理论研究，为各类GIS分析结果提供科学、合理的质量标准，是十分必要而迫切的任务”[摘自武汉大学李学军博士论文(2002)]。因此，研究各类 DEM 误差和精度理论模型，为各类 GIS 分析产品提供科学合理的质量标准，有着重要的现实意义。

DEM 精度涉及原始数据的误差、采样密度、表面建模方式、原始数据传递误差等。其中采样密度对 DEM 精度有重要影响，但由于提高采样密度涉及更多的人力物力，且造成大量数据冗余，因此，人们希望能够在一定的采样密度下，更好地提高 DEM 的精度。而当采样密度确定后，决定 DEM 精度的主要因素有：①DEM 地形表面表达方式(如线性建模)；②表面表达方式与实际地形差异所导致的表面模型误差(简称表面地形误差)；③通过表面表达方式从格网量测数据传递到 DEM 表面的误差(简称表面传递误差)。利用这些误差模型就能够建立基于 TIN 的 DEM 精度理论模型。这种建模误差和传递误差会在 DEM 应用中传播，从而造成三维空间表达的失真。

DEM 精度的研究通常是基于不同的格网(主要是规则格网和不规则三角网)通过理论分析和实验研究的方式进行。理论分析能更好适应各种地形和表面表达方式，更具有指导性和一般性。实验研究的结果取决于地形类别，只能获得某些特殊情况的结果，且耗时耗力。但是，由于推导理论模型的困难，目前，DEM 精度的研究主要是基于实验基础上的。

在这些 DEM 精度研究特别是理论研究中，基本上都是基于规则格网进行研究的，其原因可能是规则格网形式简单，数学计算方便。可是，在实际应用中，基于不规则三角网的 DEM 由于能很好地表示地形特征，信息冗余量小，在许多领域具有十分重要的应用。因此，也很有必要对基于 TIN 的 DEM 进行深入研究。

7.4.1 DEM 精度评估指标

对于 DEM 精度的评估很难提出一个通用的评估标准，一般都是用中误差和最大误差来评估，这两个指标反映了格网点的高程值不符合真值的程度。

1. 中误差

中误差公式为

$$\sigma = \sqrt{\frac{1}{n}\sum_{k=1}^{n}(R_k - Z_k)^2}$$

其中，σ 为 DEM 的中误差；n 为抽样检查点数；Z_k 为检查点的高程真值；R_k 为内插出的 DEM 高程。高程真值是一个客观存在的值，但它又是不可知的，一般把多次观测值的平均值即数学期望近似地看作真值。中误差也称为标准差，也记为 RMSE。

中误差是内插生成的 DEM 数据格网点相对于真值的偏离程度。这一指标被普遍运用于 DEM 的精度评估。

2. 最大误差

最大误差是格网点的高程值不符合真值的最大偏离程度。

7.4.2 DEM 精度试验

DEM 精度研究涉及许多方面，例如，格网间距、特征点、表面表达函数等。下面给出两种试验结果，一种是基于不同格网间距和特征点的试验结果，另一种是基于不同表面表达函数的结果。

1. 基于不同格网间距和特征点

Li 于 1990 年对三种典型地形（农田与林地、适中高程的丘陵、平缓地形）基于实验的方法研究了 DEM 精度与格网间距的关系，其中还考虑了是否附加地形特征数据。

该实验使用了一个基于三角网的 DEM 程序包，在此程序包中使用了通用的狄洛尼三角网建模方法。程序包把单独等高线当作断裂线处理，并能确保在三角网建成后所有三角形与等高线都不相交，并且任一三角形在一条等高线中最多取两个点。输入数据（等高线数据或格网数据），在程序包中先建立三角网，然后通过三角网构建由相邻线性面元组成的连续表面，最后 DEM 点在三角形面元上内插出来。通过比较 DEM 点与检查点的高程，可得到每一地区的高程残差，由这些残差计算出 DEM 的精度估值。实验结果用 RMSE（均方根误差）、平均误差（u）及标准差（σ）等几种随机统计量，实验结果见表 7.1。

表 7.1 DEM 精度与格网间距的实验结果

测试地区	网格间距/m	标准差 σ/m		σ 的差异/m	格网间距比率
		无 *F-S* 数据	有 *F-S* 数据		
Uppland	28.28	0.63	0.59	0.04	1.000
	40	0.76	0.66	0.10	1.414
	56.56	0.93	0.70	0.23	2.000
	80	1.18	0.80	0.38	2.828
Sohnstetten	20	0.56	0.40	0.16	1.000
	28.28	0.87	0.55	0.32	1.414
	40	1.44	0.77	0.67	2.000
	56.56	2.40	1.08	1.32	2.828
Spitze	10	0.21	0.14	0.07	1.000
	14.14	0.28	0.15	0.13	1.414
	20	0.36	0.16	0.20	2.828

表 7.1 的结果表明，DEM 的精度与格网间距有关，格网间距越大，误差越大。同时，附加地形特征数据后，DEM 的精度也有了提高。

2. 基于不同表面表达函数的结果

Kinder(2003)对正方形格网上，不同阶多项式表面表达模型的误差进行了实验研究，选择了如下的 8 类 9 种表面模型，其中包括线性插值函数、双线性插值函数、双三次插值函数、五次插值多项式等。由于高阶插值需要更多的边界条件，因此需要采用数值微分方法计算需要的边界条件。

研究区域是三种典型地形区域：粗糙地形、起伏变化地形、平坦地形。实验结果见表 7.2。结果表明，与双线性插值多项式相比，高阶插值具有较高的精度。但是，高阶插值计算上比较复杂。

表 7.2 不同插值表面对应的 DEM 精度

插值算法	RMSE 100～50 m	RMSE 200～100 m	RMSE 400～200 m	与双线性插值比较±% RMSE		
				100～50m	200～100m	400～200m
Scottish Mountains						
(ⅰ) 平面	9.6219	18.4144	34.2767	−279.81	−209.56	−141.56
(ⅱ) 东南-西北线性	2.6792	6.2960	14.9484	−5.76	−5.84	−5.35
(ⅱ) 东北-西南线性	2.8027	6.6153	15.8031	−10.63	−11.21	−11.37
(ⅲ) 双线性	2.5334	5.9486	14.1899	0.00	0.00	0.00
(ⅳ) 8 项双二次	2.1180	4.8134	11.6824	+16.40	+19.08	+17.67
(ⅳ) 9 项双二次	2.1088	4.7857	11.5808	+16.76	+19.55	+18.39
(ⅴ) 12 项双三次 1	2.1313	4.8634	11.8433	+15.87	+18.24	+16.54
(ⅴ) 12 项双三次 2	2.1015	4.7581	11.4846	+16.00	+20.01	+19.06
(ⅵ) 16 项双三次 1	2.1279	4.8531	11.8084	+16.00	+18.42	+16.78
(ⅵ) 16 项双三次 2	2.1019	4.7570	11.4672	+17.03	+20.03	+19.19
(ⅶ) 4×4 分段三次	2.1159	4.8059	11.6494	+16.48	+19.21	+17.90
(ⅶ) 6×4 分段三次	2.1030	4.7676	11.5254	+16.99	+19.85	+18.78
(ⅷ)双五次	2.1017	4.7615	11.4986	+17.04	+19.96	+18.97
Welsh Borders						
(ⅰ) 平面	4.4412	8.1047	13.9566	−163.85	−112.15	−76.52
(ⅱ) 东南-西北线性	1.7960	4.0556	8.3164	−6.70	−6.16	−5.18
(ⅱ) 东北-西南线性	1.8255	4.1242	8.4471	−8.46	−7.96	−6.83
(ⅲ) 双线性	1.6832	3.8202	7.9067	0.00	0.00	0.00
(ⅳ) 8 项双二次	1.4182	3.4280	7.5972	+15.74	+10.27	+3.91
(ⅳ) 9 项双二次	1.4101	3.4179	7.6102	+16.23	+10.53	+3.75
(ⅴ) 12 项双三次 1	1.4331	3.4477	7.5861	+14.86	+9.75	+4.05
(ⅴ) 12 项双三次 2	1.4003	3.4082	7.6471	+16.81	+10.79	+3.28
(ⅵ) 16 项双三次 1	1.4303	3.4435	7.5869	+15.02	+9.86	+4.04

续表

插值算法	RMSE 100～50 m	RMSE 200～100 m	RMSE 400～200 m	与双线性插值比较±% RMSE		
				100～50m	200～100m	400～200m
(ⅵ) 16 项双三次 2	1.3999	3.4096	7.6611	+16.83	+10.75	+3.11
(ⅶ) 4×4 分段三次	1.4160	3.4252	7.6027	+15.87	+10.34	+3.84
(ⅶ) 6×4 分段三次	1.4045	3.4106	7.6207	+16.56	+10.72	+3.62
(ⅷ)双五次	1.4028	3.4098	7.6316	+16.66	+10.74	+3.48
English Midlands						
(ⅰ) 平面	1.7826	3.2145	5.5825	−151.64	−124.95	−88.27
(ⅱ) 东南-西北线性	0.7517	1.5227	3.1317	−6.11	−6.56	−5.62
(ⅱ) 东北-西南线性	0.7616	1.5473	3.2086	−7.51	−8.28	−8.21
(ⅲ) 双线性	0.7084	1.4290	2.9651	0.00	0.00	0.00
(ⅳ) 8 项双二次	0.6360	1.2740	2.7532	+10.21	+10.85	+7.15
(ⅳ) 9 项双二次	0.6351	1.2698	2.7499	+10.35	+11.14	+7.26
(ⅴ) 12 项双三次 1	0.6380	1.2806	2.7597	+9.94	+10.38	+6.93
(ⅴ) 12 项双三次 2	0.6355	1.2669	2.7530	+10.29	+11.34	+7.15
(ⅵ) 16 项双三次 1	0.6374	1.2791	2.7573	+10.02	+10.49	+7.01
(ⅵ) 16 项双三次 2	0.6360	1.2675	2.7551	+10.21	+11.30	+7.08
(ⅶ) 4×4 分段三次	0.6359	1.2730	2.7520	+10.24	+10.91	+7.19
(ⅶ) 6×4 分段三次	0.6348	1.2675	2.7488	+10.39	+11.30	+7.30
(ⅷ)双五次	0.6351	1.2676	2.7500	+10.34	+11.29	+7.26

7.4.3 DEM 精度理论模型

关于 DEM 精度的试验模型较多，理论模型较少。Li(1993)得出一个理论模型，详细推导可见李志林和朱庆(2002)。模型基于正方形格网，表面函数是双线性多项式：

$$z(x,y) = a_0 + a_1x + a_2y + a_3xy$$

这是 DEM 建立中常用的方法。图 7.10 表示了基于正方形格网的双线性多项式内插。

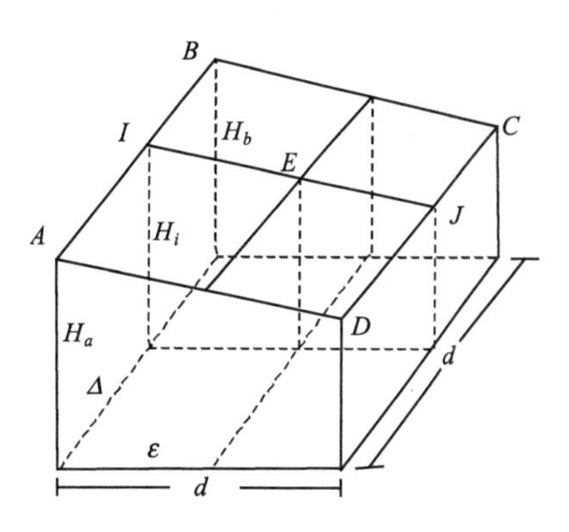

图 7.10 正方形格网的双线性内插

1. 线性建模中的误差传递

误差传递即研究由格网点上的误差传递到表面上的误差，它可以通过插值方法与概率论理论计算出来。

首先计算 A、B 形成的剖面上的精度。由图 7.10，有

$$H_i = \Delta \frac{d-\Delta}{d} H_a + \frac{\Delta}{d} H_b$$

于是，若以 σ_{node}^2 表示原始格网点的误差，则有

$$\sigma_i^2 = \left(\frac{d-\Delta}{d}\right)^2 \sigma_{\mathrm{node}}^2 + \left(\frac{\Delta}{d}\right)^2 \sigma_{\mathrm{node}}^2$$

进一步地，沿 AB 的平均方差为

$$\sigma_S^2 = \frac{1}{d}\int_0^d \sigma_i^2 d\Delta = \frac{2}{3}\sigma_{\mathrm{node}}^2$$

设线性表达地形表面的误差为 σ_T^2，则剖面上的总体精度为

$$\sigma_{\mathrm{Pr}}^2 = \sigma_S^2 + \sigma_T^2 = \frac{2}{3}\sigma_{\mathrm{node}}^2 + \sigma_T^2$$

进一步地，可得表面精度模型

$$\sigma_{\mathrm{Surf}}^2 = \frac{4}{9}\sigma_{\mathrm{node}}^2 + \frac{3}{5}\sigma_T^2$$

上式右端中第一部分为传递误差，第二部分为地形误差。

事实上，DEM 双线性表面模型的传播误差还可通过如下的方法计算。首先将 DEM 线性表面上的任一点 E 的高程由网格的 4 个顶点的高程表示，由插值方法（朱长青，1997），可以得到

$$H_E = \frac{d-\varepsilon}{d} H_I + \frac{\varepsilon}{d} H_J$$

而

$$H_I = \frac{d-\Delta}{d} H_a + \frac{\Delta}{d} H_b$$

$$H_J = \frac{d-\Delta}{d} H_d + \frac{\Delta}{d} H_c$$

于是，有

$$\begin{aligned} H_E &= \frac{d-\varepsilon}{d}\left(\frac{d-\Delta}{d} H_a + \frac{\Delta}{d} H_b\right) + \frac{\varepsilon}{d}\left(\frac{d-\Delta}{d} H_d + \frac{\Delta}{d} H_c\right) \\ &= \frac{d-\varepsilon}{d}\frac{d-\Delta}{d} H_a + \frac{d-\varepsilon}{d}\frac{\Delta}{d} H_b + \frac{\varepsilon}{d}\frac{d-\Delta}{d} H_d + \frac{\varepsilon}{d}\frac{\Delta}{d} H_c \end{aligned}$$

再由方差的性质，E 点的误差为

$$\sigma_E^2 = \left(\frac{d-\varepsilon}{d}\frac{d-\Delta}{d}\right)^2 \sigma_{\mathrm{node}}^2 + \left(\frac{d-\varepsilon}{d}\frac{\Delta}{d}\right)^2 \sigma_{\mathrm{node}}^2 + \left(\frac{\varepsilon}{d}\frac{d-\Delta}{d}\right)^2 \sigma_{\mathrm{node}}^2 + \left(\frac{\varepsilon}{d}\frac{\Delta}{d}\right)^2 \sigma_{\mathrm{node}}^2$$

从而双线性表面上的平均高程传播误差为

$$\begin{aligned} \sigma_H^2 &= \frac{1}{d^2}\int_0^d\int_0^d \sigma_E^2 \mathrm{d}\varepsilon \mathrm{d}\Delta \\ &= \frac{\sigma_{\mathrm{node}}^2}{d^2}\int_0^d\int_0^d \left[\left(\frac{d-\varepsilon}{d}\frac{d-\Delta}{d}\right)^2 + \left(\frac{d-\varepsilon}{d}\frac{\Delta}{d}\right)^2 + \left(\frac{\varepsilon}{d}\frac{d-\Delta}{d}\right)^2 + \left(\frac{\varepsilon}{d}\frac{\Delta}{d}\right)^2\right] \mathrm{d}\varepsilon \end{aligned}$$

$$= \frac{4}{9}\sigma_{\text{node}}^2$$

2. 地形表面线性表达的精度

地形表面表达将会导致误差，但是由于地形起伏变化不同，难以推导出严格的理论模型。Li(1993)在一定的假设下，导出了下面的模型

$$\sigma_{\text{Surf}/c}^2 = \frac{4}{9}\sigma_{\text{node}}^2 + \frac{5}{48K^2}(d\tan\alpha)^2$$

$$\sigma_{\text{Surf}/r}^2 = \frac{4}{9}\sigma_{\text{node}}^2 + \frac{5}{48K^2}(1+P(r))^2(d\tan\alpha)^2$$

其中，$\sigma_{\text{Surf}/c}^2$，$\sigma_{\text{Surf}/r}^2$分别为混合数据与格网数据(不含特征数据)建立的DEM精度；K为常数(大致是4)；α为平均地面坡度；$P(r)$为包含E_r的格网结点所占的比率，d表示格网间距。

7.5 基于正方形格网的高阶插值传递误差模型

由表面建模误差模型知，高阶多项式模型比双一次多项式模型有更高的精度(Kinder,2003)。进一步地，可以研究高阶多项式模型的传递误差。下面研究两种类型的高阶多项式模型的传递误差，一种是不完全双二次多项式表面模型，另一种是三次多项式表面模型。

7.5.1 基于不完全双二次多项式的表面传递误差模型

现在研究不完全双二次多项式表面模型的传递误差。不完全双二次多项式是

$$z(x,y) = a_0 + a_1x + a_2y + a_3xy + a_4x^2 + a_5y^2 + a_6x^2y + a_7xy^2$$

下面先给出基于不完全双二次多项式的高程表达式，然后给出其传递误差。

1. 不完全双二次多项式插值多项式表示

为了函数表达的简便，这里设A、B、C、D是正方形格网的4个顶点，正方形边长为$2s$。如图7.11所示。

设正方形格网4个顶点的坐标如下

$$A = (-s,-s,h_a),\ B = (s,-s,h_b),\ C = (s,s,h_c), D = (-s,s,h_d)$$

为了简化计算，记

$$A_1 \equiv A, A_2 \equiv B, A_3 \equiv C, A_4 \equiv D$$

$$h_{a1} \equiv h_a, h_{a2} \equiv h_b, h_{a3} \equiv h_c, h_{a4} \equiv h_d$$

即$A_i=(x_i,s,y_is,h_{ai})(i=1,2,3,4,)$。这里“$P \equiv Q$”表示$P$恒等于$Q$。

进一步地，令上述4个点的中点坐标分别是B_1,B_2,B_3,B_4。于是，有

$$B_1 = (0,-s,h_{b1}), B_2 = (s,0,h_{b2}), B_3 = (0,s,h_{b3}), B_4 = (-s,0,h_{b4})$$

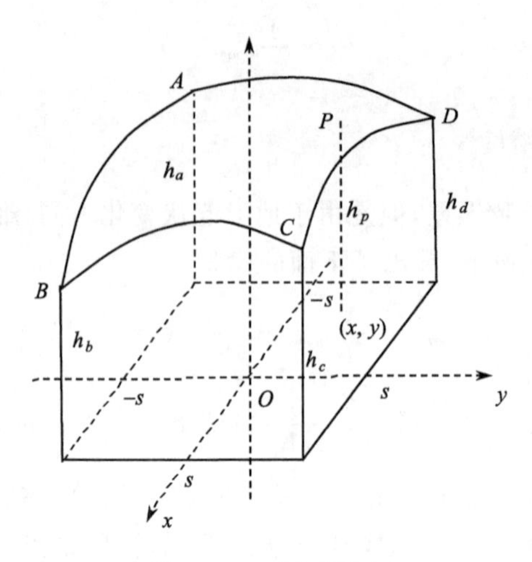

图 7.11　正方形格网

即 $B_i=(\tilde{x}_i s, \tilde{y}_i s, h_{bi})(i=1,2,3,4)$。

于是，利用 $A_i, B_i(i=1,2,3,4)$的值，有如下的不完全双二次多项式的表达式

$$f(x,y)=\sum_{i=1}^{4} h_{ai}\varphi_i(x,y)+\sum_{i=1}^{4} h_{bi}\Psi_i(x,y) \tag{7.18}$$

这里 $\varphi_i(x,y), \Psi_i(x,y)(i=1,2,3,4)$是基函数，满足下面条件

$$\begin{aligned}&\varphi_i(A_j)=\delta_{ij}, \varphi_i(B_j)=0,\ \Psi_i(A_j)=0\ \Psi_i(B_j)=\delta_{ij}\\&i,j=1,2,3,4\end{aligned} \tag{7.19}$$

利用式(2.39)和式(2.40)，$\varphi_i(x,y), \Psi_i(x,y)(i=1,2,3,4)$能被构造如下

$$\varphi_i(x,y)=-\frac{1}{4s^3}(s+x_i x)(s+y_i y)(s-x_i x-y_i y)$$

$$\Psi_i(x,y)=\frac{1}{2s^4}(s-y_i x)(s+\tilde{y}_i x)(s+x_i y)(s-\tilde{x}_i y)$$

进一步地，$h_{b1}, h_{b2}, h_{b3}, h_{b4}$能表达为

$$h_{b1}=\frac{h_{a1}+h_{a2}}{2}=\frac{h_a+h_b}{2}$$

$$h_{b2}=\frac{h_{a2}+h_{a3}}{2}=\frac{h_b+h_c}{2}$$

$$h_{b3}=\frac{h_{a3}+h_{a4}}{2}=\frac{h_c+h_d}{2}$$

$$h_{b4}=\frac{h_{a4}+h_{a1}}{2}=\frac{h_d+h_a}{2}$$

于是，由式(7.18)，有

$$\begin{aligned}f(x,y)&=\sum_{i=1}^{4} u(A_i)\varphi_i(x,y)+\sum_{i=1}^{4} u(B_i)\Psi_i(x,y)\\&=h_a\left[\varphi_1(x,y)+\frac{1}{2}\Psi_1(x,y)+\frac{1}{2}\Psi_4(x,y)\right]\end{aligned}$$

$$+h_b\left[\varphi_2(x,y)+\frac{1}{2}\Psi_1(x,y)+\frac{1}{2}\Psi_2(x,y)\right]$$

$$+h_c\left[\varphi_3(x,y)+\frac{1}{2}\Psi_2(x,y)+\frac{1}{2}\Psi_3(x,y)\right]$$

$$+h_d\left[\varphi_4(x,y)+\frac{1}{2}\Psi_3(x,y)+\frac{1}{2}\Psi_4(x,y)\right]$$

$$\equiv h_aW_1(x,y)+h_bW_2(x,y)+h_cW_3(x,y)+h_dW_4(x,y) \tag{7.20}$$

这样，就得到了正方形格网表面 $ABCD$ 基于 4 个顶点 A、B、C、D 高程值的不完全双二次多项式的表达式。

2. 不完全双二次多项式的传递误差模型

如式(7.20)所示，正方形表面上的任意一点 P 可由其 4 个顶点表示，从而顶点上的误差传递到表面上，设这四个点上的误差用 σ^2_{node} 表示。设 P 的高程为 h_p，由式(7.20)，有

$$h_p=W_1(x,y)h_a+W_2(x,y)h_d+W_3(x,y)h_b+W_4(x,y)h_c \tag{7.21}$$

设 A，B，C，D 4 个点相互独立。则由式(7.21)和方差运算法则，P 点的传递误差 σ^2_p 为

$$\sigma^2_p\equiv W^2_1(x,y)\sigma^2_{\text{node}}+W^2_2(x,y)\sigma^2_{\text{node}}+W^2_3(x,y)\sigma^2_{\text{node}}+W^2_4(x,y)\sigma^2_{\text{node}} \tag{7.22}$$

于是，正方形格网上的平均传递误差 σ^2_Q 为

$$\sigma^2_Q=\frac{1}{\text{Area}_{ABCD}}\int_{-s}^{s}\int_{-s}^{s}[W^2_1(x,y)\sigma^2_{\text{node}}+W^2_2(x,y)\sigma^2_{\text{node}}+W^2_3(x,y)\sigma^2_{\text{node}}+W^2_4(x,y)\sigma^2_{\text{node}}]\mathrm{d}x\mathrm{d}y$$

$$=\frac{\sigma^2_{\text{node}}}{4s^2}\int_{-s}^{s}\int_{-s}^{s}\{[(\varphi^2_1(x,y)+\varphi^2_2(x,y)+\varphi^2_3(x,y)+\varphi^2_4(x,y))]$$

$$+\left[\frac{1}{2}(\Psi^2_1(x,y)+\Psi^2_2(x,y)+\Psi^2_3(x,y)+\Psi^2_4(x,y))\right]$$

$$+\left[\frac{1}{2}(\Psi_1(x,y)\Psi_4(x,y)+\Psi_1(x,y)\Psi_2(x,y)+\Psi_2(x,y)\Psi_3(x,y)+\Psi_3(x,y)\Psi_4(x,y))\right]$$

$$+[\varphi_1(x,y)(\Psi_1(x,y))+\Psi_4(x,y))+\varphi_2(x,y)(\Psi_1(x,y))+\Psi_2(x,y))$$

$$+\varphi_3(x,y)(\Psi_2(x,y)+\Psi_3(x,y))+\varphi_4(x,y)(\Psi_3(x,y)+\Psi_4(x,y))]\}\mathrm{d}x\mathrm{d}y$$

$$\equiv\frac{\sigma^2_{\text{node}}}{4s^2}(V_1+V_2+V_3+V_4)$$

可以证明

$$V_1+V_2+V_3+V_4=\frac{16}{9}s^2$$

于是，有

$$\sigma^2_Q=\frac{4}{9}\sigma^2_{\text{node}} \tag{7.23}$$

式(7.23)即是正方形格网上不完全双二次多项式的传递误差，它与双线性多项式相同。但是，由于不完全双二次多项式的表面模型误差好于双线性多项式(Kinder，2003)，因此，总的来说，不完全双二次多项式表示正方形格网 DEM 有更高的精度。

7.5.2 基于双三次插值多项式的表面传递误差模型

1. 双三次插值多项式的乘积型表示

下面研究基于双三次插值多项式的表面传递误差模型。设 A、B、C、D 是正方形格网的 4 个顶点，正方形边长为 d，如图 7.12 所示。

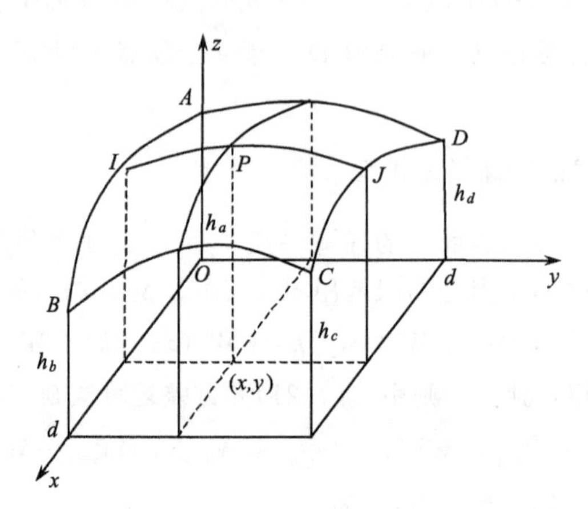

图 7.12 正方形格网

由式(2.9)知，过平面两个点 $A(x_0,h_0)$ 和 $B(x_1,h_1)$ 的三次 Hermite 插值多项式是

$$H_3(x)=\left(1-2\frac{x-x_0}{x_0-x_1}\right)\left(\frac{x-x_1}{x_0-x_1}\right)^2h_0+\left(1-2\frac{x-x_1}{x_1-x_0}\right)\left(\frac{x-x_0}{x_1-x_0}\right)^2h_1$$

$$+(x-x_0)\left(\frac{x-x_1}{x_0-x_1}\right)^2h'_0+(x-x_1)\left(\frac{x-x_0}{x_1-x_0}\right)^2h'_1$$

其中，h'_0、h'_1 分别为 A、B 两点的一阶导数。

三次 Hermite 插值多项式满足插值条件：

$$H_3(x_i)=h_i,\quad i=0,1$$

$$H'_3(x_i)=h'_i,\quad i=0,1$$

一般 h'_0、h'_1 的值未知，要通过数值微分得到，由式(2.63)，有

$$h'_0=\frac{h_1-h_0}{x_1-x_0}\ \text{和}\ h'_1=\frac{h_1-h_0}{x_1-x_0}$$

于是三次 Hermite 插值多项式为(这里设 $x_0=0$，$x_1=d$)

$$H_3(x)=\left[\frac{1}{d^2}\left(\frac{2x^3}{d}-3x^2+d^2\right)-(2x^3-3x^2d+xd^2)\frac{1}{d^3}\right]h_0$$

$$+\left[\frac{1}{d^2}\left(3-\frac{2x}{d}\right)x^2+(2x^3-3x^2d+xd^2)\frac{1}{d^3}\right]h_1$$

$$\equiv[S_1(x)-S_3(x)]h_0+[S_2(x)+S_3(x)]h_1$$

$$\equiv Q_1(x)h_0+Q_2(x)h_1 \tag{7.24}$$

这里

$$Q_1(x) = S_1(x) - S_3(x), Q_2(x) = S_2(x) + S_3(x)$$

式(7.24)是过两个点的三次 Hermite 插值多项式。下面研究过正方形格网上的双三次 Hermite 插值多项式的表达式。

表面 $ABCD$ 是由 4 个顶点构造的 DEM 表面的一部分,$ABCD$ 在 xOy 平面上的投影是边长为 d 的正方形。如图 7.10 所示。4 个顶点的坐标分别是

$$A = (0,0,h_a),\ B = (d,0,h_b),\ C = (d,d,h_c) \text{ 和 } D = (0,d,h_d)$$

为计算简便,设 DEM 表面函数是 $h(x,y)$,则

$$h(0,0) = h_a, h(d,0) = h_b,\ h(d,d) = h_c \text{ 和 } h(0,d) = h_d \tag{7.25}$$

对函数 $h(x,y)$沿 x 方向插值,由式(7.24),得到

$$H_x(x,y) = Q_1(x)h(0,y) + Q_2(x)h(d,y)$$

然后 $H_x(x,y)$沿 y 方向插值,由式(7.24),得到

$$\begin{aligned} h(x,y) \equiv & Q_1(x)[Q_1(y)h(0,0) + Q_2(y)h(0,d)] \\ & + Q_2(x)[Q_1(y)h(d,0) + Q_2(y)h(d,d)] = Q_1(x)Q_1(y)h_a \\ & + Q_1(x)Q_2(y)h_d + Q_2(x)Q_1(y)h_b + Q_2(x)Q_2(y)h_c \end{aligned} \tag{7.26}$$

即是所求的双三次 Hermite 插值多项式。

2. 双三次插值多项式的传递误差模型

从图 7.12 可见,A, B, C,D 是正方形格网的 4 个点,每个点高程误差设为相等的,并用方差表示,记为 σ^2_{node}。

设 P 是表面$ABCD$ 上的任意一点,利用双三次插值多项式(7.26),点 P 的高程 h_p 能表示为

$$h_p = T_1(x,y)h_a + T_2(x,y)h_d + T_3(x,y)h_b + T_4(x,y)h_c \tag{7.27}$$

其中

$$T_1(x,y) = Q_1(x)Q_1(y), T_2(x,y)Q_1(x)Q_2(y),$$
$$T_3(x,y) = Q_2(x)Q_1(y), T_4(x,y) = Q_2(x)Q_2(y)$$

设 4 个点 A, B, C,D 的误差 σ^2_{node}是独立的,于是按照式(7.27)和方差的性质,点 P 的高程误差 σ^2_p 可表示为

$$\sigma^2_p \equiv T^2_1(x,y)\sigma^2_{\text{node}} + T^2_2(x,y)\sigma^2_{\text{node}} + T^2_3(x,y)\sigma^2_{\text{node}} + T^2_4(x,y)\sigma^2_{\text{node}} \tag{7.28}$$

这是一个点上的高程传递误差,于是在表面 $ABCD$ 上的平均误差 σ^2_C 为

$$\begin{aligned} \sigma^2_C = & \frac{1}{\text{Area}_{ABCD}} \int_0^d\int_0^d (T^2_1(x,y)\sigma^2_{\text{node}} + T^2_2(x,y)\sigma^2_{\text{node}} + T^2_3(x,y)\sigma^2_{\text{node}} + T^2_4(x,y)\sigma^2_{\text{node}})\mathrm{d}x\mathrm{d}y \\ = & \frac{\sigma^2_{\text{node}}}{d^2} \int_0^d\int_0^d (T^2_1(x,y) + T^2_2(x,y) + T^2_3(x,y) + T^2_4(x,y))\mathrm{d}x\mathrm{d}y \end{aligned}$$

由式 (7.26)和式(7.28),有

$$
\begin{aligned}
\sigma_C^2 = \frac{\sigma_{\text{node}}^2}{d^2}\Big[& \int_0^d (S_1(x) - S_3(x))^2 \mathrm{d}x \int_0^d (S_1(y) - S_3(y))^2 \mathrm{d}y \\
& + \int_0^d (S_1(x) - S_3(x))^2 \mathrm{d}x \int_0^d (S_2(y) + S_3(y))^2 \mathrm{d}y \\
& + \int_0^d (S_2(x) + S_3(x))^2 \mathrm{d}x \int_0^d (S_1(y) - S_3(y))^2 \mathrm{d}y \\
& + \int_0^d (S_2(x) + S_3(x))^2 \mathrm{d}x \int_0^d (S_2(y) + S_3(y))^2 \mathrm{d}y \\
\equiv & \frac{\sigma_{\text{node}}^2}{d^2}(M_1^2 + M_1 M_2 + M_2 M_1 + M_2^2) \\
= & \frac{\sigma_{\text{node}}^2}{d^2}(M_1 + M_2)^2
\end{aligned}
$$

这里 $M_1 = \int_0^d (S_1(x) - S_3(x))^2 \mathrm{d}x, M_2 = \int_0^d (S_2(x) + S_3(x))^2 \mathrm{d}x$

可以计算,得

$$(M_1 + M_2)^2 = \frac{4}{9}d^2$$

于是,有

$$\sigma_C^2 = \frac{4}{9}\sigma_{\text{node}}^2$$

上式即是正方形格网上双三次插值多项式的传递误差,它与双线性多项式和不完全双二次插值多项式相同。但是,由于双三次插值多项式的表面模型误差好于双线性多项式(Kinder, 2003),因此,总的来说,双三次插值多项式表示正方形格网 DEM 有更高的精度。

是否有高阶插值多项式能够有更高精度的传递误差,这是一个值得研究的问题。

7.6 基于 TIN 的 DEM 传递误差模型

上节对正方形格网上的传递误差进行了研究,本节将对基于 TIN 格网的表面传递误差进行研究,表面函数是常用的线性函数

$$z(x, y) = a_0 + a_1 x + a_2 y$$

表面线性函数在几何上即为一个平面,如图 7.13 所示。

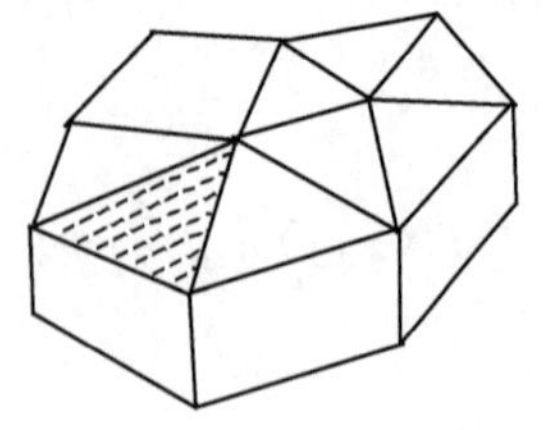

图 7.13 三角形格网

7.6.1 TIN 格网上传递误差表达式

对于 TIN 上的线性表面的高程传递误差,可简化为考虑一

个三角形 ABC 上。如图 7.14 所示。

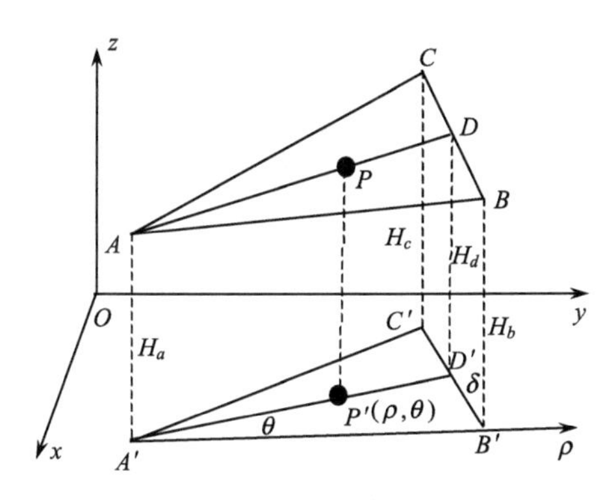

图 7.14 三角形格网上的线性内插

对于三角形格网的传递误差推导，基本方法与正方形格网相同，也是先给出三角形上任意一点与三角形的 3 个顶点的关系，然后积分计算三角形格网上的平均误差。与正方形格网规则化不同，三角形格网上每个三角形形状各异，给推导误差带来困难。下面给出基于极坐标的表示方法。如图 7.14 所示，设 P 为三角形 ABC 中任意一点，AP 延长与 BC 交于 D。将三角形 ABC 投影到 xOy 平面，得三角形 $A'B'C'$，并设

$$\angle B'A'C' = \alpha, \angle A'B'C' = \beta, \angle B'C'A' = \gamma$$

以 A' 点为极点，$A'B'$ 为极轴，建立极坐标系。设 $B'D'=\delta, A'D'=s, A'P'=\rho$. 由线性插值公式，有

$$H_d = \frac{a-\delta}{a}H_b + \frac{\delta}{a}H_c$$

于是，由点的相互独立性和方差的性质，点 D 的传递误差（用方差 σ_d^2 表示）为

$$\sigma_d^2 = \left(\frac{a-\delta}{a}\right)^2 \sigma_{\text{node}}^2 + \left(\frac{\delta}{a}\right)^2 \sigma_{\text{node}}^2 \tag{7.29}$$

类似地，由线性插值公式及方差的性质，点 P 的传递误差为

$$\sigma_P^2 = \left(\frac{s-\rho}{s}\right)^2 \sigma_a^2 + \left(\frac{\rho}{s}\right)^2 \sigma_d^2 = \left(\frac{s-\rho}{s}\right)^2 \sigma_{\text{node}}^2 + \left(\frac{\rho}{s}\right)^2 \left(\left(\frac{a-\delta}{a}\right)^2 \sigma_{\text{node}}^2 + \left(\frac{\delta}{a}\right)^2 \sigma_{\text{node}}^2\right) \tag{7.30}$$

又对三角形 $A'B'D'$，有

$$\delta = \frac{c\sin\theta}{\sin[180° - (\theta+\beta)]} = \frac{c\sin\theta}{\sin(\theta+\beta)}$$

$$s = \frac{c\sin\beta}{\sin[180° - (\theta+\beta)]} = \frac{c\sin\beta}{\sin(\theta+\beta)}$$

于是，三角形 ABC 的平均高程传递误差表达式（用方差 σ_H^2 表示）为（其中 $S_{A'B'C'}$ 是三角形 $A'B'C'$ 的面积）：

$$\sigma_H^2 = \frac{1}{S_{A'B'C'}} \int_0^{\alpha}\int_0^{s} \left[\left(\frac{s-\rho}{s}\right)^2 \sigma_{\text{node}}^2 + \left(\frac{\rho}{s}\right)^2 \left(\left(\frac{a-\delta}{a}\right)^2 \sigma_{\text{node}}^2 + \left(\frac{\delta}{a}\right)^2 \sigma_{\text{node}}^2\right)\right] \rho \mathrm{d}\rho \mathrm{d}\theta$$

$$= \frac{\sigma_{\text{node}}^2}{S_{A'B'C'}}\int_0^{\alpha}\left[\frac{s^2}{12}+\frac{s^2}{4}\left(\left(\frac{a-\delta}{a}\right)^2+\left(\frac{\delta}{a}\right)^2\right)\right]\mathrm{d}\theta$$

$$= \frac{\sigma_{\text{node}}^2}{S_{A'B'C'}}\int_0^{\alpha}\left(\frac{s^2}{3}-\frac{s^2\delta}{2a}+\frac{s^2\delta^2}{2a^2}\right)\mathrm{d}\theta \tag{7.31}$$

于是，平均高程传递误差表示式转变为计算一个单变量的积分，这就大大简化了计算。进一步地，进行如下的简化表示，记

$$\sigma_H^2 \equiv \frac{(I_1 - I_2 + I_3)}{S_{A'B'C'}}\sigma_{\text{node}}^2 \tag{7.32}$$

可以计算(下列计算过程进行了简化，详细可见(Zhu et al.，2005)

$$I_1 = \int_0^{\alpha}\frac{s^2}{3}\mathrm{d}\theta = \frac{1}{3}\int_0^{\alpha}\left(\frac{c\cos\beta}{\sin(\theta+\beta)}\right)^2\mathrm{d}\theta = \frac{c^2(\sin\beta)^2}{3}I_{11}$$

而

$$I_{11} = \int_0^{\alpha}\frac{1}{\sin^2(\theta+\beta)}\mathrm{d}(\theta+\beta) = \frac{\sin\alpha}{\sin\gamma\sin\beta}$$

类似地

$$I_2 = \int_0^{\alpha}\frac{\delta s^2}{2a}\mathrm{d}\theta = \frac{c^3(\sin\beta)^2}{2a}I_{21}$$

$$I_{21} = \cos\beta\, I_{11} - \sin\beta\, I_{211}$$

$$I_{211} = -\frac{1}{2\sin^2\gamma}+\frac{1}{2\sin^2\beta}$$

$$I_3 = \int_0^{\alpha}\frac{s^2\delta^2}{2a^2}\mathrm{d}\theta = \frac{c^4(\sin\beta)^2}{2a^2}I_{31}$$

$$I_{31} = \cos(2\beta)I_{11} - \sin(2\beta)I_{211} + \sin^2\beta I_{313}$$

$$I_{313} = \frac{\cos\gamma}{3\sin^3\gamma}+\frac{\cos\beta}{3\sin^3\beta}+\frac{2}{3}I_{11}$$

于是，利用上面得到的结果，通过一系列的回代过程可以得到 σ_H^2。

7.6.2 TIN 上高程传递误差公式

利用上面得到的表达式中，取一些三角形坐标数据，计算 σ_H^2 的系数

$$T = \frac{(I_1 - I_2 + I_3)}{S_{A'B'C'}}$$

的值，结果见表 7.3。从计算结果可见，T 的值都等于 1/2。

下面给出严格的数学证明，证明 $T=1/2$，这里沿用了上一节的记号。

由于

表 7.3 σ_H^2 的系数 T 的值

点序	空间坐标			$\frac{I_1-I_2-I_3}{S_{A'B'C'}}$
1	(13,14,13)	(22,33,44)	(13,42,56)	0.5000
2	(1,3,4)	(12,33,51)	(23,45,43)	0. 5000
3	(12,55,62)	(23,3,55)	(13,44,37)	0. 5000
4	(1,3,5)	(22,55,78)	(66,33,95)	0.5000
5	(22,11,2)	(23,13,30)	(111,332,109)	0.5000
6	(233,322,221)	(333,453,190)	(23,2,22)	0.5000

$$S_{A'B'C'}=\frac{1}{2}ac\sin\beta$$

$$\frac{I_2}{S_{A'B'C'}}=\frac{c^3(\sin\beta)^2}{2a\cdot\frac{1}{2}ac\sin\beta}I_{21}=\frac{c^2\sin\beta}{a^2}(\cos\beta I_{11}-\sin\beta I_{211})$$

$$\frac{I_3}{S_{A'B'C'}}=\frac{c^4(\sin\beta)^2}{2a^2\cdot\frac{1}{2}ac\sin\beta}I_{31}$$

$$=\frac{c^3\sin\beta}{a^3}(\cos(2\beta)I_{11}-\sin(2\beta)I_{211}+\sin^2\beta I_{313})$$

$$=\frac{c^3\sin\beta}{a^3}\left[(\cos(2\beta)+\frac{2}{3}\sin^2\beta)I_{11}-\sin(2\beta)I_{211}+\frac{\sin^2\beta\cos\gamma}{3\sin^3\gamma}+\frac{\cos\beta}{3\sin\beta}\right]$$

注意到三角形边角关系式

$$\frac{a}{\sin\alpha}=\frac{b}{\sin\beta}=\frac{c}{\sin\gamma},\cos\beta=\frac{a^2+c^2-b^2}{2ac}$$

于是,有

$$\begin{aligned}\frac{I_1-I_2+I_3}{S_{A'B'C'}}&=\frac{2c\sin\beta}{3a}I_{11}+\frac{c^2\sin\beta}{a^2}(\cos\beta I_{11}-\sin\beta I_{211})\\&\quad+\frac{c^3\sin\beta}{a^3}\Big[(\cos(2\beta)+\frac{2}{3}\sin^2\beta)I_{11}-\sin(2\beta)I_{211}\\&\quad+\sin^2\beta\left(\frac{\cos\gamma}{3\sin^3\gamma}+\frac{\cos\beta}{3\sin^3\beta}\right)\Big]\\&=\left[\frac{2c\sin\beta}{3a}-\frac{c^2\sin\beta\cos\beta}{a^2}+\frac{c^3\sin\beta}{a^3}(\cos(2\beta)+\frac{2}{3}\sin^2\beta)\right]I_{11}\\&\quad+\left[\frac{c^2\sin\beta}{a^2}\sin\beta-\frac{c^3\sin\beta}{a^3}\sin(2\beta)\right]I_{211}\\&\quad+\frac{c^3\sin\beta}{a^3}\left(\frac{\sin^2\beta\cos\gamma}{3\sin^3\gamma}+\frac{\cos\beta}{3\sin\beta}\right)\equiv W_1+W_2+W_3\end{aligned}$$

而由上一小节记号,可以计算得

$$W_1=\frac{2}{3}-\frac{c}{a}\cos\beta+\frac{c^2}{a^2}-\frac{4}{3}\cdot\frac{c^2}{a^2}\sin^2\beta$$

$$W_2 = -\frac{b^2}{2a^2} + \frac{c\,b^2}{a^3}\cos\beta + \frac{c^2}{2a^2} - \frac{c^3}{a^3}\cos\beta$$

$$W_3 = \frac{b_3}{3a^3}\cos\gamma + \frac{c^3}{3a^3}\cos\beta$$

于是

$$\begin{aligned} W_1 + W_2 + W_3 &= \frac{2}{3} - \frac{c}{a}\cos\beta + \frac{c^2}{a^2} - \frac{4}{3}\cdot\frac{c^2}{a^2}\sin^2\beta \\ &\quad - \frac{b^2}{2a^2} + \frac{c\,b^2}{a^3}\cos\beta + \frac{c^2}{2a^2} - \frac{c^3}{a^3}\cos\beta + \frac{b^3}{3a^3}\cos\gamma + \frac{c^3}{3a^3}\cos\beta \\ &= \frac{2}{3} + \left(-\frac{c}{a} + \frac{c\,b^2}{a^3} - \frac{2c^3}{3a^3}\right)\cos\beta + \frac{c^2}{6a^2} + \frac{4}{3}\cdot\frac{c^2}{a^2}\cos^2\beta - \frac{b^2}{2a^2} + \frac{b^3}{3a^3}\cos\gamma \\ &= \frac{2}{3} + \left(-\frac{c}{a} + \frac{c\,b^2}{a^3} - \frac{2c^3}{3a^3}\right)\frac{a^2+c^2-b^2}{2ac} + \frac{c^2}{6a^2} + \frac{4}{3}\cdot\frac{c^2}{a^2}\left(\frac{a^2+c^2-b^2}{2ac}\right)^2 \\ &\quad - \frac{b^2}{2a^2} + \frac{b^3}{3a^3}\,\frac{a^2+b^2-c^2}{2ab} \\ &= \frac{1}{2} \end{aligned}$$

即有

$$\frac{I_1 - I_2 + I_3}{S_{A'B'C'}} = \frac{1}{2}$$

于是，将上式代入式(7.32)，得到如下的三角形网格原始数据平均传递误差公式

$$\sigma_H^2 = \frac{1}{2}\sigma_{\text{node}}^2$$

对于三角形格网上的表面表达的误差理论公式，目前还没有研究成果。其主要原因在于三角形格网中三角形形状各异，形式复杂。结合地形表面的线性表达所导致的误差，可以很好地分析基于 TIN 的 DEM 线性建模的误差。

7.7 地形描述误差模型

关于 DEM 精度模型，还有许多研究，特别是通过实验方法推导理论模型。汤国安等(2001)研究了空间分辨率与地形复杂度对 DEM 精度的影响，提出了地形描述误差概念，研究了数字高程模型地形描述误差与分辨率、地表粗糙度之间的关系。

7.7.1 地形描述误差概念

地形描述误差是假设 DEM 高程采样误差为零的情况下，模拟地面与实际地面的差异。如图 7.15 所示，A、B 点为 DEM 地面高程采样点，A、B 两点的连线为 DEM 模拟地面，假定在该两点的高程采样误差为零，则 E_{t_C}，E_{t_D} 及 E_{t_E} 分别为在 C、D、E 三点的地形描述误差。显然，DEM 栅格分辨率与地形起伏的复杂程度是影响地形描述误差 E_t 大小的两个关键因子，建立该两因子与 DEM 地形描述误差之间的量化关系，是对误差进行定量模拟的关键。

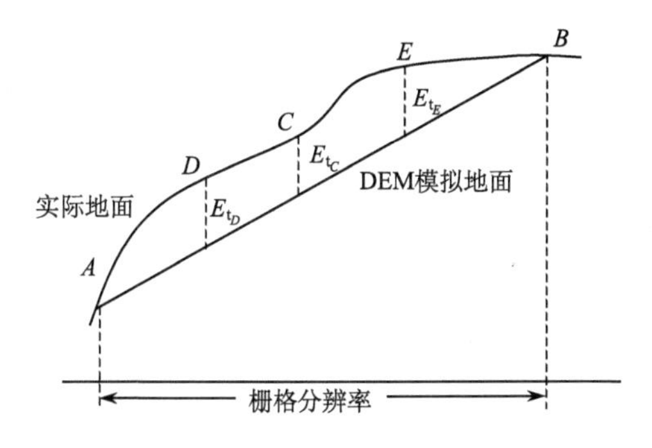

图 7.15 地形描述误差

基于上述地形描述误差，选择如表 7.4 的实验区域，实验结果见表 7.4(汤国安等，2001)。

表 7.4 实验区主要地形因子及 DEM 精度

项目		平原	低丘	丘陵	中山	高山	混合类型
试验区地形因子	地理位置	关中平原	东北漫岗	江南丘陵	北京军都山	秦岭首阳山	陕西骊山
	平均高程/m	425	224	227	824	2614	662
	平均坡度/m	2.42	7.15	15.1	20.7	27.5	14.3
	剖面曲率/(°)	5.96	8.87	15.47	21.24	34.80	18.48
原始 DEM 精度	均方差/m	0.39	0.64	1.15	1.52	2.82	1.35
	标准差/m	0.28	0.57	1.04	1.41	2.16	1.23
	平均误差/m	0.24	0.41	0.91	1.03	2.09	1.11

7.7.2 地形描述误差拟合模型

图 7.16 显示了表 7.5 的数据，可见不同地形的误差数据具有线性形式。

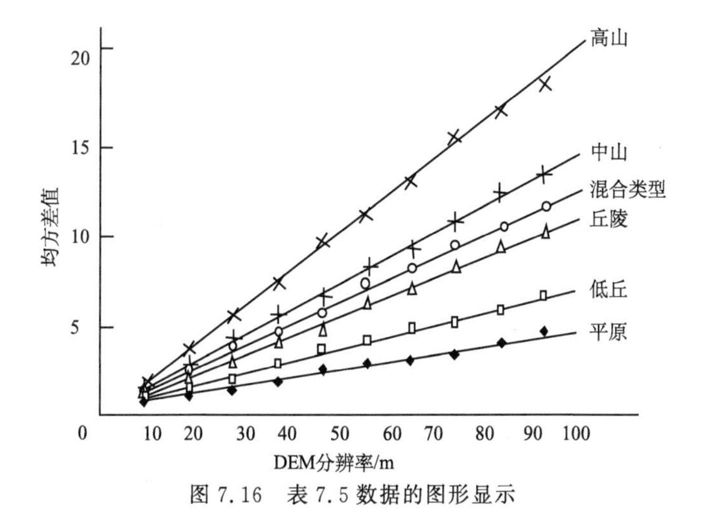

图 7.16 表 7.5 数据的图形显示

表 7.5 不同地貌类型区 E_t、均方差值(RMSE)统计表

分辨率/m	平原	低丘	丘陵	中山	高山	混合类型
10	0.599	0.678	0.856	1.012	1.378	0.938
20	0.975	1.237	1.831	2.350	3.571	2.102
30	1.350	1.796	2.805	3.687	5.763	3.226
40	1.726	2.355	3.779	5.025	7.955	4.431
50	2.101	2.914	4.754	6.363	10.148	5.595
60	2.476	3.474	5.728	7.701	12.340	6.759
70	2.852	4.033	6.703	9.039	14.533	7.924
80	3.227	4.592	7.677	10.376	16.725	9.088
90	3.602	5.151	8.651	11.714	18.917	10.252
100	3.978	5.710	9.626	13.052	21.110	11.417

由表 7.5,根据图 7.16,可以用线性多项式拟合 6 种地貌类型的地形描述误差 E_t 与均方差值(RMSE)与分辨率的关系公式,公式如下(其中 P 表示剖面曲率,S 表示平均坡度):

$$\mathrm{RMSE}_t = \begin{cases} y = 0.2139x - 0.4278 & (\text{高山}, P = 34.80, S = 27.5) \\ y = 0.1334x - 0.3101 & (\text{中山}, P = 21.24, S = 20.7) \\ y = 0.0999x - 0.2253 & (\text{丘陵}, P = 15.47, S = 15.1) \\ y = 0.0551x + 0.1094 & (\text{低丘}, P = 8.87, S = 7.15) \\ y = 0.0378x + 0.2063 & (\text{平原}, P = 5.96, S = 2.42) \\ y = 0.1181x - 0.2770 & (\text{混合地形}, P = 18.48, S = 14.3) \end{cases} \tag{7.33}$$

进一步地,图 7.17 及图 7.18 分别表示公式(7.33)中系数 a、b 与平均剖面曲率位置关系。

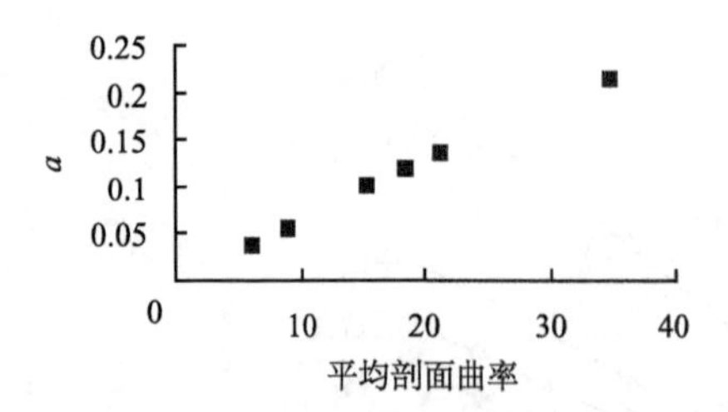

图 7.17 剖面曲率与系数 a 之间关系

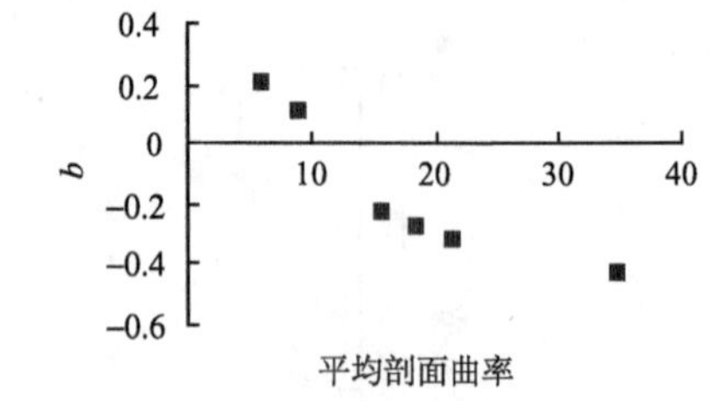

图 7.18 剖面曲率与系数 b 之间关系

从图 7.17 可见,系数 a 与剖面曲率 V 具有良好的线性关系,因此利用线性回归可以得到拟合直线方程

$$a = 0.0061V + 0.0027 \tag{7.34}$$

但从图 7.18 可见,系数 b 与剖面曲率的线性相关性并不好,利用直线拟合势必产生

较大的误差，进而影响 DEM 误差与空间分辨率和平均剖面曲率的关系。实际上，从图 7.18 可见，系数 b 与剖面曲率存在较好的二次函数关系，因而利用二次函数进行拟合更为适宜。利用最小二乘原理，得到系数 b 与剖面曲率的二次函数关系式为

$$b = 0.0010V^2 - 0.0649V + 0.5695 \tag{7.35}$$

利用公式(7.34)和公式(7.35)，结合公式(7.33)，可以得到 DEM 误差与空间分辨率 R 和平均剖面曲率 V 关系公式

$$\mathrm{RMS}E_t = (0.0061V + 0.0027)R + 0.0010V^2 - 0.0649V + 0.5695$$

及改写公式：

$$R = (\mathrm{RMS}E_t - 0.0010V^2 + 0.0649V - 0.5695)/(0.0061V + 0.0027)$$

由此，可以根据 DEM 的误差的限定指标直接推算适宜的 DEM 分辨率 R。

第8章　三维地形分析模型

DEM是地形表面的各种地形特征的数字化表示，从DEM数据能够反映出地形的特征、变化情况。如何通过DEM数据，推导反映地形特征的地形因子具有重要意义。

从数学上看，DEM实际上是地形的一个数学模型，因此，DEM可以看作一个或多个函数的和。DEM推导地形因子可以从这些函数中推导出来。事实上，在数学中，函数的一阶导数能反映函数的变化趋势，二阶导数据能反映函数的凸凹趋势，而变化趋势和凸凹趋势是地形的重要特征。因此，我们将从函数出发，利用一阶、二阶导数推导出反映出地形特征的地形因子。这些因子包括表面积、体积、坡度、坡向、曲率、分维、地表粗糙度、面元凹凸系数等。从理论上说，还可以继续求三阶、四阶等更高阶的导数直到无穷阶以派生更多的地形因子，但到目前为止还没有研究高于二阶的地形因子的应用价值，这方面的工作还有待进一步的研究。

地形因子能表示地形表面的基本特征，因此地形因子在研究地形变化时十分有用。例如，研究不同地形的DEM误差时，建立地形因子与误差之间的关系十分重要，这里选取合适的地形因子尤其重要。

地形因子在表示地势起伏、地貌、土壤水分、土地适宜性评价、太阳日照、土壤水分蒸发、植物群分布、分水/合水流域、土壤特性分析、滑坡分布、径流加速度、侵蚀/分解速率、地貌特征研究、断层交点、移动与累积分布和密度等方面具有重要作用。在解决实际问题中，选取合适的地形因子十分重要也具有一定的困难。

8.1　表面积和体积

数字地形表面的表面积表示对应区域上空间曲面的面积，体积是指空间曲面与一基准平面之间的空间的容积。地形表面的表面积和体积与空间曲面拟合的方式，以及实际使用的数据结构（规则格网或者不规则三角网）有关。实际计算中，通常将曲面表面积的计算转化为分块曲面表面积的计算。

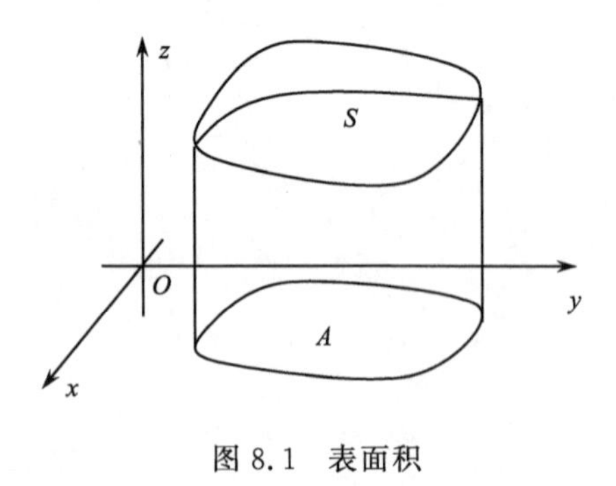

图8.1　表面积

8.1.1　表面积和体积的数学公式

设区域A上的表面模型函数为$Z=f(x,y)$，如图8.1所示。

由高等数学中表面积计算公式，表面积可以表示为

$$S=\iint_A (1+f_x^2+f_y^2)^{\frac{1}{2}}\mathrm{d}x\mathrm{d}y \tag{8.1}$$

体积公式为

$$V=\iint_A f(x,y)\mathrm{d}x\mathrm{d}y \tag{8.2}$$

由于积分的困难，实际计算中很难按公式(8.1)或公式(8.2)去计算表面积或体积，通常需要近似计算。

8.1.2 表 面 积

1. 三角形格网上的表面积计算

由于三角形格网是由一系列三角形组成的，因此，基于三角形格网的 DEM 的表面积计算可以转化为单个三角形表面积的计算，即一个三角形格网对应的 DEM 的表面积是其单个三角形对应的表面积之和。

设任意一个三角形格网 $P_1P_2P_3$，三点的坐标分别为 (x_1,y_1,z_1)、(x_2,y_2,z_2) 和 (x_3,y_3,z_3)，三点对应的边长分别为 a、b 和 c，如图 8.2 所示。

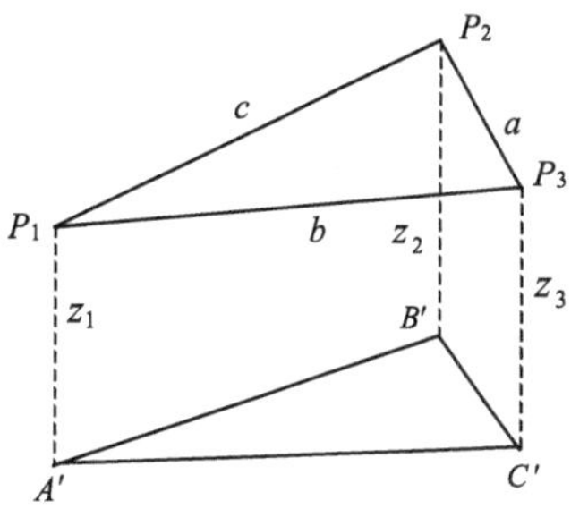

通常三角形格网的表面用如下的线性多项式

$$z=ax+by+c \tag{8.3}$$

表示，则对应的三角形格网上的表面是一个平面，于是对应的表面积实际上为相应的三角形平面的面积。

图 8.2　三角形上的表面积计算

由三角形面积公式，三角形的面积为

$$S=\sqrt{P(P-a)(P-b)(P-c)} \tag{8.4}$$

其中，$P=(a+b+c)/2$。

而由已知点的坐标，有

$$a=\sqrt{(x_2-x_3)^2+(y_2-y_3)^2+(z_2-z_3)^2}$$

$$b=\sqrt{(x_1-x_3)^2+(y_1-y_3)^2+(z_1-z_3)^2}$$

$$c=\sqrt{(x_2-x_1)^2+(y_2-y_1)^2+(z_2-z_1)^2}$$

因此，根据三角形格网三个点的坐标，可以计算其对应的表面积。

若三角形表面函数不是式(8.3)所示的线性多项式，而是其他表面函数，则表面积计算可按公式(8.1)利用数值积分方法计算。

2. 正方形格网上的表面积计算

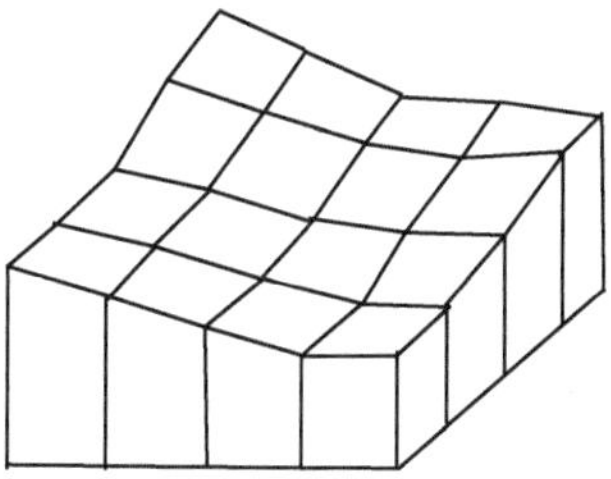

对于正方形格网，其格网形式都是相同的正方形，如图 8.3 所示。同三角形格网一样，基于正方形格网的 DEM 的表面积计算可以转化为单个正方形表面积的计算，即一个正方形格网对应的 DEM 的表面积是其单个正方形对应的表面积之和。

图 8.3　正方形格网

正方形格网对应的表面积与其对应的曲面模型相关。表面积可以由公式(8.1)计算，积分区域为正方形区域。

正方形格网常用的曲面模型为如下的双线性多项式

$$z = a_1 + a_2 x + a_3 y + a_4 xy \tag{8.5}$$

于是

$$f_x = a_2 + a_4 y, \quad f_y = a_3 + a_4 x$$

由式(8.1),对应的表面积公式为

$$S = \iint_A [1 + (a_2 + a_4 y)^2 + (a_3 + a_4 x)^2]^{\frac{1}{2}} \mathrm{d}x\mathrm{d}y \tag{8.6}$$

一般来讲,积分公式(8.1)或公式(8.6)很难直接计算,所以通常利用定积分的数值计算方法(朱长青,1997)。由于式(8.1)可以转化为

$$S = \int_0^a \int_0^a (1 + f_x^2 + f_y^2)^{\frac{1}{2}} \mathrm{d}x\mathrm{d}y = \int_0^a \mathrm{d}x \int_0^a (1 + f_x^2 + f_y^2)^{\frac{1}{2}} \mathrm{d}y$$

因此,上述积分可转化为两次一维数值积分方法。数值积分方法有很多,例如,高斯积分法、龙贝格积分法、样条函数积分法等。但最常用的是牛顿-柯特斯法,即将积分区间$[a,b]n$等分,分点为$a \leqslant x_0 < x_1 < \cdots x_n \leqslant b$,相应的公式为

$$I_n = (b-a) \sum_{k=0}^{n} C_k^{(n)} f(x_k)$$

其中柯特斯系数

$$C_k^{(n)} = \frac{(-1)^{n-k}}{nk!(n-k)!} \int_0^n \prod_{\substack{j=0 \\ j \neq k}}^{n} (t-j) \mathrm{d}t, \quad (k = 0,1,\cdots,n)$$

牛顿-柯特斯法的几何意义是用插值多项式对应的面积代替原曲线对应的面积。

实际应用中,常用n较小时对应的公式。

当$n=1$时,得梯形公式

$$T_1 = \frac{b-a}{2}[f(a) + f(b)]$$

当$n=2$时,得 Simpson 公式

$$S_2 = \frac{b-a}{6}\left[f(a) + 4f\left(\frac{a+b}{2}\right) + f(b)\right]$$

当$n=4$时,得 Cotes 公式

$$C_4 = \frac{b-a}{90}[7f(x_0) + 32f(x_1) + 12f(x_2) + 32f(x_3) + 7f(x_4)]$$

当积分区间$[a,b]$比较大,直接使用这些求积公式,则精度难以保证。若增加结点,就要使用高阶的 N-C 公式,然而当$n \geqslant 5$时,N-C 公式的收敛性和稳定性得不到保证,因此通常不能采用高阶的公式。为提高精度,当增加求积结点时,考虑对被积函数用分段低次多项式近似,由此导出复化求积公式。即先将区间$[a,b]$划分许多小区间$[x_{k-1},x_k]$,然后在每个小区间上应用牛顿-柯特斯求积公式算出积分的近似值,最后将这些值相加即得所求$[a,b]$区间上的积分的近似值,这样所得的新的求积公式称为复化求积公式。

复化梯形公式为

$$T_n = \frac{h}{2}\left[f(a) + f(b) + 2\sum_{k=1}^{n-1} f(x_k)\right]$$

复化 Simpson 公式为

$$S_n = \frac{h}{6}\left[f(a) + f(b) + 2\sum_{k=1}^{n-1} f(x_k) + 4\sum_{k=1}^{n} f(x_{k-\frac{1}{2}})\right]$$

其中，$x_{k-\frac{1}{2}}$为$[x_{k-1},x_k]$的中点。

复化 Cotes 公式为

$$C_n = \frac{h}{90}\left[7f(a) + 32\sum_{k=1}^{n} f(x_{k-\frac{1}{4}}) + 12\sum_{k=1}^{n} f(x_{k-\frac{1}{2}}) + 32\sum_{k=1}^{n} f(x_{k-\frac{3}{4}}) + 14\sum_{k=1}^{n-1} f(x_k) + 7f(b)\right]$$

其中，$x_{k-\frac{1}{4}}$，$x_{k-\frac{1}{2}}$，$x_{k-\frac{3}{4}}$为$[x_{k-1},x_k]$的四等分点。

利用公式在x、y方向分别进行数值积分，即可得空间曲面相应的表面积的近似值。

3. 正方形格网化为三角形格网

对于正方形格网，也可以将正方形格网对角划分为三角形格网，如图 8.4 所示。然后，利用三角形格网的表面积计算公式。

由于三角形格网上表面积计算较简单，因此正方形格网对角划分为三角形格网计算表面积方法较简单。

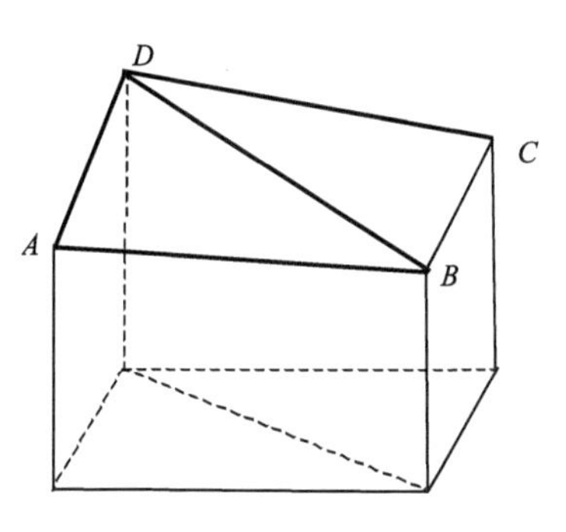

图 8.4 正方形格网划分为三角形格网

4. 实验与分析

考虑到实际地形表面的复杂性，可以利用数学曲面进行评价，数学曲面应最大限度的接近实际地形，简单曲面并不能很好的反映算法所具有的精度及相关参数确定。因此本文在给定的区域$[0,100]\times[0,100]$内，用双线性多项式$z=a_1+a_2x+a_3y+a_4xy$对函数

$$f(x,y) = \left(\frac{x}{10}\right)^2 - \left(\frac{y}{20}\right)^2 - 56\left(\frac{x}{10}\right)\left(\frac{y}{20}\right)$$

求解其曲面面积。这里，分别设定不同的 DEM 格网间距，分别采用正方形格网划分为三角形格网、复化梯形公式、复化 Simpson 公式、复化 Cotes 公式计算曲面表面积，其计算结果见表 8.1。为了比较计算效果，给出原始曲面精确值和基于双线性多项式的 DEM 表面精确值。

表 8.1 不同方法计算结果

等分数	DEM 表面精确值	正方形格网划分为三角形格网	复化梯形公式	复化 Simpson 公式	复化 Cotes 公式
10	211 082.6331	211 459.4919	211 103.6722	210 676.1071	196 058.5814
20	210 776.7382	210 870.9526	210 782.1712	210 674.7661	203 332.7241
80	210 680.4698	210 686.3481	210 680.8129	210 674.2276	208 832.1195
160	210 675.6562	210 677.1207	210 675.7420	210 674.1397	209 752.5421
200	210 675.0786	210 676.0207	210 675.1335	210 674.1221	209 936.7572
原始曲面精确值			210 674.0524		

从上述实验结果及其他实验结果可以得到如下的结论：

(1) 与实验函数面积的精确值相比，上述四种方法计算的表面积值都具有较好的结果。其中复化 Simpson 公式计算的结果最为准确，正方形划分为三角形格网和复化梯形次之，而复化 Cotes 公式精度较低。

(2) 从计算复杂度上看，梯形算法最简单，其次是复化 Simpson 公式和正方形格网划分为三角形格网，而复化 Cotes 公式最复杂。

(3)从理论上复化梯形求积法算法简单，但为了达到高精度，当步数太多时，累积误差会开始增加，子函数计算时会不收敛；同时，理论上复化 Cotes 公式会具有较高精度，但实验表明，复化 Cotes 公式只有充分细化时，才能有较高的精度。

(4)综上所述，复化 Simpson 公式具有较高的精度，且算法较简单，是实际计算中使用较为广泛的方法。

8.1.3 体　　积

体积是指空间曲面与一基准平面之间的空间的容积。与表面积计算一样，体积也与空间曲面拟合的方式、实际使用的数据结构(规则格网或者不规则三角网)有关。体积的计算通常也采用分块计算方法。

1. 三角形格网的体积计算

如图 8.2 所示，对于三角形格网，若其表面用线性多项式

$$z = ax + by + c$$

表示，则由式(8.2)，对应的三角形格网上的体积为

$$V = \iint_A (ax + by + c)\mathrm{d}x\mathrm{d}y \tag{8.7}$$

其中，A 为三角形格网底面。

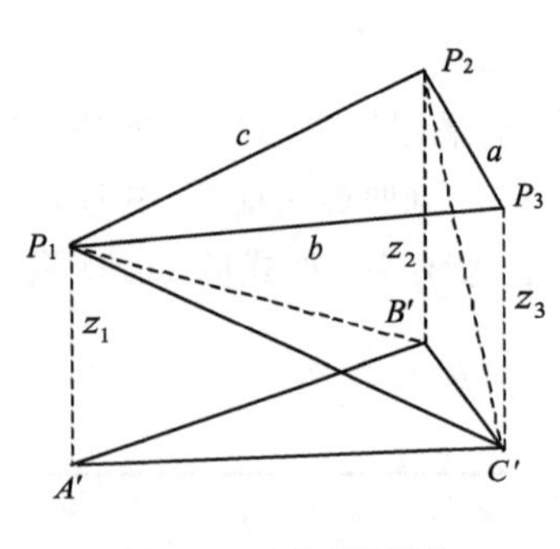

图 8.5　四面体划分

对于线性多项式表示的三角形格网上的体积，有下面的近似公式：

$$V \approx S(z_1 + z_2 + z_3)/3 \tag{8.8}$$

其中，S 是底面面积。

事实上，对于线性多项式表示的三角形格网上的体积，可将其划分为 3 个四面体，如图 8.5 所示，划分的四面体分别为 $P_1A'B'C'$、$P_1P_2C'B'$ 和 $P_1P_2P_3B'$。

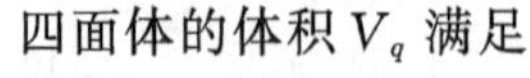

四面体的体积 V_q 满足

$$V_q^2 = \frac{1}{288}\left|\begin{matrix} 0 & r^2 & q^2 & a^2 & 1 \\ r^2 & 0 & p^2 & b^2 & 1 \\ q^2 & p^2 & 0 & c^2 & 1 \\ a^2 & b^2 & c^2 & 0 & 1 \\ 1 & 1 & 1 & 1 & 0 \end{matrix}\right) \tag{8.9}$$

其中，p、q 和 r 为四面体底面的三条边长；a、b 和 c 为四面体的三条棱长。例如，对于四面体 $P_1A'B'C'$，$A'B'$，$B'C'$ 和 $A'C'$ 可以看成是底面的三条边长，而 P_1A'、P_1B' 和 P_1C' 是三条棱长，通过 P_1、P_2 和 P_3 三点的坐标，这些边长都可以计算出来。

于是，三角形格网上的体积 V 等于对应的 3 个四面体的体积之和，即

$$V = V_{P_1A'B'C'} + V_{P_1P_2C'B'} + V_{P_1P_2P_3B'} \tag{8.10}$$

由于四面体的体积能精确算出，因此，式(8.10)是三角形格网上的体积计算的一个精确的公式。

2. 正方形格网的体积计算

对于正方形格网，如图 8.3 所示。若其表面模型为双线性多项式

$$z = a_1 + a_2x + a_3y + a_4xy$$

则其体积为

$$\begin{aligned} V &= \int_0^a\int_0^a(a_1 + a_2x + a_3y + a_4xy)\,\mathrm{d}x\mathrm{d}y \\ &= \int_0^a\mathrm{d}x\int_0^a(a_1 + a_2x + a_3y + a_4xy)\,\mathrm{d}y \\ &= \int_0^a\left(a_1a + a_2ax + \frac{1}{2}a_3a^2 + \frac{1}{2}a_4a^2x\right)\mathrm{d}x \\ &= a_1a^2 + \frac{1}{2}a_2a^3 + \frac{1}{2}a_3a^3 + \frac{1}{4}a_4a^4 \end{aligned}$$

利用双线性多项式的基函数表达式(2.34)，可得到具体的用格网顶点坐标表示的体积公式。

对于正方形格网，可得如下的体积近似公式

$$V \approx a^2(h_1 + h_2 + h_3 + h_4)/4 \tag{8.11}$$

若正方形格网的表面用其他模型如高阶多项式表示，则也有类似的体积公式，可用式(8.2)计算。

8.2 坡度和坡向

坡度和坡向是重要的地形因子。坡度表示地表面的倾斜程度，而坡向反映斜坡所面对的方向，它们通常与确定的点有关。坡度和坡向在军事战场分析、道路勘测、土地利用评价、径流流速、植被、降雨量、地貌、土壤水分、土地适用性评价等方面都有重要应用。例如，在农业土地开发中，坡度大于 25°的土地一般被认为是不宜开发的。

8.2.1 坡　　度

1. 坡度基本公式

一个点的坡度是一个既有大小又有方向的矢量。从数学上来讲，坡度矢量的模等于地表曲面函数在该点的切平面与水平面夹角的正切，其方向等于在该切平面上沿最大倾

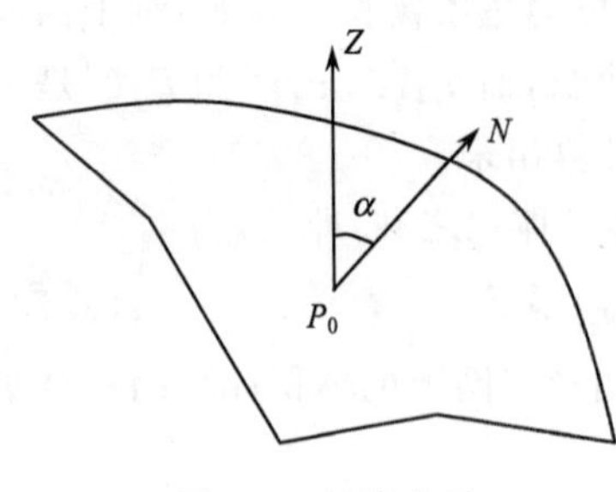

图 8.6　坡度表示

斜方向的某一矢量在水平面上的投影方向也即坡向。如图 8.6 所示。实际应用中，通常将地表曲面函数在该点的切平面与水平面夹角，即该点的法线方向 N 与垂直方向 Z 之间的夹角 α 当作坡度来使用。

下面推导曲面上的坡度公式。设有曲面方程 $Z=f(x,y)$，则给定点 $P_0(x_0,y_0,z_0)$ 处的切平面方程为

$$f_x(x_0,y_0)(x-x_0)+f_y(x_0,y_0)(y-y_0)-(z-z_0)=0$$

该点的法线方程为

$$f_x^{-1}(x_0,y_0)(x-x_0)+f_x^{-1}(x_0,y_0)(y-y_0)=-(z-z_0)$$

其方向数为 $\boldsymbol{n}_1=\{f_x(x_0,y_0),f_y(x_0,y_0),-1\}$，而垂直方向 Z 的方向数为 $n_2=\{0,0,-1\}$，于是有

$$\cos\alpha=\frac{n_1\cdot n_2}{|n_1|\cdot|n_2|}=\frac{1}{[f_x^2(x_0,y_0)+f_y^2(x_0,y_0)+1]} \tag{8.12}$$

则坡度为

$$\alpha=\arccos[f_x^2(x_0,y_0)+f_y^2(x_0,y_0)+1]^{-\frac{1}{2}} \tag{8.13}$$

由坡度的概念知 $0°\leqslant\alpha\leqslant 90°$，因此由式(8.12)容易确定曲面坡度值。

对于三角形格网，若曲面模型为平面 $Z=a_0+a_1x+a_2y$，则其上的坡度处处相等，由式(8.12)可得

$$\alpha=\arccos[a_1^2+a_2^2+1]^{-\frac{1}{2}} \tag{8.14}$$

对于正方形格网，若曲面模型为双线性多项式 $z=a_1+a_2x+a_3y+a_4xy$ 拟合函数，则其上任意一点的坡度为

$$\alpha=\arccos[(a_2+a_4y)^2+(a_3+a_4x)^2+1]^{-\frac{1}{2}} \tag{8.15}$$

上述坡度计算是关于连续曲面的，对于三角形格网或正方形格网数据，坡度即计算格网点上的值。

实际应用中，基本格网单元上的平均坡度更有用处。平均坡度的计算可以通过计算格网点位上的坡度值，然后取其平均值进行。

2. 正方形格网上的坡度计算

关于坡度的计算，主要方法有：四块法、空间矢量分析法、拟合平面法、拟合曲面法、直接解法等。前三种方法是为求解地面平均坡度而设计的，后两种方法是求解地面最大坡度而设计的。拟合曲面法是求解坡度的较好方法。

对于正方形格网，拟合曲面法即是以格网点为中心的一个窗口，拟合一个曲面，例如，二次曲面。图 8.7 表示一个 3×3 窗口。

e_5	e_2	e_6
e_1	e_0	e_3
e_8	e_4	e_7

图 8.7　3×3 窗口计算坡度

基于窗口的坡度计算公式为

$$\alpha=\tan\sqrt{\text{slope}_{\text{we}}{}^2+\text{slope}_{\text{sn}}{}^2}$$

其中，$slope_{we}$、$slope_{sn}$分别为水平方向、垂直方向上的坡度。它们可采用如下方法计算(其中 d 为格网间距)

方法 1：

$$slope_{we}=\frac{e_1-e_3}{2d}$$

$$slope_{sn}=\frac{e_4-e_2}{2d}$$

方法 2：

$$slope_{we}=\frac{(e_8+2e_1+e_5)-(e_7+2e_3+e_6)}{8d}$$

$$slope_{sn}=\frac{(e_7+2e_4+e_8)-(e_6+2e_2+e_5)}{8d}$$

方法 3：

$$slope_{we}=\frac{(e_8+\sqrt{2}e_1+e_5)-(e_7+\sqrt{2}e_3+e_6)}{8d}$$

$$slope_{sn}=\frac{(e_7+\sqrt{2}e_4+e_8)-(e_6+\sqrt{2}e_2+e_5)}{8d}$$

方法 4：

$$slope_{we}=\frac{(e_8+e_1+e_5)-(e_7+e_3+e_6)}{8d}$$

$$slope_{sn}=\frac{(e_7+e_4+e_8)-(e_6+e_2+e_5)}{8d}$$

整个格网上平均坡度可以通过计算格网点位上的坡度值的平均值得到。

对于这四种算法，方法 1 的精度最高，且计算效率也是最高的。但在一些最常用的商用 GIS 软件中，如 ERDAS Imagine 中，坡度计算采用的是方法 4，而 ARC/INFO 中，采用的是方法 2。

对于三角形格网，若每个格网用双一次多项式 $Z=a_0+a_1x+a_2y$ 即平面逼近，则该平面上的坡度处处相等，可由式(8.14)得出坡度值，该坡度值可以作为该格网上的坡度值。整个三角形格网上的坡度值可用每个格网上坡度值的几何平均值来表示。

3. 矢量数据的坡度算法

该算法的基本原理是基于早在 20 世纪 50 年代就由原苏联著名的地图学家伏尔科夫提出的等高线计算方法。该方法定义地表坡度为

$$\tan\alpha=h\sum l/P \tag{8.16}$$

其中，P 为测区面积；$\sum l$ 为测区等高线总长度；h 为等高距。

该方法求出的是一个区域内坡度的平均值，并假设量测区域内等高距相等。但对于测区较大或等高距不等时，用式(8.16)计算坡度便具有较大误差，这时可采用该方法的一种改进方法，即基于统计学理论的方法。该方法是基于地图上地形坡度越大等高线越密，

反之，坡度越小等高线越稀这一地形地貌表示的基本逻辑，将所研究的区域划分为 $m\times n$ 个矩形子区域(格网)，计算各子区域内等高线的总长度，再根据回归分析的方法统计计算出单位面积内的等高线长度值与坡度值之间的回归模型，然后将等高线的长度值转换成坡度值。这种算法的最大优点是可操作性强，且不受数据量的限制，能够处理海量数据。

4. 根据坡度的地面分类

测绘学中，地形的坡度和高差经常用于对地形分类。所有地形图的等高距便是根据这种分类来决定的。表 8.2 便是国家测绘局对 1∶5 万地形图测图所采用的地形分类。这种分类对 DEM 的采样也具有特别的指导意义。也就是说，可以对整个 DEM 采样区域根据坡度值来决定采样的密度。

表 8.2　根据坡度和高差的地形分类

地形类型	基本等高距/m	地形坡度/(°)	高差/m
平地	10(5)	2 以下	＜80
丘陵地	10	2～6	80～300
山地	20	6～25	300～600
高山地	20	25 以上	＞600

8.2.2　坡　　向

1. 坡向概念

坡向与坡度是相互联系的地形因子，坡度反映斜坡的倾斜程度，而坡向反映斜坡所面对的方向。坡向在流向、太阳日照、土壤水分蒸发、植物群分布等方面具有重要应用。

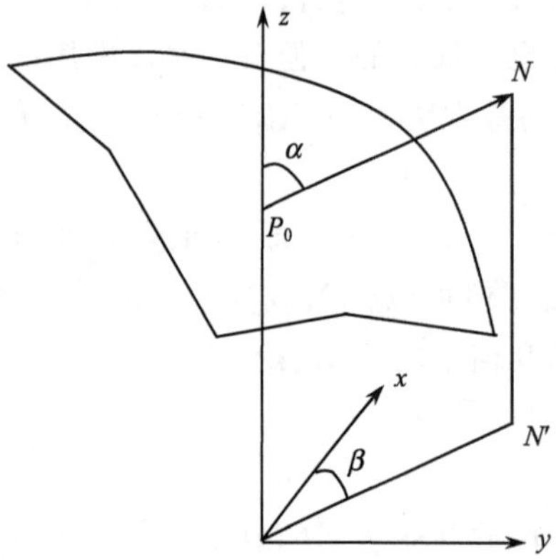

坡向定义为过格网单元所拟合的曲面片上某点切平面的法线正方向在平面上的投影与正北方向的夹角，即法方向水平投影向量的方位角。图 8.8中坡向以 β 表示。

图 8.8　坡向

下面推导曲面上的坡向公式。设有曲面 $Z=f(x,y)$，在点 $P_0(x_0,y_0,z_0)$处切平面方程为

$$Z = Ax + By + C$$
$$= f_x(x_0,y_0)x + f_y(x_0,y_0)y + c$$

则该点的坡向为

$$\beta = \arctan\frac{A}{B} \tag{8.17}$$

根据式(8.17)计算的 β 在 $\left(-\frac{\pi}{2},\frac{\pi}{2}\right)$ 中取值，而坡向应在 $(0,2\pi)$ 中取值，因此还需要判断 β 的实际值。

实际计算中，将坡向的确定归纳为表 8.3。表中“≈”表示当 A 或 B 的绝对值很小时

的情况，可以根据情况设定一个阈值(ε)，当$|A|(|B|)<\varepsilon$时，就可以认为$|A|(|B|)=0$。

表 8.3 坡向综合表

A	B	θ	坡向	坡向合并	代码
≈0	≈0		平缓坡	平缓坡	1
≈	<0	0	S	阳坡	2
>0	<0	[−π/2,0]	WS		
<0	<0	[0,π/2]	ES		
>0	≈0	3/2π	W	半阳坡	3
<0	≈0	π/2	E		
≈0	>0	π	N	阴坡	4
>0	>0	[π,3/2π]	WN		
<0	>0	[π/2,π]	EN		

坡向在一个很小的范围内计算都只有理论上的意义，通常在整体上更有价值。

2. 基于正方形格网的坡向计算

利用 8.2.1 节定义的水平方向、垂直方向上的坡度 slope_{we}、slope_{sn}，可以得到坡向计算公式

$$\beta=\frac{\text{slope}_{sn}}{\text{slope}_{we}}$$

不同方法得到的 slope_{we}、slope_{sn}，可能得到不同的坡向值。其中方法 1 的精度最高。

3. 基于三角形格网的坡向计算

对于基于三角形格网的 DEM，如果每个三角形格网的表面模型取为线性多项式

$$Z=a_0+a_1x+a_2y$$

则它是一个平面，其上每一点的坡向处处相等，由式(8.17)可得

$$\beta=\arctan\frac{a_1}{a_2}$$

对于整个 DEM，其坡向可以定义为每个三角形格网坡向的平均值。

4. 基于矢量数据的坡向计算

对于矢量数据如等高线数据也可以计算坡向，可以将矢量数据转换成格网数据，再由格网数据计算坡向，也可以从矢量数据直接计算坡向。

龚健雅(2003)给出基于等高线矢量数据的坡向计算，主要步骤有两个，一是等高线方向线的计算，二是等高线方向线坡向的确定。

1) 等高线方向线的计算

等高线方向线即是根据等高线的数据点拟合该等高线的最小二乘直线。计算等高线方向线的基本方法是最小二乘法。即设等高线方向线为

$$Ax + By + C = 0$$

然后根据等高线上的数据拟合上述方程的系数。

2) 等高线方向线坡向的确定

等高线方向线坡向即窗口内所有单根等高线方向线的法线按等高线长度加权平均的斜率。

等高线方向线确定之后，等高线方向的斜率为 $K=-B/A$，那么其法线的倾角 β(即坡向)与等高线方向线的倾角 α 相差为 $\pm 90°$，从而可以得到等高线方向线坡向。

坡度/坡向的变化可以反映地形特征变化以及与地形环境中各种要素的关系。坡度/坡向的计算精度与计算坡度/坡向的算法、采用的数据源、DEM 的网格间距、地形变化等有关。

8.3 地形起伏变化因子

地形起伏变化是地形的重要特征。本节对一些表示地形起伏变化因子进行讨论，其中包括曲率、地形粗糙度、面元凹凸系数、高程变异系数等。

8.3.1 曲　　率

1. 曲线曲率

对于曲线来说，曲率表示曲线的弯曲程度。曲率在径流加速度、侵蚀/分解速率、地貌特征研究、滑坡分布、土壤湿度、植物分布、水流分解、断层交点等方面有重要作用。

设有曲线 $y=f(x)$，若其二阶导数存在，那么在 x 处的曲率用下式来计算

$$c = \frac{\left| \mathrm{d}^2 y/\mathrm{d}x^2 \right|}{\left[1 + (\mathrm{d}y/\mathrm{d}x)^2\right]^{\frac{3}{2}}}$$

而 $R=\frac{1}{c}$ 称为曲率半径。

若曲线用参数方程 $\begin{cases} x=x(t) \\ y=y(t) \end{cases}$ 表示，则其曲率为

$$c = \frac{\left| \frac{\mathrm{d}x}{\mathrm{d}t}\frac{\mathrm{d}^2 y}{\mathrm{d}t^2} - \frac{\mathrm{d}y}{\mathrm{d}t}\frac{\mathrm{d}^2 x}{\mathrm{d}t^2} \right|}{\left[\left(\frac{\mathrm{d}x}{\mathrm{d}t}\right)^2 + \left(\frac{\mathrm{d}y}{\mathrm{d}t}\right)^2\right]^{\frac{3}{2}}}$$

2. 曲面面元曲率

对于正方形格网，其曲面曲率是在格网中心作趋势面 $z=f(x,y)$ 的法截面，它们是格网面元趋势面的最大曲率和最小曲率的平均值，称为格网面元曲率，记为 GC。

$$\mathrm{GC} = \frac{1}{2}\left(\frac{1}{R_{\max}} + \frac{1}{R_{\min}}\right) = \frac{1}{2}\left(\frac{(1+q^2)r - 2pqs + (1+p^2)t}{(1+p^2+q^2)^{\frac{3}{2}}}\right)$$

其中，R_{max}为最大曲率半径；R_{min}为最小曲率半径。而

$$p = \frac{\partial z}{\partial x}, q = \frac{\partial z}{\partial y}, r = \frac{\partial^2 z}{\partial x^2}, t = \frac{\partial^2 z}{\partial y^2}, p = \frac{\partial^2 z}{\partial x \partial y}$$

8.3.2 地表粗糙度

地形表面起伏变化对于表示地形表面特征特别重要，而地表粗糙度是反映地表的起伏变化与侵蚀程度的一个指标。

一般地，地表粗糙度定义为地表单元的表面积 S 与投影面积 S_p 之比，用 C_Z 表示，即

$$C_Z = \frac{S}{S_p}$$

显然，C_Z 越大，地表越粗糙。反之，地表越平坦。当 $C_Z = 1$ 时，粗糙度最小，表示该表面为平面。

但是，根据这种定义，对倾角不同的平面，由于其倾角不同，因而投影面积不同，从而所求出的粗糙度不同，这显然不妥。

在实际应用中，对于正方形格网，以格网顶点空间对角线 L_1 和 L_2 的中点距离 D 来表示地表粗糙度，如图 8.9 所示，其计算公式为

$$\begin{aligned} D &= |(Z_{i+1,j+1} - Z_{i,j})/2 - (Z_{i,j+1} - Z_{i+1,j})/2| \\ &= \frac{1}{2} | Z_{i+1,j+1} - Z_{i,j} - Z_{i,j+1} + Z_{i+1,j} | \end{aligned}$$

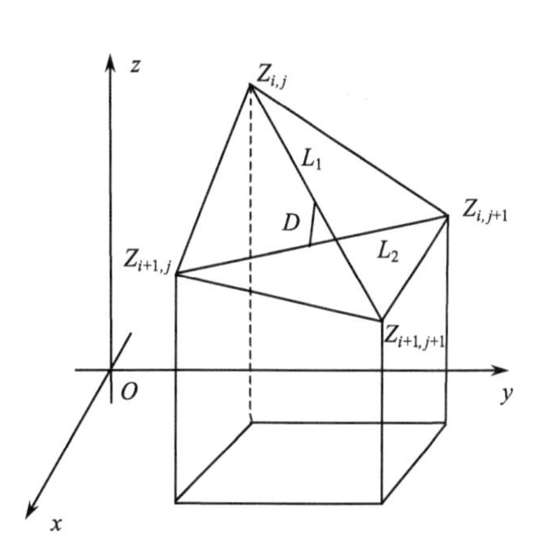

图 8.9 正方形格网地表粗糙度

D 越大，说明 4 个顶点的起伏变化也越大，即地形表面越粗糙。反之，地形表面越平坦。

对于三角形格网，也可以定义相应的表示地形起伏变化的粗糙度。如图 8.10 所示，三角形格网的粗糙度可用顶点的起伏变化表示，其粗糙度定义为该顶点的高程与相邻点高程差的绝对值之和除以该顶点相邻顶点的个数。

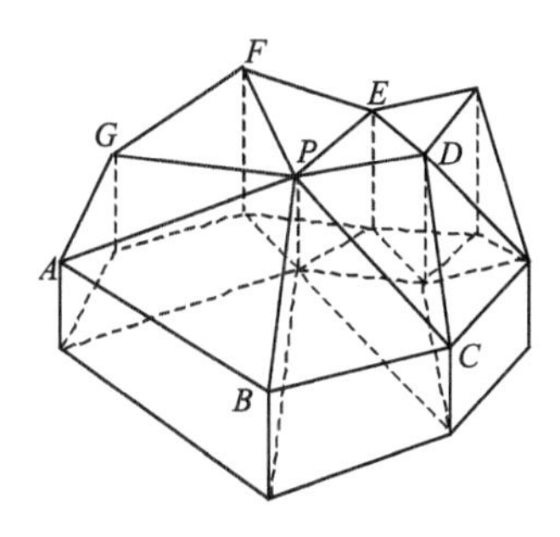

图 8.10 三角形格网地表粗糙度

例如，对于图 8.10 中的 P 点，其粗糙度定义为

$$\begin{aligned} C_Z(P) = (&| Z_P - Z_A | + | Z_P - Z_B | + | Z_P - Z_C | + | Z_P - Z_D | \\ &+ | Z_P - Z_E | + | Z_P - Z_F | + | Z_P - Z_G |)/7 \end{aligned}$$

其中，Z_P 为 P 点的高程。

8.3.3 格网面元凹凸系数

正方形格网面元的 4 个顶点中，最大高程顶点与其对角点的连线称为格网面元主轴。主轴两端点高程平均值与格网面元平均高程的比，称为格网面元的凹凸系数，记为 C_D，即

$$C_D = \frac{(h_{max} + h'_{max})/2}{\bar{h}}$$

其中，h_{max}为最高格网点高程；h'_{max}为最高格网点对角格网点的高程；$\bar{h}$ 为格网点面元四顶点高程的平均值。

当 $C_D>0$ 时，格网面元上的地形表面为凸形坡。当 $C_D<0$ 为负值时，格网面元上的地形表面为凹形坡。当 $C_D=0$ 时，格网面元上的地形表面为平面坡。如图 8.11 所示。

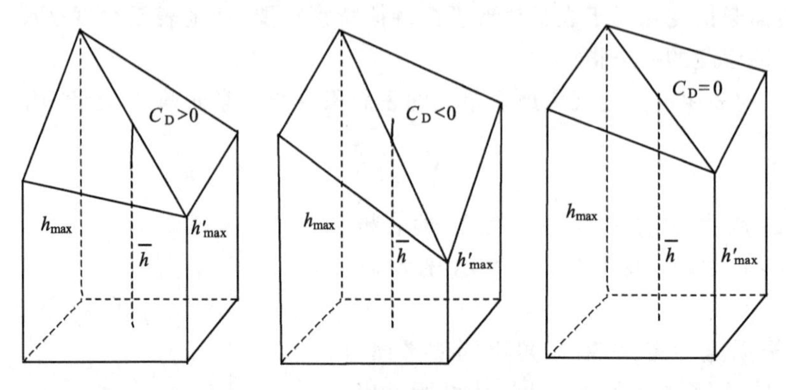

图 8.11　格网面元的凹凸性

8.3.4　高程变异系数

高程分析包括平均高程与相对高程计算。

一个格网单元(三角形格网或正方形格网)的平均高程通常定义为格网顶点 $P_k(k=1,2,\cdots,L;L=3$，三角形格网；$L=4$，正方形格网)的高程平均值。即

$$\bar{z} = \frac{1}{L}\sum_{k=1}^{L} z(P_k)$$

格网单元的相对高程定义为格网的平均高程与研究区域某一最低点高程 z_{min}之差。即

$$D_z = \bar{z} - z_{min}$$

高程变异系数是反映地表单元格网各顶点高程变化的指标，它以格网单元顶点的标准差与平均高程的比值来表示，即

$$V = \frac{S}{\bar{z}}$$

其中，标准差为

$$S = \left[\frac{1}{L}\sum_{k=1}^{L}(z(p_k) - \bar{z})^2\right]^{\frac{1}{2}}$$

8.4　曲面分维模型

分形理论在地形分析中有许多应用，曲面分维数的计算是关键的一环，无论是基于分形插值的 DTM 构建，还是地形因子的计算和精度评估，分数维的计算都是必不可少的。

8.4.1 曲面的分维数计算

由分维量纲分析基本模型，有

$$S_{\mathrm{E}}^{\frac{1}{D}} = C\delta^{\frac{2-D}{D}}V^{\frac{1}{3}} \tag{8.18}$$

其中，S_{E} 为曲面的欧氏面积；δ 为码尺；V 为曲面所包围空间的面积；C 为量纲常数(形状因子)；D 为分维。从而，由式(8.18)可得曲面的分维为

$$D = \frac{\lg \dfrac{S_{\mathrm{E}}}{\delta^2}}{\lg C + \lg \dfrac{V^{\frac{1}{3}}}{\delta}} \tag{8.19}$$

具体由式(8.19)计算分维时，选用 n 个不同的码尺 $\delta_i(i=1,2,\cdots,n)$，分别测得对应的 n 个表面积$(S_{\mathrm{E}})_i$ 和体积 $V_i(i=1,2,\cdots,n)$。对给定的几何图形，由于 D 和 C 为常数，故只需对 $\lg\left(\dfrac{(S_{\mathrm{E}})_i}{\delta_i^2}\right)$和 $\lg\left(\dfrac{V_i^{\frac{1}{3}}}{\delta_i}\right)$在无标度区内作线性回归即可求出分维数 D 和形状因子 C。

若要计算 m 个几何图形的分维，则对每个图形，首先测出 n 个不同的码尺 $\delta_j(j=1,2,\cdots,n)$下对应的 n 个表面积$(S_{\mathrm{E}})_{ij}$ 和体积 $V_{ij}(i=1,2,\cdots,m;j=1,2,\cdots,n)$，然后按上述方法回归出每个图形的分维数 D_i 和形状因子 $C_i(i=1,2,\cdots,m)$，则 m 个几何图形的整体分维为

$$D = \frac{\sum_{i=1}^{m} \lg \dfrac{(S_{\mathrm{E}})_i}{\delta_i^2}\left(\lg C_i + \lg \dfrac{V_i^{\frac{1}{3}}}{\delta_i}\right)}{\sum_{i=1}^{m}\left(\lg C_i + \lg \dfrac{V_i^{\frac{1}{3}}}{\delta_i}\right)^2} \tag{8.20}$$

显然，曲面分维测量的困难在于表面积$(S_{\mathrm{E}})_i$ 和体积 V_i 的计算，一般是要借助数值积分，用数学公式计算得到。

下面用给定的公式(8.19)计算图 8.12 所示的四类地形数据的分维，表 8.4 是求得的不同地形的分维数。

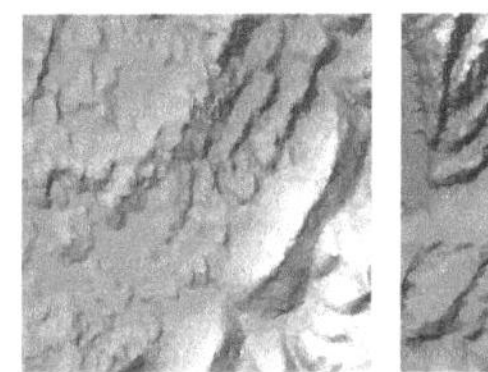

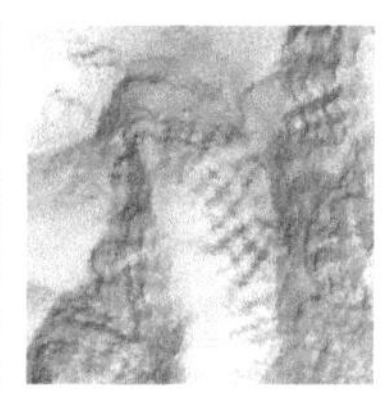

图 8.12 四类地形数据(从左到右：黄土、丘陵、中山、冰川)

表 8.4 四类地形分维数

地形	黄土	丘陵	中山	冰川
地形维数	2.600 923	2.613 762	2.594 857	2.607 396

对于精度要求较高的场合，可借助仪器测得。1984 年 Balt 等通过 X 射线的小角度散射，测得孔隙内表面的分维数 $D=2.562\pm0.03$。

8.4.2 分维布朗曲面(fBm)的分维数计算

Brown 曲面是描述地形表面的理想模型，它在地形分析中的许多方面如粗糙度、剖面分析等都有应用。地形表面的细节只需使用自相似参数 H 和方差 σ 两个参数就能控制。

定义 8.1 对 $0<H<1$，定义自相似参数为 H 的 Brown 函数 $f:R^2\to R$，它为一随机函数，且满足：

(1) $f(0,0)=0$ 且 $f(x,y)$ 为连续函数；

(2) 对 (x,y)、$(\Delta x,\Delta y)\in R$，有 $f(x+\Delta x,y+\Delta y)-f(x,y)\sim N(0,(\Delta x^2+\Delta y^2)^H)$；

则称 $\{x,y,f(x,y)\mid(x,y)\in R\}$ 是自相似参数为 H 的 Brown 曲面。

可以证明，自相似参数为 H 的 Brown 曲面的 Hausdorff 和盒维数 D 以概率 1 等于 $3-H$。

由分布布朗函数的定义可得

$$E(\mid f(x+\Delta x)-f(x)\mid\cdot\,\|\Delta x\|^{-H})=C \tag{8.21}$$

其中，C 为常数，它等于随机变量 $|t|$ 的均值。于是，有

$$C=\frac{1}{\sqrt{2\pi}\sigma}\int_{-\infty}^{+\infty}\mid t\mid \mathrm{e}^{-\frac{t^2}{2\sigma^2}}\mathrm{d}t$$

经积分运算后可以得到

$$C=\frac{2\sigma}{\sqrt{2\pi}} \tag{8.22}$$

对式(8.21)取对数，得到等价表达式

$$\lg E(\mid f(x+\Delta x)-f(x)\mid)-H\lg\|\Delta x\|=\lg C \tag{8.23}$$

从而三维数据场[DEM 或灰度图像 $f(x,y)$]，其分维数 D 和决定 $F(t)$ 的参数 δ 的计算如下：

(1) 确定无标度区 δ；

(2) 在无标度区 δ 内取个采样点，对定义域内的所有 x，计算得

$$E[\mid f(x+\Delta x)-f(x)\mid]\to E(i),(i=1,2,\cdots,n)$$

(3) 根据式(8.23)，用最小二乘法求出 H 和 $\lg C$；

(4) 根据式(8.22)，求出 $\sigma=\dfrac{\sqrt{2\pi}C}{2}$；

(5) 根据 $D=3-H$，求出分维数 D。

由于地形十分复杂，实际计算分形维数的过程中，必须根据不同的地形的复杂程度以及精度要求，具体选择不同的维数计算方法。

8.5 剖面分析

剖面是一个假想的垂直于海拔零平面的平面与地形表面相交,并延伸其地表与海拔零平面之间的部分。从几何上看,剖面就是一个空间平面上的曲边梯形,如图 8.13 所示的 $ABCD$。

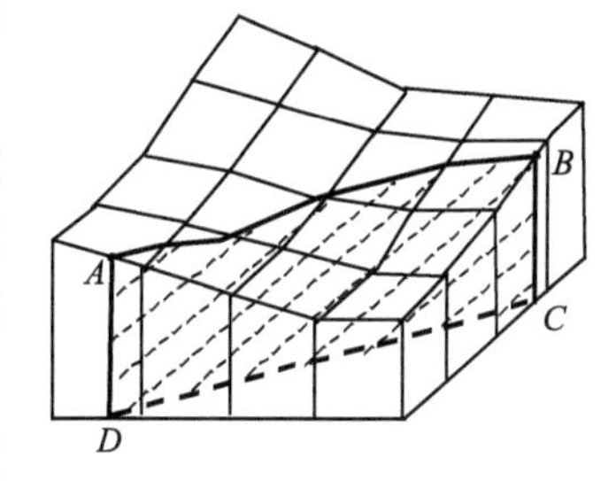

图 8.13 剖面示例

地形剖面的研究主要研究平面与地形表面形成的交线即剖面线,如图 8.13 的曲线 AB,进而从剖面线中研究区域的地貌形态、轮廓形状、地势变化、地质构造、地表切割强度、内插高程值等。由剖面线即可绘制地形剖面图。

由于剖面线是地形表面与一个平面的交线,它由起点 A 与终点 B 位置决定。由图 8.13 可见,求剖面实际上可转化为求剖面线与 DEM 网格交点的平面和高程坐标。

8.5.1 基于正方形格网的剖面线

设基于正方形格网的 DEM 的格网坐标点为$\{z_{i,j}\}$,格网间距为 d,DEM 表面表达函数为如下的双线性多项式

$$z = a_1 + a_2 x + a_3 y + a_4 xy$$

由式(2.34),上述方程能表示如下

$$z = \sum_{i=0}^{1} \sum_{j=0}^{1} u(x_i, y_j) l_{ij}(x, y)$$

如图 8.14 所示,设剖面线的起点与终点的坐标分别为(i_1, j_1, z_1)、(i_2, j_2, z_2),且设 $\Delta x = i_2 - i_1$,$\Delta y = j_2 - j_1$,并设 $\Delta x \geqslant 0$,$\Delta y \geqslant 0$。又设剖面线与格网纵轴交于 $t_l(l=1, 2, \cdots, n)$,与格网横轴交于 $s_k(k=1, 2, \cdots, m)$。下面分几种情况计算剖面线上的点的坐标。

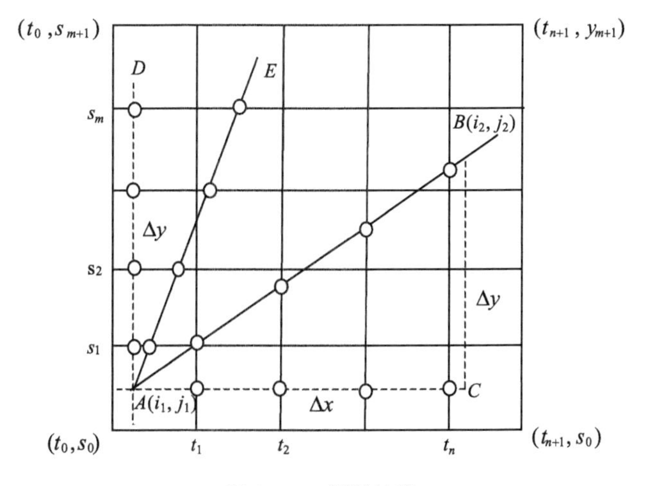

图 8.14 剖面计算

1. $\Delta x=0$

此时,剖面线与格网纵轴方向一致,如图 8.14 中的线段 AD,只要计算剖面线与格网横轴的交点。由于剖面线的方程为 $x=i_1$,于是剖面线交点平面坐标为

$$(i_1,s_k),\quad k=1,2,\cdots,m$$

下面计算上述点的高程坐标。(i_1,s_k)左、右两网格点平面坐标是(t_0,s_k)、(t_1,s_k),容易得到它们对应的高程坐标,设分别为 z_{kl},z_{kr},则双线性表面在边界上是线性表示,于是可得高程坐标

$$z_k=\frac{z_{kl}-z_{kr}}{d}(i_1-t_0)+z_{kl}$$

2. $\Delta y=0$

此时,剖面线与格网横轴方向一致,如图 8.14 中的线段 AC,于是只要计算剖面线与格网纵轴的交点。由于剖面线的方程为 $y=j_1$,于是剖面线交点坐标为

$$(t_l,j_1),\quad l=1,2,\cdots,n$$

(t_l,j_1)的下、上两网格点平面坐标是(t_l,s_0)、(t_l,s_1),容易得到它们对应的高程坐标,设分别为 z_{td},z_{tu},则可得高程坐标

$$z_k=\frac{z_{kd}-z_{ku}}{d}(j_1-s_0)+z_{kd}$$

3. $\left|\frac{\Delta y}{\Delta x}\right|\leqslant 1,\Delta x\neq 0$

如图 8.14 的线段 AB,应求剖面线与格网纵轴的交点,即求线段 AB 的方程与格网纵轴方程的公共解。线段 AB 的方程可写为

$$y=\frac{\Delta y}{\Delta x}(x-i_1)+j_1$$

线段 AB 与格网水平线 $x=t_l$ 的交点纵坐标为

$$y_l=\frac{\Delta y}{\Delta x}(t_l-i_1)+j_1$$

交点平面坐标为

$$(t_l,y_l),\quad (l=1,2,\cdots,n)$$

设 $s_j\leqslant y_l<s_{j+1}$,则(t_l,y_l)的下、上两网格点平面坐标是(t_l,s_j)、(t_l,s_{j+1}),容易得到它们对应的高程坐标,设分别为 $z_{t,j}$,$z_{t,j+1}$,则可得高程坐标

$$z_k=\frac{z_{k,j+1}-z_{k,j}}{d}(y_l-s_j)+z_{k,j}$$

4. $\left|\frac{\Delta y}{\Delta x}\right|>1,\Delta x\neq 0$

如图 8.14 的线段 AE,应求剖面线与格网横轴的交点即是求线段 AE 的方程与格网横轴方程的公共解。线段 AE 的方程可写为

$$y = \frac{\Delta y}{\Delta x}(x - i_1) + j_1$$

线段 AE 与格网水平线 $y = s_k$ 的交点横坐标为

$$x_k = \frac{\Delta x}{\Delta y}(s_k - j_1) + i_1$$

交点平面坐标为

$$(x_k, s_k), \quad (k = 1, 2, \cdots, n)$$

设 $t_j \leqslant x_k < t_{j+1}$，则 (x_k, s_k) 的左、右两网格点平面坐标是 (t_j, s_k)、(t_{j+1}, s_k)，容易得到它们对应的高程坐标，设分别为 $z_{k,j}$，$z_{k,j+1}$，则可得高程坐标

$$z_k = \frac{z_{k,j+1} - z_{k,j}}{d}(x_k - t_j) + z_{k,j}, \quad k = 1, 2, \cdots, m$$

5. 剖面线交点内插

根据给定的剖面起始点坐标，分上面四种不同的情况，得到相应的剖面线交点的坐标值。对于得到的坐标值，以离起始点的距离从小到大进行排序，然后进行插值计算，最后选择一定的垂直比例尺和水平比例尺，以各点的高程和到起始点的距离为纵横坐标绘制剖面图，如图 8.15 所示。

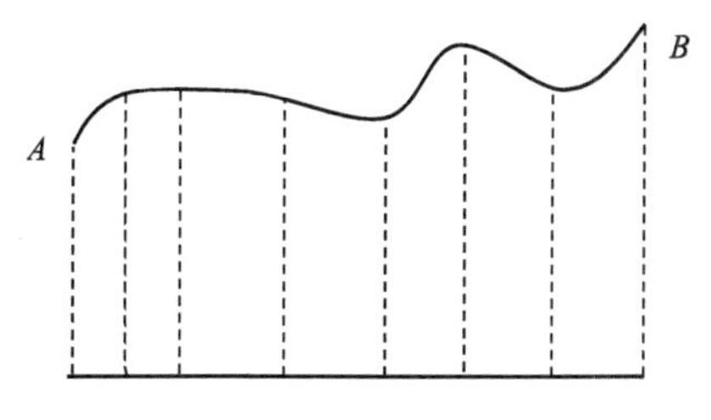

图 8.15　剖面图示例

剖面可以用来研究 DEM 的误差。剖面方法计算 DEM 误差即是对某个剖面，将量测计算的高程点和实际的高程点进行比较。剖面可以沿 x 方向、y 方向或任意方向。可以用数学方法（如传递函数法或协方差函数法）计算任意剖面的误差，也可以用实际剖面和内插剖面相比较的方法估算高程误差。

8.5.2　基于 TIN 的剖面线

TIN 是由一系列空间坐标点列按三角形组成的 DEM 格网，设其坐标点列为 $\{x_i, y_i, z_i\}(i = 1, 2, \cdots, n)$，其线性表面方程为

$$z = a_1 + a_2 x + a_3 y$$

基于 TIN 的剖面线的求法思想与基于格网的剖面线求法类似，只是这里是求过起点与终点的垂面与 DEM 表面的交线，实际上是计算垂面与相交三角形边的交点，如图 8.16 所示。

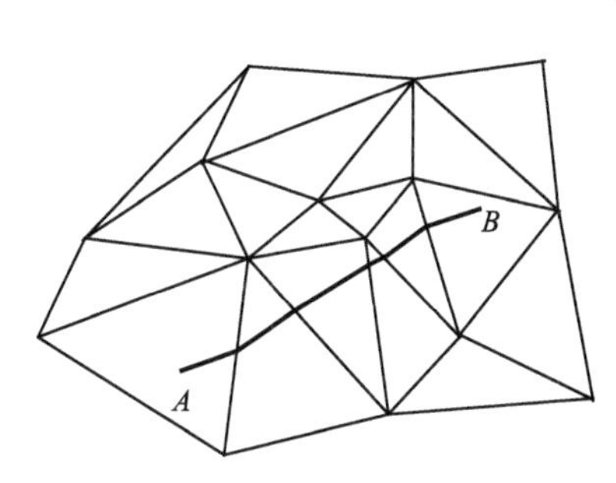

图 8.16　基于 TIN 的剖面线

求基于 TIN 的剖面线的基本方法是：

(1) 建立过起点与终点的垂面；

(2) 求垂面与 DEM 表面格网交线的交点坐标；

(3) 顺序连接交点坐标，内插交点间的点，将交

点与内插点顺序相连，即得到剖面线。

基于 TIN 的剖面线与 TIN 格网的构成方式、DEM 表面表达模型有关。基于 TIN 的剖面图的绘制方法与基于正方形格网的剖面图方法相同。

8.6 可视化分析

可视化分析是指以某一点为观察点，研究某一区域内的可视能力。可视化分析有许多重要应用，例如，观察哨所设置、雷达站设置、电视台发射站设置等。

可视化分析主要研究两个方面的问题：一是点与点之间的可视性；二是可视域即给定的视点所覆盖的区域。

可视化分析有时还涉及不可视问题，即对不可视点及区域进行研究。例如，低空侦察飞机在飞行时要尽量避免对方雷达，要选择雷达盲区即不可视区域进行飞行。

可视性分析主要基于 DEM 进行的。由于 DEM 不包括地面树木及建筑物，因此，进行可视性分析时有时还要考虑地物的影响。

8.6.1 两点之间的可视性

两点之间的可视性实际上是计算两点之间的连线是否被地形地物所阻碍，它可以转化为两点连线与其对应的剖面线相交的情况。如图 8.17 所示，P、Q 是研究是否可视的两点。

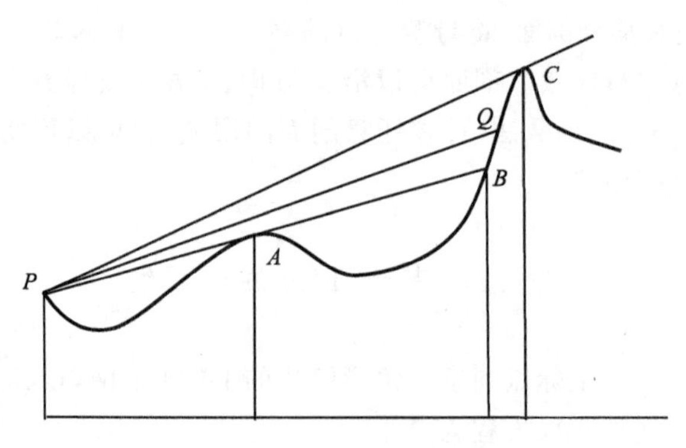

图 8.17 两点间的可视性

判断 P、Q 可视性基本算法原理为：

(1) 作过 P、Q 两点的剖面，得到剖面线上的平面点及高程集合 $\{x_i, y_i, z_i\}$ $(i=1, 2, \cdots, n)$；

(2) 计算过 P、Q 两点的直线方程，根据剖面线上的平面坐标 (x_i, y_i)，利用直线方程计算纵坐标，设为 $\{Z_i\}$ $(i=1, 2, \cdots, n)$；

(3) 若 $Z_i > z_i$ $(i=1, 2, \cdots, n)$，则 P、Q 可视，否则不可视。

8.6.2 可 视 域

可视域即是一个视点 P 可视的区域。例如图 8.17 中,剖面线上 PA、BC 部分是可视的,AB 部分是不可视的。对于 DEM 来讲,求可视域就是求与视点 P 可视的点的集合。

利用上一小节两点可视的方法可以得到可视域,即对 DEM 上任一点,判断其是否和视点可视,所有可视的点组成的集合即为可视域。这种方法计算量较大,实际中可以采用如下的扫描线方法。

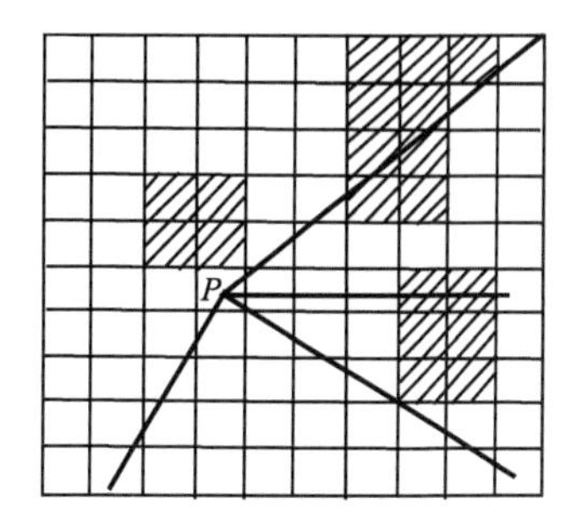

图 8.18　可视域示例(阴影部分不可视)

基于扫描线求可视域的基本原理是:

(1) 过视点 P 向所有可能方向建立扫描线,使扫描线能经过所有的 DEM 上的点,如图 8.18 所示;

(2) 从视点 P 由近到远判断扫描线点的点是否与视点可视,标记出可视点和不可视点;

(3) 所有的扫描线都标记完毕,即得可视域。

8.6.3 地物可视化模型

实际中,可能将地物加入到可视性分析中,这时,可视化算法需要改变。例如,在图 8.19中,粗线表示地形表面,图中存在有地物 X 和视点观测仪器 Y。地物的高度为 h、高程为 H,视点观测仪器高度为 t、高程为 T,地物到视点距离为 D。

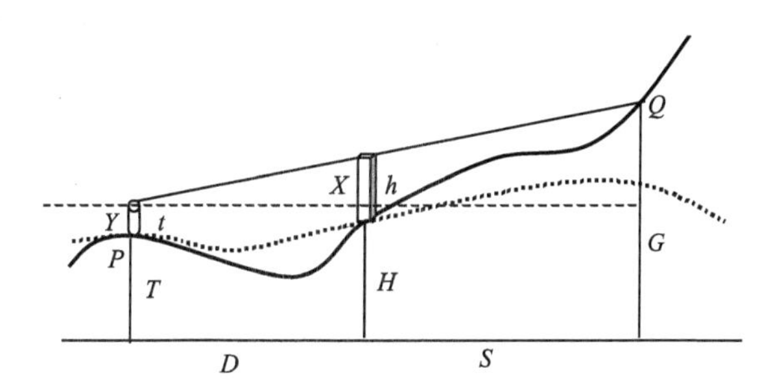

图 8.19　仰视时地物可视化模型

若从视点出发有远处可视点且视线为仰视(如图 8.19 中粗实线所示),设最近可视点为 Q,Q 的高程为 G,则从图 8.20 中,有

$$\frac{G-(t+T)}{(h+H)-(t+T)}=\frac{D+S}{D} \tag{8.24}$$

于是,不可视距离为

$$S=D\left[\frac{G-(t+T)}{(h+H)-(t+T)}-1\right] \tag{8.25}$$

若没有可视点 Q,如图 8.20 中粗虚线所示,则不可视距离为∞。

若从视点出发有远处可视点且视线为俯视,(如图 8.20 中粗实线所示),设最近可视

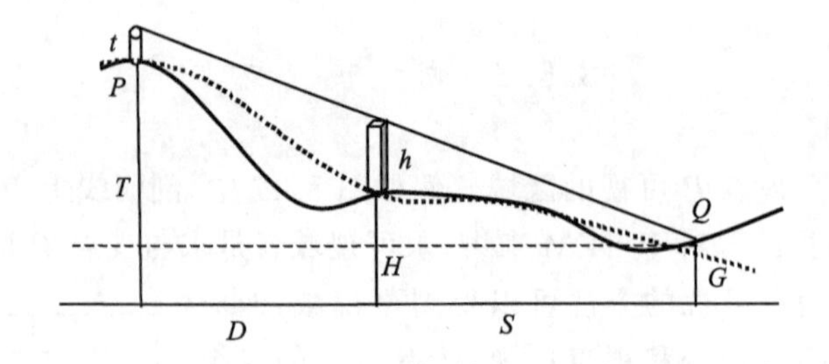

图 8.20　俯视时地物可视化模型

点为 Q,Q 的高程为 G,则从图 8.20 中,有

$$\frac{(t+T)-G}{(t+T)-(h+H)}=\frac{D+S}{S} \tag{8.26}$$

于是,不可视距离为

$$S=\frac{D[(t+T)-(h+H)]}{[(t+T)-G]-[(t+T)-(h+H)]} \tag{8.27}$$

若没有可视点 Q,如图 8.20 中粗虚线所示,则不可视距离为∞。

8.6.4　可视化分析的应用

可视化分析的主要用途有以下三种。

1. 可视查询

可视查询即对于给定的地形环境,从某个视点出发,观察指定的目标对象或区域是否可视或部分可视。根据查询目的的不同,可视查询可以分为点目标查询、线目标查询和面目标查询等。

可视查询在观察点的设定、可视或不可视路径的选取、雷达站的选址、通信线路的铺设等方面有重要应用。

2. 可视域计算

可视域计算即对于给定的地形环境,从某个视点出发,计算可视的区域或不可视的区域。可视区域随着视点的变化而不同。

可视域计算可用于电视微波站的选址、观察区域计算等方面。

3. 水平可视计算

水平可视计算即对于给定的地形环境,计算围绕某个视点的在所有射线方向上距视点距离最远的点的集合。

第9章　小波分析应用模型

小波分析由于具有良好的时频局部化特征、方向性特征、尺度变化特征，在许多领域取得了广泛重要的应用。在GIS领域，小波分析也得到了很多广泛的应用。本章论述小波分析特别是多进制小波分析在GIS空间数据分析和处理中的一些应用模型，其中包括矢量地图数据压缩模型、DEM数据简化模型、图形图像放大模型等。

9.1　矢量地图数据的小波压缩模型

在地理环境仿真应用中，要求电子地图的显示能实现无级缩放。但在实际应用中的数据根本无法满足这一需求。如在电子地图的放大过程中，希望细节能随之增加，但电子地图的细节不够；而在缩小时又显得数据冗余，甚至无法阅读。因此，就需要有一个中间层次的基于大比例尺地图的压缩了的数据支持。

在地图数据库建设中，由于量化过程中不同的作业人员采集的密度不同，有的较密，除特征点外，大量地采集了非特征点数据。这样的数据需要把冗余的数据点去掉，在数据量上达到压缩的目的。这种压缩要求特征点得以保留，且不产生移位，线划总体轮廓特征得以保留。

在GIS中，由于其应用的日益扩大，导致了多比例尺特征GIS的需求，而目前建立多比例尺特征GIS的常用方法是重复数字化，但这种方法耗资巨大，数据采集与建库工作繁重，数据不稳定。因此，研究有效的GIS数据简化压缩方法十分重要。

由此可见，矢量地图数据压缩在许多方面具有重要应用。关于矢量地图数据压缩的研究，目前已有一些方法，但在模型的建立上还存在一些问题，主要在于许多模型都是基于直观而不是机理的，基于局部而不是全局的。因此，建立有效的矢量地图数据压缩模型十分必要。本节将论述基于小波分析的矢量地图数据压缩模型和方法。

本节内容包括基本压缩模型、边界预处理、特征点追踪、矢量地图数据压缩模型等。此外，对实际矢量地图数据进行了实验和分析。

9.1.1　基本压缩模型

从小波多尺度分析和正交小波分解公式中可以看出，可以将空间 $L^2(R)$ 看成是某地理空间在特定比例尺下的矢量地图数据模型，$f(x)$ 是其上各图形要素（如线状要素），那么，$\{V_m\}_{m\in Z}$ 则可看成是基于此比例尺下原始数据的多级压缩模型。

在实际应用中，分辨率是有限的，所以可以认为 $L^2(R)=V_0$，这样，从 V_0 出发，应用尺度函数可以表示出 $V_1,V_2,V_3,\cdots,V_m$，此过程可以看作是基于小波多尺度分析的由原始矢量地图数据 V_0 到压缩矢量地图数据 $V_1,V_2,V_3,\cdots,V_m$ 的压缩过程。

实际中,地形曲线(等高线)$y=f(x)$可看作为离散形式

$$f(x_n) = c_n^0, \qquad n = 1,2,3,\cdots$$

于是,根据小波分解公式

$$c_k^{j+1} = \frac{1}{\sqrt{2}}\sum_n h_{n-2k}c_n^j, \qquad j = 0,1,2,\cdots \tag{9.1}$$

可以从$\{c_n^j\}$得到$\{c_n^{j+1}\}$。而由小波变换特征,低频部分是原始图形的近似部分,保持原始图形的基本特征。再由式(9.1),$\{c_n^{j+1}\}$的数据量是$\{c_n^j\}$的一半,由此可得压缩了的矢量地图数据$\{c_n^{j+1}\}$($j=0,1,2,\cdots$)。公式(9.1)即为基于小波分析的矢量地图数据计算公式,其中小波系数可以应用 Daubechies 正交小波系数。例如,四系数正交小波系数

$$h_0 = 0.482\ 962, h_1 = 0.836\ 516, h_2 = 0.224\ 143, h_3 = -0.129\ 409$$

$$h_i = 0, \qquad 当\ i < 0\ 或\ i > 3\ 时$$

一般地,经 j 层小波变换后,即得 j 层压缩后的矢量地图数据,其数据量为 $N \cdot 2^{-j}$,其中 N 为原矢量地图数据量。

根据上述模型和公式(9.1),对一幅矢量地图等高线数据(图 9.1)进行试验,图 9.1 有 594 个坐标点。利用上述模型,逐条压缩等高线数据,得到压缩图 9.2 ,压缩图有 297 个坐标点,压缩比为 50%。

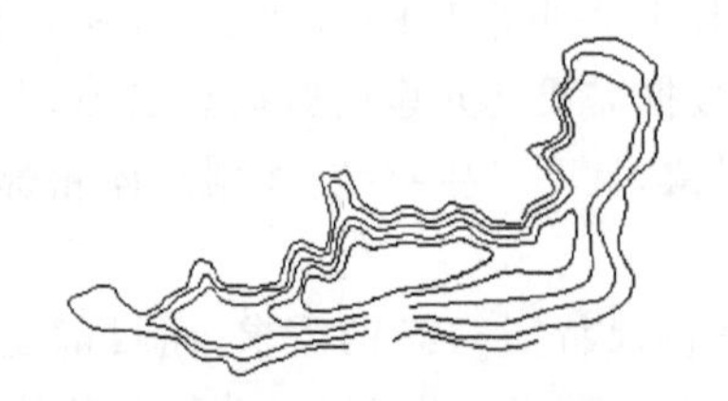

图 9.1　原等高线数据

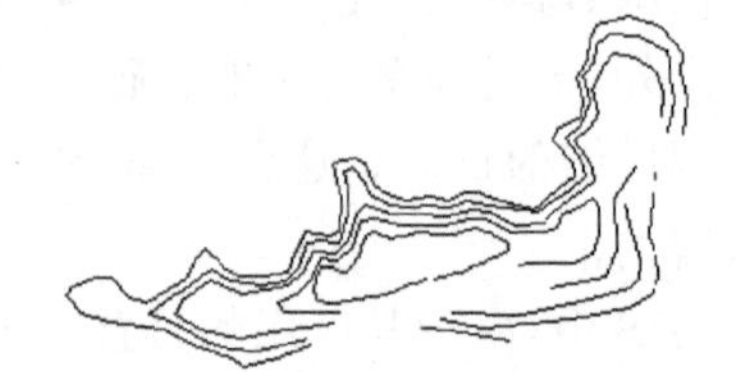

图 9.2　压缩后的等高线数据

由实验可以看出,经小波变换后,原数据得到了压缩简化,数据量只有原来的一半,并且压缩简化图形基本保留了原数据的轮廓特征,因此,效果还是比较好的。但是,还存在一些问题:

(1) 压缩图形在边界处却出现了变形;

(2) 由于压缩是有损压缩,所以原数据的部分特征点在变换后产生了位移。

9.1.2 边界处理

在上述实验中,压缩图形在边界处出现了变形,其原因是由于数据自身在边界附近的相关性造成的。实际应用中数据是有限的(但是在压缩简化模型中,都是假定数据是双向无限的),在边界附近的相关性较弱(数据边界的相关性越弱,边界附近的失真越大),所以变换后的点还不能完全反映原数据点的特性和规律性。因此,有必要对其进行边界处理。小波变换的边界处理方法有许多,但这些处理通常针对的都是变换后数据的精确重建。为使压缩后边界数据能逼真地反映原数据的特性,根据小波变换的特点,需要进行处理。

在端点处对变换前的数据进行加密处理，以加强边界处的相关性，且数据加密的密度要根据小波基支集长度来决定。下面以 Daubechies 四系数正交小波为例，说明对原数据进行边界处理的具体方法。

由分解公式(9.1)，由于 $h_i=0$(当 $i<0$ 或 $i>3$ 时)，则

$$c_0^1=\frac{1}{\sqrt{2}}(h_0c_0^0+h_1c_1^0+h_2c_2^0+h_3c_3^0)$$

由上式知，尽管 c_0^1 反映出了原数据集前四个点的特性，但原端点 c_0^0 的信息却丢失了，结果造成变换后的曲线变短，如果是封闭曲线就会断开。为此，本章提出如下处理方法。

在端点处采用四重结点的方法，即原数据处理为

$$c_0^0、c_0^0、c_0^0、c_0^0、c_1^0、c_2^0、\cdots$$

于是，变换后的数据为

$$c_0^1=\frac{1}{\sqrt{2}}(h_0c_0^0+h_1c_1^0+h_2c_2^0+h_3c_3^0)=c_0^0$$

$$c_1^1=\frac{1}{\sqrt{2}}(h_0c_0^0+h_1c_0^0+h_2c_1^0+h_3c_2^0)$$

$$c_2^1=\frac{1}{\sqrt{2}}(h_0c_1^0+h_1c_2^0+h_2c_3^0+h_3c_4^0)$$

$$\sum h_i=\sqrt{2}$$

由此可见，预处理后的数据经过变换后，不但保留了原端点的信息，并且加强了变换后端点附近的相关性。另一端点处理方法与此类似。

图 9.3 为经过了边界处理的小波压缩图，有 333 个坐标点，它们能够保留原数据的总体轮廓特征。

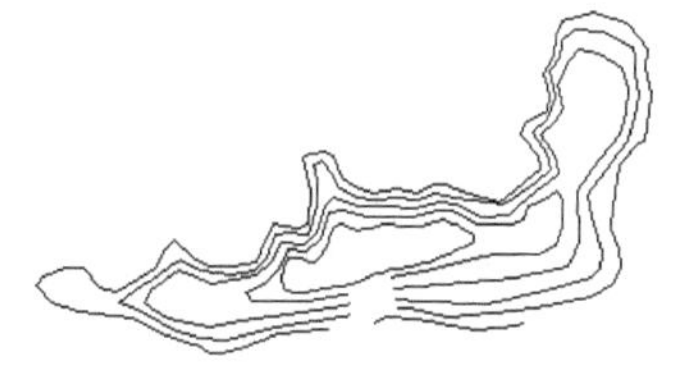

图 9.3　经边界预处理的小波压缩图

9.1.3　特征点追踪

1. 特征点提取

小波理论和实验结果表明，小波压缩后的简化数据 c_n^j 是 c_n^0 的低频部分，变换后去掉了原数据的高频信息。但在实际应用中，我们是有选择地要保留一些信息，通常是要保留高频信息中 $|d_n^j|$ 较大的部分，因为 $|d_n^j|$ 较大的部分对应着原矢量地图数据中奇异性较大的点，这些点往往是矢量地图数据的特征所在，并且在压缩过程中，要求这些点不产生移位。所以，为了满足以上需求，在压缩之前，需要预先提取原数据中的特征点。提取特征点的方法有许多种，例如，利用小波变换中的反演的方法，将高频部分较大的值"补回来"，从而有效的保留了原数据集的特征点，但达不到压缩的目的。下面提出下列两种算法来提取特征点(这两种方法也可交替使用，效果更好)：

(1) 任意一点 P，根据左右两点计算其左右导数 $f'(P-0)$，$f'(P+0)$，如果有 $f'(P-0)\cdot f'(P+0)\leqslant 0$，则 P 可能是需要的特征点，然后再计算出它与前一特征点的距离来确定其是否保留；

(2) 对任意相间的三点，计算它们连线的夹角 θ，如 $\theta>\varepsilon$（ε 为预先给定的阈值），则保留中间点为特征点。

2. 特征点追踪

小波变换后，需要恢复以上提取的特征点。因为变换后，数据点就由原来的 N 个变为 $N/2$ 个，根据此性质可以追踪到每个特征点的正确位置，然后将特征点插入到变换后的数据之中，使这些特征点参加下一轮的小波变换。压缩后的数据为 $N/2+m$（m 为特征点个数）个。这样继续下去，就会得到具有如下优点的数据：特征点附近的点（相对于其他点）越来越密集，远离特征点的地方，数据点越来越稀疏。从而有效地保留了原矢量地图数据的特征，使压缩简化后矢量地图数据不仅在数量上得到简化（为 $N/2+m$ 个数据，N 为原数据个数，m 为特征点个数），而且能够保持好的形状特征，特征点能够保持。

9.1.4 矢量地图数据压缩模型

总结上述内容，可以得到基于小波变换的矢量地图数据压缩模型：

(1) 对矢量地图数据 D_{00} 进行特征点提取，得到特征点数据 D_{01}；

(2) 对矢量地图数据 D_{00} 进行边界预处理，得到数据 D_{02}；

(3) 对矢量地图数据 D_{02} 进行小波变换，得到压缩数据 D_{03}；

(4) 将特征点数据 D_{01} 插入到 D_{03} 中，得到第一次压缩数据 D_{11}；

(5) 对 D_{11} 重复上述步骤，得到第二次压缩数据 D_{22}；第三次压缩数据 D_{33}，…。

9.1.5 实验与分析

根据上述边界预处理和特征点追踪的算法，下面对一幅矢量地图数据进行实验。图 9.4为原始矢量地图数据，有 10 405 个数据点。图 9.5 为一层小波变换后数据，有 5702 个数据，压缩比为 54.8%。图 9.6 为二层小波变换后数据，有 3790 个数据，压缩比为36.42%。

图 9.4 原始矢量地图数据

图 9.5　一层小波变换压缩的等高线数据

图 9.6　二层小波变换压缩的等高线数据

进一步地，对另一幅矢量地图数据(图 9.7，有 525 个数据点)进行多层小波变换实验。图 9.8 是一层二进制正交小波变换图，有 279 个数据点，压缩比为 53.14%。图 9.9 是三层二进制正交小波变换图，有 118 个数据点，压缩比为 22.48%。

图 9.7 原始矢量地图数据

图 9.8　一层二进制正交小波变换图

综合分析上面给出的结果和实验,基于小波分析的矢量地图数据压缩模型在小波变换层数较低时具有好的压缩效果,不仅使变换后的等高线数据能够在数量上得到简化,而且能够保持原等高线数据好的形状特征,保证特征点不产生位移。变换后的数据保留了原数据的变化趋势,较好地反映了原数据的内在特性和规律性,能够满足电子地图显示时无级缩放的要求,以及地图数据库建设中对数据优化和压缩的要求。

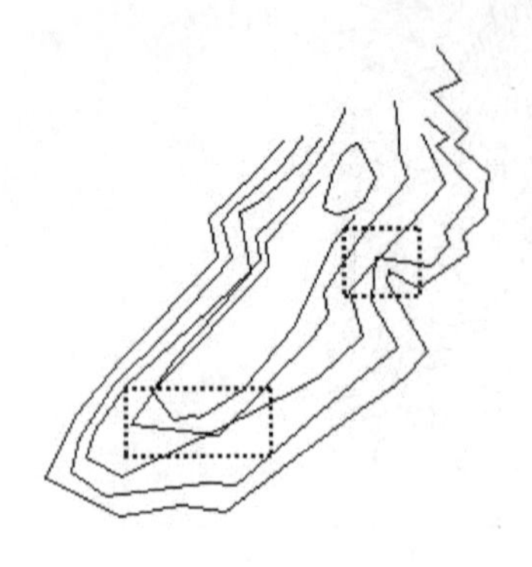

图 9.9　三层二进制正交小波变换图

但是,从实验分析中也可见,在原数据的基础上直接进行数据压缩,可以很好地保留原数据内在特性和自身的规律性,信息量损失较少。而进行多级变换,由于不可避免的产生误差积累,仍然不能保证数据间的内在联系得以保留,甚至出现歪曲现象,如图 9.9 进行的三级二进制正交小波变换后虚线方框中的部分。下节将利用多进制小波对矢量地图数据压缩,能较好地处理由于误差的积累导致的图形的歪曲变形。

9.2　矢量地图数据的多进制小波压缩模型

上节利用二进制小波得到了矢量地图数据压缩模型,对于小波变换层数较少的情形,取得了理想的效果。但是,同时也发现了一些问题,对于小波变换层数较多的压缩情形,压缩效果不很好,进行多层小波变换时会出现误差的积累等。另外压缩数据的跳跃度过大(将原始数据压缩为 2^{-n}倍),满足不了对矢量地图数据多层次的需求。

本节将根据多进制小波的分解特性,研究基于多进制小波的矢量地图数据的压缩模型。

9.2.1　多进制小波压缩原理

1. 基本压缩模型

基于多进制小波变换的矢量地图数据压缩模型和基于二进制小波变换的矢量地图数据压缩模型的思想相似,即将空间 $L^2(R)$看成是某地理空间在特定比例尺下的矢量地图数据模型,即 $L^2(R)=V_0=\{c_n^0\}_{n\in Z}$。然后,从 V_0 出发,应用尺度函数可以表示出 $V_i^M=\{c_n^i\}_{n\in Z}$,V_i^M 为原始数据的 M 进制小波变换后的数据,i 表示第 i 层变换。

由 M 进制小波变换的公式是

$$c_k^j = \sum_n h_{n-Mk} c_n^{j-1}$$

这里$\{c_n^0\}$为原始矢量地图数据,$\{c_n^i\}$为第 i 层变换后的压缩数据。

于是,可以从$\{c_n^j\}$得到$\{c_n^{j+1}\}$。而根据上式,$\{c_n^{j+1}\}$的数据量是$\{c_n^j\}$的$\dfrac{1}{M}$,而由小波变换特征,低频部分是原始图形的近似部分,保持原始图形的基本特征。因此,$\{c_n^{j+1}\}(j=1,2,3,\cdots)$可看为压缩了的矢量地图数据。

因此，基于多进制小波变换的矢量地图数据压缩所具有以下特征：

(1) 可以得到压缩比为$\frac{1}{n}$的矢量数据，n为整数，而利用二进制正交小波只能得到压缩比为2^{-n}的数据，这样，结合二进制小波变换就可以得到多层次、多细节的压缩数据。

(2) 多进制小波变换得到的数据是在原数据的基础上直接进行变换得到的，不存在误差的积累，能更好地保留数据的原貌。而多次二进制正交小波是在上一层次变换后的数据上进行的，存在误差的积累。因此，利用多进制小波变换得到的压缩数据质量优于利用二进制正交小波进行多级变换得到的压缩数据，信息损失较少。

(3) 利用多进制小波变换得到的压缩数据比利用二进制正交小波进行多级变换得到的压缩数据更光滑，这是由多进制小波在对称性、光滑性、紧支性等方面优于二进制小波的性质所决定的。

2. 边界处理

在上述压缩算法中，压缩后的数据在边界处出现变形，其原因是由于数据自身在边界附近的相关性造成的。实际应用中数据是有限的(但是在压缩模型中，都是假定数据是双向无限的)，在边界附近的相关性较弱(数据边界的相关性越弱，边界附近的失真越大)，所以变换后的点不能完全、如实地反映原数据点的特性和规律性。因此，有必要对其进行边界预处理。根据多进制小波变换的特征，提出以下两种方法：

(1) 在端点处对变换前的数据进行加密预处理，以加强边界处的相关性。通常可采取在端点处采用重结点的方法。另外，数据加密的密度要根据多进制小波基支集长度来决定，例如，三进制小波的滤波器长度为5，则在端点处采用5重结点。

(2) 保留端点处的信息，即令$c_0^1=c_0^0$、$c_{S/M}^1=c_S^0$，仅对中间的$S-2$个数据进行变换(S为变换前数据量)。另外，为加强边界附近数据的相关性，可以保留端点处的多个信息。

9.2.2 实验分析和讨论

下面利用三进制、四进制、五进制小波变换对原数据进行压缩，理论上压缩后的数据应为原数据量的$\frac{1}{3}$、$\frac{1}{4}$、$\frac{1}{5}$，但由于进行了必要的边界预处理，因此压缩后的数据量要比理论数据量大一点。

原始图像为图9.7，图9.10为三进制小波变换后的压缩图，有191个数据点，压缩比为36.38%。图9.11为四进制小波变换后的压缩图，有150个数据点，压缩比为28.57%。图9.12为五进制小波变换后的压缩图，有118个数据点，压缩比为22.48%。

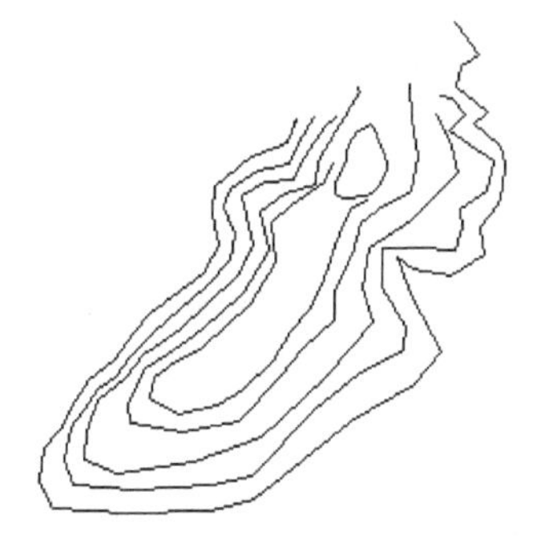

图9.10 三进制小波变换图

从上面的实验可见，在原数据的基础上利用多进制小波变换得到的压缩图，能够较好地保留原始数据的大体轮廓特征，不存在误差的积累。但是，经过多进制小波变换以后(特别是四进制或更高进制的小波变换后)，原矢量地图数据中的地性线大都遭到了破坏。所以,如果在变换以后插入原数据的地性线,则压缩后数据误差会更小,图形的轮廓特征会保持的更好。

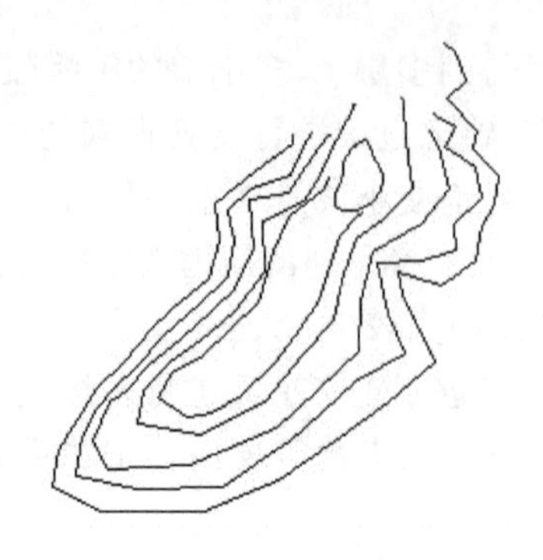

图 9.11　四进制小波变换图

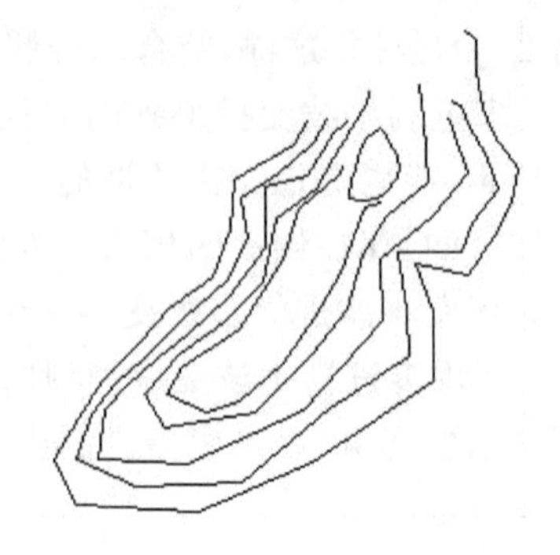

图 9.12　五进制小波变换图

9.2.3　地性线提取

地性线的提取一般分为两步:①特征点的确定;②特征点的匹配(地性线的连接)。其中,特征点的确定方法有许多种,如垂距限差法、角度限差法、曲率分析法、Douglas_Peucker 法。

特征点的匹配,首先应先建立一个通用的数学模型,建立模型如下:

假设可得到每个特征点的 n 个特征向量:$f_1,f_2,f_3,\cdots,f_n$,这些特征向量可以是距离、坐标、方向、夹角等。用 $X=\{f_1^X,f_2^X,\cdots,f_n^X\}$ 表示特征点的特征,X 的 n 个特征量为 $f_1^X,f_2^X,\cdots,f_n^X$。

对于特征 $A=\{f_1^A,f_2^A,\cdots,f_n^A\}$ 与 $B=\{f_1^B,f_2^B,\cdots,f_n^B\}$,用如下的特征距离 $\mathrm{dis}_f(A,B)$ 来刻画特征点 A 和特征点 B 的相似度 $\mathrm{Similar}_f(A,B)$。

$$\mathrm{dis}_f(A,B)=\sum_{i=1}^{n}\omega_i(f_i^A-f_i^B)^2$$

其中,$\omega_i(i=1,2,3,\cdots,n)$ 为预先确定的常数,其大小反映了每个特征点的重要程度(对地形线来说,不同类型的地形对应的 ω_i 应作相应的调整)$\mathrm{dis}_f(A,B)$ 越小,表示 $\mathrm{Similar}_f(A,B)$ 越大,即 A、B 相匹配的程度越大。

下面的实验中,采用以下的特征来匹配特征点:

f_1=地形线间特征点的距离;

f_2=特征点的方向(角平分线的方向),可用方向的倾斜角的正切来表示;

f_3=地性线上特征点与左右相邻特征点连线的夹角,用夹角余弦来表示。

用上述特征得到的地性线如图 9.13 所示,然后将这些地性线插入到多进制小波变换后的数据中。图 9.14 是五进制小波变换加入地性线后的结果,有 173 个数据点,压缩比为 32.95%。比较图 9.14 与图 9.12 及图 9.7 可见,加入地性线后,压缩后数据误差很小,图形的轮廓特征保持的很好。

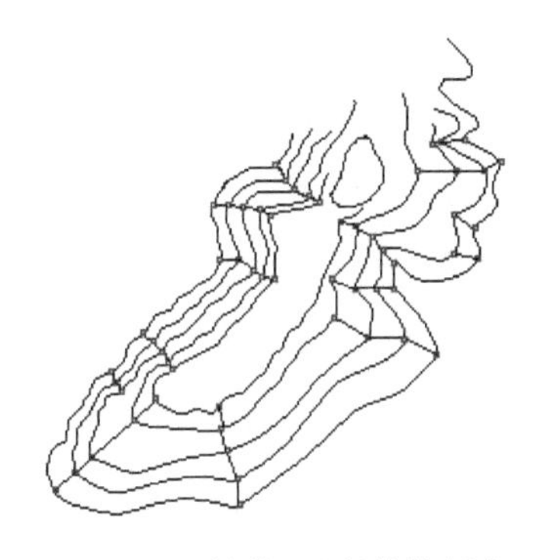

图 9.13　地性线(匹配的特征点)

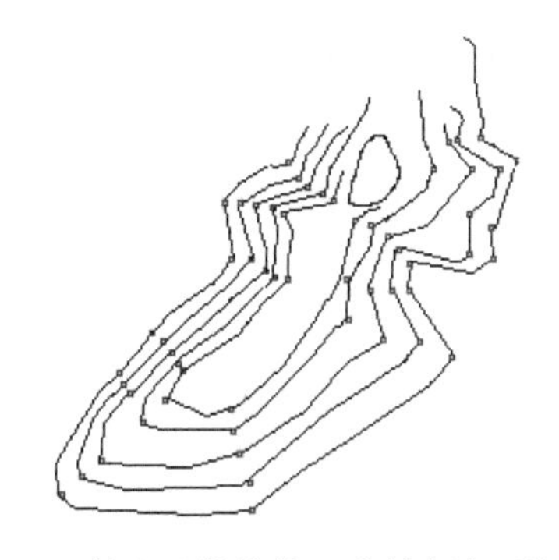

图 9.14　插入地性线的五进制小波压缩数据

9.2.4　多进制小波压缩模型

综上,可得基于多进制小波的矢量地图数据压缩模型:

(1) 对矢量地图数据 D_{00} 进行边界预处理,得到数据 D_{01};

(2) 对矢量地图数据 D_{02} 进行 M 进制小波变换,得到压缩数据 D_{02};

(3) 从矢量地图数据 D_{00} 提取地性线,得到数据 D_{03};

(4) 将地性线数据 D_{03} 插入到 D_{02} 中,得到第一次压缩数据 D_{11}。

(5) 对 D_{11} 重复上述步骤,得到第二次压缩数据 D_{22};第三次压缩数据 D_{33},…。

基于多进制小波的矢量地图数据压缩模型,能够较好地保留原矢量地图数据的形状结构特征。变换后的数据比原数据更优化,更能突出地反映原数据的内在特性和规律性。由于变换是在原始数据上直接进行的,因此信息量损失也较少。

9.3　基于小波的 DEM 数据简化模型

在虚拟地景环境的建立和应用过程中,"实时"是一个重要的效果指标,其中数据准备过程中地形模型的简化是关键技术之一。以规则格网 DEM 为数据源的简化方法已经很多,从结果数据类型看,简化方法主要分为三类:

(1) 简化结果数据为不规则三角网;

(2) 简化结果数据为按树结构存放的不等距规则网;

(3) 简化结果数据为与原始数据结构相同的等距规则网。

在简化方法(3)中,可以是简单的隔行抽取,也可以是双线形内插、卷积内插等。本节将对基于小波分析的 DEM 数据简化进行论述。

9.3.1　基于二进制小波的简化模型

将规则格网 DEM 看为一个 M 行 N 列的图像,每个网格交点的高程值即可看为该像素点的灰度值,因此,DEM 处理的问题可以看作为图像处理的问题。根据图像的频率特性,可以将基本骨架地貌看作低频信息,而相对应的细部地貌看作高频信息。而小波变换能将图像分解成低频和高频信息，因此，小波变换与图像的简化具有天然的联系，于是可以将 DEM 的简化问题变换为一个二维图像的小波分解问题。

从图 2.28 中也可见到，小波变换的低频成分能保持影像的基本特征。此外，从二进制小波变换分解公式

$$c_{k,l}^{j+1} = \sum_m \sum_n \bar{h}_{m-2k} \bar{h}_{n-2l} c_{m,n}^{j}$$

可见，低频部分数据量是原始影像总数据量的$\frac{1}{4}$。同理进行第二次二进制小波简化，低频部分数据量变为$\frac{1}{16}$。因此，低频部分可以作为原始 DEM 的简化图像。

张华军(1997)利用二进制小波简化 DEM，并进行了实验，取得了较好的效果。但是，利用二进制小波简化 DEM 有以下缺点：

(1) 二进制小波只能将原始数据简化到$\frac{1}{4^n}$倍(n 为简化次数)，在虚拟地景环境的细节分层技术实现中，模型细节的跳跃度过大，且其他倍数不能得到。

(2) 第 $n+1$ 次二进制小波变换是基于第 n 次变换的结果进行的，这样不可避免的存在误差的积累，特别是任意行列 DEM 变换后未进行边缘处理的情况下尤为突出。

利用多进制小波进行简化则可以克服上述缺点。

9.3.2 基于多进制小波的简化模型

M 进制小波变换，将一幅图像分解成 $M \times M$ 部分，其中之一是低频部分，低频部分的长度为原图像的 $1/M$，且保持原始图像的基本特征，如图 2.30 的三进制小波变换所示。M 进制小波低频部分变换公式为

$$c_{k,l}^{j+1} = \sum_m \sum_n h_{m-Mk} h_{n-Ml} c_{m,n}^{j}$$

因此 M 进制小波低频部分可以看作为图像的一个缩小 M 倍的近似图像。利用 M 进制小波变换简化 DEM 一次，即可将原始数据直接简化到$\frac{1}{M^2}$倍，这样我们就可以得到原始数据 1/4、1/9、1/16、1/25……倍的简化结果。

利用多进制小波简化 DEM，能得到更好简化效果的 DEM 数据。结合二进制小波变换应用，就可得到细节较为连续的模型数据。而且，每次 M 进制小波变换均是基于原始数据进行的，数据的精度优于多层次二进制小波变换的结果。所以，多进制小波变换能较好地解决了二进制小波变换压缩 DEM 的缺陷。

9.3.3 实验及分析

1. 实验

下面采用一幅 DEM 数据[图 9.15(a)]进行多进制小波及二进制小波压缩实验，小波系数选自表 2.1。简化模型的效果如图 9.15(b)～(f)所示。

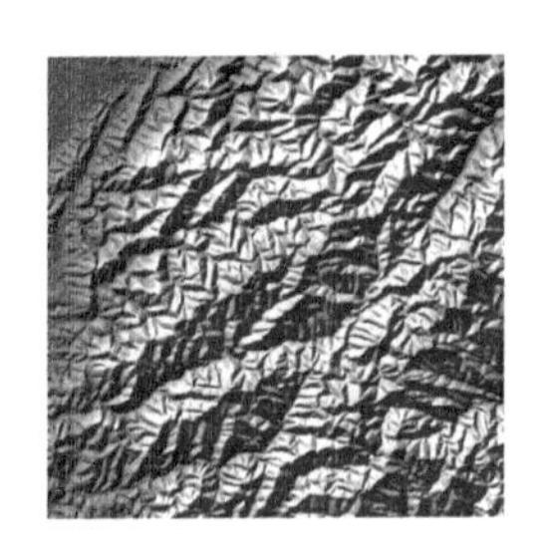

(a) 原始数据
网格数: 638 × 626
网格间距16m

(b) 二进简化后数据
网格数: 319 × 313
网格间距:32m

(c) 三进简化后数据
网格数:212 × 208
网格间距:48m

(d) 四进简化后数据
网格数: 159 × 156
网格间距:64m

(e) 两次二进简化后数据
网格数: 159 × 156
网格间距:64m

(f) 六进简化后数据
网格数: 106 × 104
网格间距:96m

图 9.15　基于多进制小波的 DEM 简化

从图 9.15 的光照绘制的视觉效果看,从(a)至(f),光照图逐渐变粗,但从地形的整体形态看,地貌细节逐渐被综合,且变化较为连续。

2. 定量分析

进一步地对实验结果进行定量分析。分析中取其中平均分布的 25 个点,定量指标是中误差。中误差公式是

$$\mathrm{RMSE}=\sqrt{\frac{\sum_{i=1}^{N}(h_i-h'_i)^2}{n}}$$

另外,为了比较不同简化方法的计算效果,还采用了双线性插值简化方法。部分计算结果见表 9.1。

从表 9.1 中也可以看出,利用多进制小波变换简化 DEM 数据不但使地形的形态保持比较稳定,而且从精度上也是比较高的,优于双线性简化方法。通过对数据进行四进简化后数据图 9.15(d)和两次二进简化后数据图 9.15(e)的对比,表明从原始数据进行的四进简化要比两次二进简化的精度要高。因此,定量分析的结果也表明,基于多进制小波的 DEM 简化方法优于双线性方法和二进制小波方法。

上面所述算法在虚拟地形环境的建立、3DGIS 等多方面的应用上是一种很好的方法。

表 9.1　简化的 DEM 数据准确性比较

原始数据(部分)			缩小倍数(边长)								
			缩小 2 倍		缩小 3 倍		缩小 4 倍			缩小 6 倍	
点号	相对坐标	原始数据	二进小波	双线性	三进小波	双线性	四进小波	二次二进	双线性	六进小波	双线性
1	0,0	300	296	300	311	300	314	314	300	327	300
2	0,0.635	1822	1852	1800	1868	1771	1891	1908	1742	1909	1666
3	0.156,0.0	743	746	732	734	703	740	739	798	703	794
4	0.156,0.478	2409	2423	2455	2409	2325	2467	2528	2217	2605	2203
5	0.313,0.635	2483	2524	2437	2544	2490	2509	2484	2465	2530	2511
6	0.470,0.0	228	211	206	226	203	217	217	298	257	299
7	0.470,0.159	1465	1461	1477	1423	1470	1534	1533	1484	1512	1293
8	0.625,0.0	100	109	100	100	100	99	98	100	99	100
9	0.625,0.317	1026	1019	1024	1020	1048	1024	970	1061	1064	1097
中误差 (25 点)		0	4.6	9.0	7.0	15.0	12.3	21.7	15.5	19.5	25.6

9.4　基于小波的图形图像放大模型

图形图像放大是图像数据管理中的一项基本功能,在许多领域特别是与图形图像处理相关的研究中具有重要应用,在 GIS 数据处理中,也经常涉及图形图像的放大。本节对图像图形的放大方法进行讨论。首先研究基于插值的图像图形的放大方法,然后研究基于二进小波的图像图形的放大方法,最后研究基于多进制小波的图像图形的放大方法。

9.4.1　基于插值的放大模型

传统的图像放大过程中,常常采用内插(或外插)的方法来实现放大,主要的过程为:在左右(或上下)两个像素间插入一个或多个像素点,被插入点的像素值以左右(或上下)像素值为依据经计算而得。

1. 线性插值法和双线性插值法

线性插值公式为

$$y = y_0 \frac{x - x_1}{x_0 - x_1} + y_1 \frac{x - x_0}{x_1 - x_0}$$

其中,(x,y)为待插值的点;(x_0,y_0)和(x_1,y_1)为插入点的左右(或上下)两个点。

由于图像本身的特点,x_0、x、x_1 的间距固定不变,且 y_0、y、y_1 分别为 x_0、x、x_1 处的像素值,因而该公式可进一步简化。

当 x_0、x_1 间内插一个点时,其插入点像素值 y 计算公式为

$$y = (y_0 + y_1)/2$$

当 x_0、x_1 间内插两个点时，相应的像素值 y_{i1}、y_{i2} 计算公式分别为

$$y_{i1} = (2y_0 + y_1)/3$$

$$y_{i2} = (y_0 + 2y_1)/3$$

依次可推出内插两个以上点的像素值的计算公式。

由线性插值方法，可得到双线性插值法。双线性插值方法即在水平(垂直)方向利用线性插值求出点，然后根据求出的点在垂直(水平)方向利用线性插值求出所要求的点。

下面，给出利用线性插值方法和双线性插值方法进行放大图形的试验。这里，为比较起见，利用 Photoshop 图形软件中的绘图工具绘制出的图 9.16，是作为放大处理结果的参考比较标准的，而将其缩小为原图的 1/3(图 9.17)后，所有图形的放大运算均在图9.17 的基础上进行。

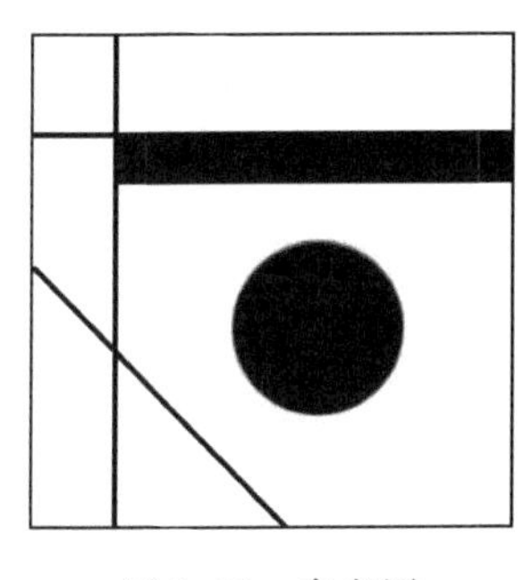

图 9.16 参考图

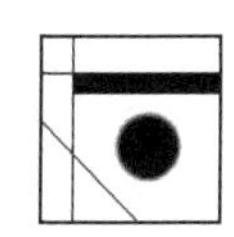

图 9.17 缩小三倍图

图 9.18 是实验图 9.17 利用线性插值放大的图。图 9.19 是实验图 9.17 利用双线性插值放大的图。

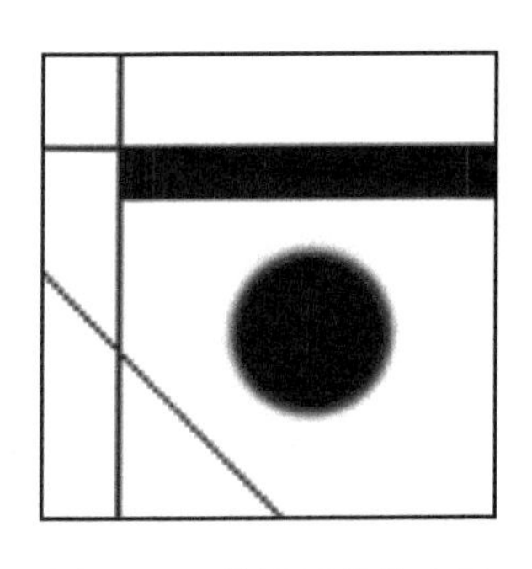

图 9.18 线性插值放大图

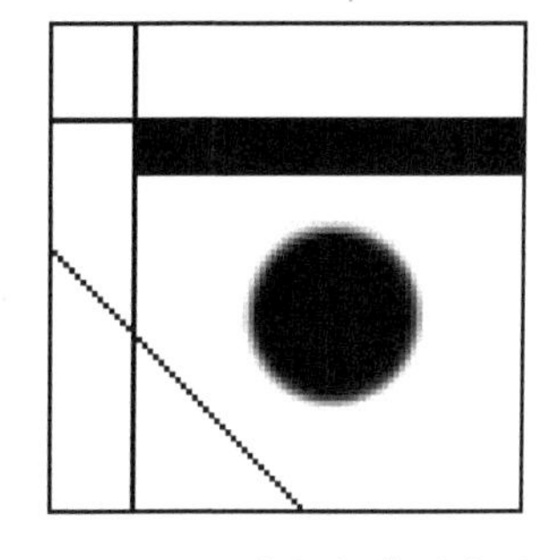

图 9.19 双线性插值放大图

线性插值方法公式简单，计算方便快捷。虽然能保持原影像的基本特征，但由于参与像素值预测的点较少，边缘模糊现象较为严重，这从图 9.18、图 9.19 的结果中可以见到。为提高放大图像边缘的清晰度，可采用增加经验值的方法，即增加参与像素值预测的点的个数。例如，利用加权抛物线插值进行放大，即利用较多的点，以得到更好的效果。

2. 加权抛物线插值法

加权抛物线插值法，它使得插入点的左右(或上下)4 个点参与计算。图像放大的加

权抛物线插值公式[见式(2.10)]为

$$y = W_L \cdot y_L + W_R \cdot y_R$$

其中，W_L、W_R 为权值；y_L、y_R 为抛物线插值；y 为插入点的像素值。

当插入一个点时，其像素值 y 可表示为

$$y = (-y_0 + 9y_1 + 9y_2 - y_3)/16$$

当插入两个点时，其像素值 y_{i1}、y_{i2} 可分别表示为

$$y_{i1} = (-20y_0 + 195y_1 + 75y_2 - 7y_3)/243$$

$$y_{i2} = (-7y_0 + 75y_1 + 195y_2 - 20y_3)/243$$

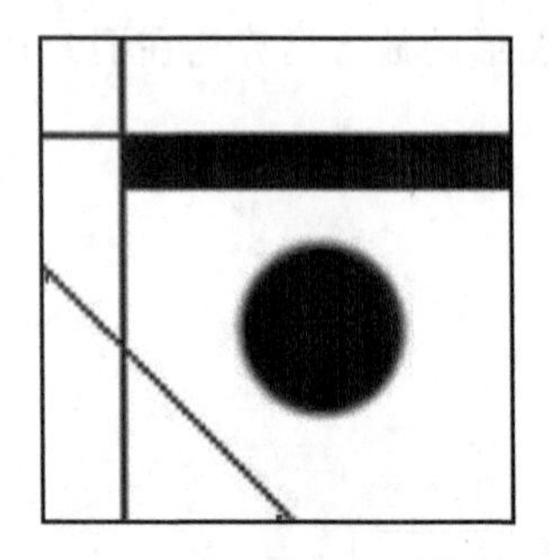

图 9.20　加权抛物线插值放大

图 9.20 是利用加权抛物线插值法将实验图 9.17 放大三倍后的结果。

由于加权抛物线插值法增加了经验值，参考附近的 4 个点来计算插入点的像素，因此，相对于线性插值方法(图9.18、图 9.20)而言，图像因放大而产生的模糊程度要稍轻些，这可从图 9.20 中见到。

利用内插法得到的放大图像，虽然简单，但因忽略了图像信息本身的结构特征，故放大后边缘较为模糊。虽然加权抛物线插值放大的效果有些改进，但还是不理想。为保持原图像中的特征，本节研究基于小波的图像放大方法，在放大过程中，易于将原图像上的“细节”高频信息添加进去，从而达到增强边缘的效果。

9.4.2　基于二进制小波的放大模型

从图 2.27 及其二进小波变换图像 2.28 可见，二进小波变换将一幅影像分成 4 个部分，其中左上部分是其低频部分，其余 3 个部分是其高频部分。利用小波逆变换，能由二进小波的变换影像重构得到原来的影像。

于是，基于二进制小波变换思想，有如下的基于二进小波的图像放大方法，其基本步骤是：

(1) 将原影像作为低频部分，另外根据高频部分影像特征，构造三个高频滤波器，获得三个高频影像；

(2) 利用二进小波逆变换，得到放大 2 倍的影像——长、宽都是原来的 2 倍；

(3) 在放大 2 倍的影像上进一步构造，则能获得放大 4 倍、8 倍、…2^n(n 是正整数)倍的影像。

利用上述方法能获得放大 2^n 倍的影像。但是，在图像多倍放大时，二进变换需进行多次，不可避免地会产生某些信息的损失。另外，只能进行 2^n 倍放大，对诸如放大 3 倍或 5 倍则难以做到。

多进制小波变换具有倍数灵活的变化特征，图 2.30 是图 2.27 的三进制小波变换影像，它将一幅影像分成 9 个部分，其中左上部分是其低频部分，其余 8 个是其高频部分。更一般的 M 进制小波变换，它将一幅影像分成 $M \cdot M$ 个部分，其中一个部分是其低频部分，其余 $M \cdot (M-1)$个是其高频部分。

利用上述放大思想，结合多进制小波的特点，可以得到类似的放大方法。即构造高频部分进行影像放大。但在三进制情形，要构造 8 个高频部分；在四进制情形，要构造 15 个高频部分；对更高的进制，则要构造更多的高频部分。这在实际运算中是困难的，即使在三进制情形，构造 8 个高频部分也是很困难的。

下一小节利用多进制小波的特点，采用插值放大与多进制小波变换相结合的思想，讨论影像的放大。

9.4.3 基于多进制小波变换的放大模型

图像的小波放大方法必须是在图像的低频和各个高频部分均已知的情况下，利用小波变换的重构算法才可得到原图像的放大图像。

利用构造高频滤波器方法，若放大三倍，则用三进小波实现就需要构造 8 个高频滤波器，其算法实现相对复杂，当 M 越大，滤波器的构造就越复杂。这里为了避免构造复杂的高频滤波器，提出了一种新的图像放大方法，其基本思想是：首先将原影像利用插值放大方法进行放大，然后提取它的高频成分，最后利用多进制小波重构算法实现图像的放大。其基本方法是：

(1) 利用插值放大方法将原影像 I1 放大 M 倍，得到放大 M 倍的影像 I2；

(2) 对 I2 进行三进小波变换，得到变换影像 I3，I3 含有 1 个低频部分及 $M\cdot(M-1)$ 个高频部分，其中低频和高频部分的尺寸和原影像相同；

(3) 用原影像 I1 替换 I3 中的低频部分，得到影像 I4；

(4) 对 I4 进行三进小波逆变换，得到影像 I5，I5 即为所求的放大影像。

插值运算将原图像 I1 放大 M 倍是小波分解运算的前提条件，所以插值运算的结果将影响小波运算的效果，这里使用了效果较好的加权抛物线插值方法，尽量减少放大后图像的“马赛克”对高频成分的影响。

M 取任意整数，则可得到放大任意整数倍的放大影像。

9.4.4 实验与分析

1. 实验

下面，利用不同的方法进行放大实验。图 9.21 是采用多进制小波方法对实验图9.17 放大三倍的结果。

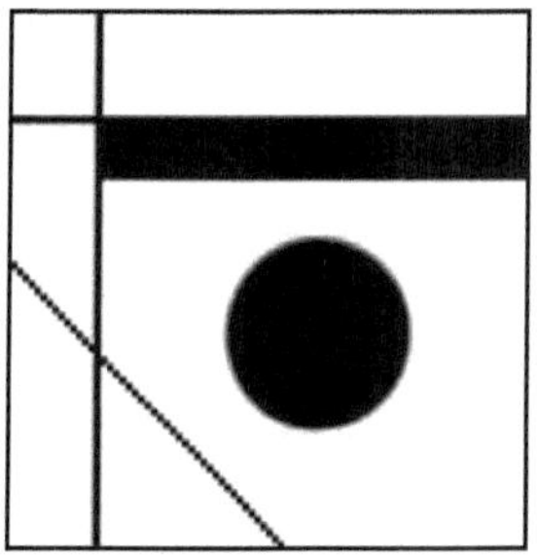

进一步地对一幅卫星遥感影像(图 9.22)进行放大实验。图 9.23 是利用三进小波放大的影像。为了比较起见，还采用双线性插值和加权抛物线插值的放大方法进行实验比较。图 9.24 是利用双线性插值放大的影像，图 9.25 是利用加权抛物线插值放大的影像。

将图 9.21 与图 9.18、图 9.19 和图 9.20 相比较，不难看出利用多进制小波变换得到的放大图形减轻了模糊的程度，视觉效果要好得多。

图 9.21 多进制小波放大

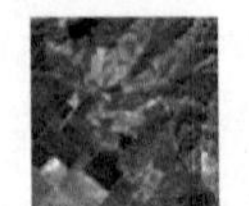

图 9.22　原遥感图

图 9.23　三进小波放大的影像

图 9.24　双线性内插放大的影像

图 9.25　加权抛物线插值放大的影像

从图 9.22 到图 9.25 对遥感影像的放大也可见到，基于三进小波的影像放大方法也优于双线性内插法和加权抛物线插值放大方法。从效果上看，小波方法最好，加权抛物线插值方法次之，而双线性内插法方法较差。

小波方法较好的根本原因是：在图像放大过程中，小波方法有意识地增加了高频信息，因此相应地增强了放大后图像的边缘，提高了边缘的反差。

2. 定量分析

下面用平均梯度值来定量研究放大的影像。平均梯度反映了影像中微小细节反差与纹理变化特征及清晰度。平均梯度为

$$\bar{g} = \frac{1}{MN}\sum_{i=1}^{M}\sum_{j=1}^{N}\sqrt{\Delta I_x^2 + \Delta I_y^2}$$

$$\Delta I_x = f(i+1,j) - f(i,j), \qquad \Delta I_y = f(i,j+1) - f(i,j)$$

其中，M 和 N 分别为影像的高和宽。

表 9.2 给出了图 9.22 用三种不同方法放大 3 倍后图像的平均梯度值。

表 9.2　三种不同方法放大的影像的平均梯度

放大图像	平均梯度
图 9.23	12.25
图 9.24	8.54
图 9.25	9.52

由表 9.2 结果也可见,利用多进制小波放大的影像平均梯度值较大,相应地清晰度也较高,这与定性分析的结果相一致。而加权抛物线插值方法与双线性内插法的平均梯度值相对较小,它们的清晰度相对较差。

基于多进制小波放大影像,具有以下优点:

(1) 能避免了构造多个高频部分;

(2) 充分利用了多进制小波的变换特征——多进制小波变换在多倍放大过程中可一次完成,因而能尽可能地减少信息的损失;

(3) 放大倍数较灵活,能够得到放大任意整数倍的影像。

由此可见,基于多进制小波的图形图像放大方法具有好的效果。

主要参考文献

边馥苓.1996. 地理信息系统原理与方法.北京:测绘出版社
陈俊,宫鹏.1998. 实用地理信息系统.北京:科学出版社
陈述彭,鲁学军,周成虎. 1999. 地理信息系统导论. 北京:科学出版社
承继成,郭华东,史文中等. 2004.遥感数据的不确定性问题. 北京:科学出版社
冯康.1978. 数值计算方法.北京:国防工业出版社
高俊,夏运钧,游雄等. 1999. 虚拟现实在地形环境仿真中的应用.北京:解放军出版社
高新波. 2004. 模糊聚类分析及工业应用. 西安:西安电子科技大学出版社
龚健雅.1991. 整体GIS的数据组织与处理方法.武汉:武汉测绘科技大学出版社
龚健雅.2001. 地理信息系统基础. 北京:科学出版社
郭庆胜,王晓延. 2002. 地理信息系统工程设计与管理.武汉:武汉大学出版社
郭仁忠. 2001. 空间分析. 北京:高等教育出版社
何宗宜. 2004. 地图数据处理模型的原理与方法. 武汉:武汉大学出版社
胡健颖,冯泰. 1996 . 实用统计学. 北京:北京大学出版社
胡鹏,黄杏元,华一新. 2001. 地理信息系统教程.武汉:武汉大学出版社
胡鹏,游涟,杨传勇等. 2002. 地图代数. 武汉:武汉大学出版社
黄杏元,马劲松,汤勤. 2001. 地理信息系统概论. 北京:高等教育出版社
柯正谊,何建邦,池天河. 1992. 数字地面模型. 北京:中国科学技术出版社
李德仁等.1993. 地理信息系统导论.北京:测绘出版社
李清泉,杨必胜,史文中等. 2003. 三维空间数据的实时获取、建模与可视化. 武汉:武汉大学出版社
李圣权.2004.GIS的空间数据零初始化与栅格网络分析研究,武汉大学博士学位论文
李水根,吴纪桃. 2002. 分形与小波. 北京:科学出版社
李志林,朱庆. 2002. 数字高程模型. 武汉:武汉大学出版社
梁启章.1995. GIS和计算机制图.北京:科学出版社
廖朵朵.1996. 实时动态虚拟地景生成技术的研究与实践.郑州测绘学院硕士论文
林珲等. 1996. 城市地理信息系统研究与实践.上海:上海科学技术出版社
林振山,袁林旺,吴得安. 2003. 地学建模. 北京:气象出版社.
刘大杰,史文中, 童小华等. 1999. GIS空间数据的精度分析与质量控制.上海: 上海科学技术文献出版社
刘鲁.1995. 信息系统设计原理与应用.北京:北京航空航天大学出版社
刘耀林,刘艳芳,梁勤欧. 1999. 城市环境分析. 武汉:武汉大学出版社
彭望禄.1991. 遥感数据的计算机处理与地理信息系统.北京:测绘出版社
钱曾波,朱述龙. 1994. 基于小波变换的图像变焦技术. 解放军测绘学院学报, 11(3):171~174
任若恩,王惠文. 1997 . 多元统计数据分析. 北京:国防工业出版社
史文中.1998. 空间数据误差处理的理论与方法.北京:科学出版社
数学手册编写组.1979. 数学手册.北京:人民教育出版社
汤国安,龚建雅等. 2001. 数字高程模型地形描述精度量化模拟研究. 测绘学报,30(4):361~365
汤国安,陈正江,赵牡丹等. 2002. ArcView 地理信息系统空间分析方法. 北京:科学出版社
唐新明,林宗坚等. 1999. 基于等高线和高程点建立 DEM 的精度评价方法探讨. 遥感信息,55(3):7~10
田德森.1991. 现代地图学理论.北京:测绘出版社
王光霞,朱长青,史文中等. 2004. 数字高程模型地形描述精度的研究. 测绘学报,33(2):168~173
王家耀. 2001. 空间信息系统原理. 北京:科学出版社
王家耀,华一新.1997. 军事地理信息系统.北京:解放军出版社
王家耀,邹建华.1992. 地图制图数据处理的模型方法.北京:解放军出版社
王新洲,史文中,王树良. 2003. 模糊空间信息处理. 武汉:武汉大学出版社

王昱，朱长青，史文中. 2000. B样条与磨光样条在基于矩形格网的DEM内插中的应用. 测绘学报，29(3)：240～244

魏克让，江聪世. 2003. 空间数据的误差处理 . 北京：科学出版社

邬伦，刘瑜，张晶等. 2001. 地理信息系统——原理、方法和应用. 北京：科学出版社

毋河海，龚健雅. 1997. GIS空间数据结构与处理技术. 北京：测绘出版社

吴立新，史文中. 2003. 地理信息系统原理与算法. 北京：科学出版社

夏青. 1997. 实时战场环境仿真系统中三维地形模型简化的研究. 郑州测绘学院学报，2：132～136

修文群，池天河. 1999. 城市地理信息系统(GIS). 北京：北京希望电子出版社

杨启和. 1989. 地图投影变换原理与方法. 北京：解放军出版社

杨晓梅，朱长青. 1999. 多进制小波变换及其在影像分析中的应用. 中国图形图象学报，4(2)：157～160

袁志发，周静芋. 2002. 多元统计分析. 北京：科学出版社

张成才，秦昆，卢艳等. 2004. GIS空间分析理论与方法. 武汉：武汉大学出版社

张华军. 1997. 虚拟地形环境及其应用原型. 郑州测绘学院博士论文

张济忠. 1995 . 分形 . 北京：清华大学出版社

张新长，曾广鸿，张青年. 2001. 城市地理信息系统. 北京：科学出版社

朱长青. 1997. 计算方法及其在测绘中的应用. 北京：测绘出版社

朱长青. 1998. 小波分析理论与影像分析. 北京：测绘出版社

朱长青. 1999. 数值逼近. 北京：解放军出版社

朱长青. 2000. 线性代数学习与解题分析. 北京：科学出版社

朱长青. 2006. 数值计算方法及其应用. 北京：科学出版社

朱长青，朱彩英，史文中等. 2003. 数学在测绘中的应用和前景. 测绘科学，28(2)：31～34

朱文中，朱长青，杨晓梅. 1996. 基于数学形态学的地图模式识别. 计算机辅助设计与图形学学报. 8(8)：220～224

Andrew M G, Skidmore K. 1990. Terrain position as mapped from a gridded digital elevation model. International Journal of Geographical Information Science, 4：33～49

Bi L, Dai X R, Sun Q Y. 1999. Construction of compactly supported M-band wavelet. Applied and Computational Harmonic Analysis, 6(2)：113～131

Booth B. 1999. Getting Started with ArcInfo. Redlands, CA：ESRI Press

Chui C K, Lian J A. 1995. Construction of compactly supported symmetric and anti-symmetric orthogonal wavelets with scale=3. Applied and Computational Harmonic Analysis, 3(1)：21～52

Floriani L D, Magilla P. 1994. Visibility algorithms on triangulated digital terrain models. International Journal of Geographical Information Science, 8：13～42

Haining R. 1990. Spatial data analysis in the social and environmental science. London：Cambridge University Press

Jenson K, Domingue J O. 1998. Extracting topographic structure from digital elevation data for geographic information system analysis. Photogrammetry Engineering and Remote Sensing, 54：1593～1600

Kinder D B. 2003. High-order interpolation of regular grid digital elevation models. International Journal of Remote Sensing, 21(14)：2981～2987

Lee J, Wong D W S. 2001. Statistical analysis with ArcView GIS. New York：John Wiley & Sons

Li Z L. 1993. Mathematical models of the accuracy of digital terrain model surfaces linearly constructed from square girded data. Photogrammetric Record, 14(82)：661～674

Li Z L. 1994. A comparative study of the accuracy of digital terrain models (DTMs) based on various data models. ISPRS Journal of Photogrammetry and Remote Sensing, 49(1)：2～11

Longly P A, Goodchild M F, Maguire D J et al. 2001. Geographic information systems and science. New York：John Wiley & Sons

Mitchell A. 1999. The ESRI guide to GIS analysis. Volume 1：Geographic Patterns & relationships. Redlands, CA：ESRI Press

Rees W G. 2000. The accuracy of digital elevation interpolated to higher resolutions. International Journal of Remote Sensing, 21：7～20

Ripley B D. 1981. Spatial statistics. New York: John wiley & sons

Shi W Z. 1998. A generic statistical approach for modelling errors of geometric features in GIS. International Journal of Geographical Information Science, 12(2):131～143

Shi W Z, Cheung C K. 1999. A reliability of spatial objects in a 3D GIS. In Proceedings of URISA's Annual Conference and Exposition, 314～319

Shi W Z, Zhu C Q. 2002. The line segment match method for extracting road network from high-resolution satellite image. IEEE Transaction Geoscience and Remote Sensing, 40(2):511～514

Shi W Z, Cheung C K, Zhu C Q. 2003. Modelling error propagation in vector-based buffer analysis. International Journal of Geographical Information Science, (3):251～271

Shi W Z, Zhu C Q, Zhu Q Y et al. 2003. Multi-band wavelet for fusing SPOT panchromatic image and multi-spectral images. Photogrammetric Engineering and Remote Sensing, 69(5):513～520

Shi W Z, Li Q Q, Zhu C Q. 2005. Estimating the propagation error of DEM from higher-order interpolation algorithms. International Journal of Remote Sensing, 26(14):3069～3084

Shi W Z, Zhu C Q, Tian Y et al. 2005. Wavelet-based image fusion and quality assessment. International Journal of Applied Earth Observation and Geoinfomation, (6):241～251

Stanfel L, Stanfel C. 1993. A model for the reliability of a line connecting uncertain points. Surveying and Land Information Systems, 53(1):49～52

Unwin D. 1981. Introductiory Spatial Analysis. London: Mwthuen

Veregin H. 1994. Integration of simulation modelling and error propagation for the buffer operation in GIS. Photogrammetric Engineering and Remote Sensing, 60(4):427～435

Veregin H. 1996. Error propagation through the buffer operation for probability surfaces. Photogrammetric Engineering and Remote Sensing, 62(4):419～428

Wisutmethangoon Y, Nguyen T Q. 1999. A method for design of Mth-band Filters. IEEE Transactions on SP, 47 (6):1669～1678

Zhu C Q. 1999. Two-dimension periodic cardinal interpolatory wavelets. Approximation Theory and its Application, 15 (1):64～74

Zhu C Q, Yang X M. 1998. Study of remote sensing image texture analysis and classification using wavelet. International Journal of Remote Sensing, 19(16):3197～3203

Zhu C Q, Shi W Z, Wan G. 2002. Reducing remote sensing image and simplifying DEM data by multi-band wavelet. International Journal of Remote Sensing, 23(3):525～536

Zhu C Q, Shi W Z, Li Q Q et al. 2005. Estimating of DEM accuracy under linear interpolation considering random error at the nodes of TIN model. International Journal of Remote Sensing, 26(24):5509～5523

Zhu C Q, Shi W Z, Martino P et al. 2005. The recognition of road network from high-resolution satellite remotely sensed data using image morphological characteristics. International Journal of Remote Sensing, 26(24):5493～5508